„Das brauche ich nicht zu lernen,
das habe ich erlebt!“

Für Jim

Der Lehrer achtet bei dieser Übung darauf, dass die Schüler exakt in Reih und Glied stehen. Um die Richtigkeit der selbst gewählten Standpunkte zu überprüfen, richten sich alle in y-Richtung aus. Die linke Hand des Vorder- und Hintermannes zeigen denselben x-Wert an, entsprechend zeigen die Finger der rechten Hand denselben y-Wert wie die Kameraden zur Linken und Rechten an.

Übung 2: Punkte im Koordinatensystem anzeigen

Die Finger werden entspannt, die Koordinaten werden nicht mehr angezeigt. Der Lehrer gibt die Koordinaten eines Schülerstandpunktes vor, etwa **(4|2)**. Wer die Lösung weiß, verschränkt die Arme. Auf ein Zeichen des Lehrers zeigen alle gleichzeitig auf die ausgewählte Person. Diese stellt dann die nächste Aufgabe.

Übung 3: Figuren im Koordinatensystem

Die „eingezeichneten Punkte" im Koordinatensystem können durch Händereichen verbunden werden. Das entspricht dem Einzeichnen einer Figur.

Alternativ kann man die Punkte auch durch eine dicke Schnur verbinden.

Gestaltpsychologische Bemerkung

Die Übung ist am stärksten, wenn der Lehrer gleichzeitig an der Tafel entsprechende Punkte in ein gezeichnetes Koordinatensystem einträgt. Geht also Dokan drei Schritte in x-Richtung, geht der Finger des Lehrers auf der x-Achse an der Tafel mit. Geben sich die Schüler die Hände, verbindet der Lehrer die Punkte an der Tafel.

gleichzeitiger Tafelaufschrieb

Hintergrund sind zwei Gesetze der Gestaltpsychologie:

- *Zwei Dinge werden als Einheit wahrgenommen, wenn sie gleichzeitig geschehen (Gesetz der Gleichzeitigkeit).* Deswegen werden die Punkte an der Tafel gleichzeitig eingezeichnet.
- *Zwei ähnliche Dinge werden als Einheit wahrgenommen (Gesetz der Ähnlichkeit).* Entsprechend wird der an der Tafel eingezeichnete Punkt mit dem ersten Buchstaben des Vornamens bezeichnet. Hat der Schüler einen grünen Pullover an, verwendet man am besten auch grüne Farbe.

Gesetz der Gleichzeitigkeit

Gesetz der Ähnlichkeit

Einführung von Indizes

Punkt für Punkt bzw. Schüler für Schüler entsteht in der Übung eine Figur. Die „Punkte“ sagen ihre Koordinaten an, die der Lehrer als Liste an die Tafel scheibt. Das könnte z. B. so aussehen (die Klammerbemerkungen stehen nicht an der Tafel):

D (3|−2) (für **D**okan)
J (2|−1) (für **J**ulia)
M (0|−1) (für **M**artin)
K (1|0) (für **K**atharina)
…

Dabei wird es immer wahrscheinlicher, dass ein Buchstabe schon einmal vergeben wurde. Angenommen, als nächstes sucht sich Julian einen Ort aus, dann kann dieser „Punkt“ nicht „J“ genannt werden, da Julia bereits „J“ genannt wurde. Offensichtlich ist es ungeschickt, wenn zwei unterschiedliche Punkte bzw. Adressen denselben Namen erhalten, denn offensichtlich unterscheiden sich Julia und Julian. Wer es nicht glaubt, kann sich gerne mit einem Blick auf die Bühne überzeugen.

unterschiedliche Namen für unterschiedliche Punkte

Eine naheliegende Idee besteht darin, die Buchstaben zu indizieren: Julia bekommt hinter das „J“ eine kleine „1“, weil sie zuerst da war, und wird zu „J_1“. Julian bekommt als Zweiter entsprechend eine „2“ und wird zu „J_2“. Alternativ könnte statt der Nummerierung der erste Buchstabe des Nachnamens zur Unterscheidung herhalten.

Punktspiegelung? Wenn ja, dann an welchem Punkt? Oder entspricht sie einer Achsenspiegelung? Wenn ja, dann an welcher Achse?
Der Lehrer muss bei dieser Art der Fragestellung die Schüler gar nicht mehr dazu auffordern, ihre neuen Standpunkte aufzusuchen. Es geschieht von selbst. Auch die anschließende Diskussion zwischen den Schülern beginnt von selbst.

Diskussion beginnt von selbst

Die Lösung erscheint einfacher, als sie ist. Wenn die Schüler auf keinen grünen Zweig kommen, sollen sich die melden, die stehen geblieben sind. Im Grunde ist das die Frage nach der Punktmenge, für die $y = x$ gilt. Man kann auf diese Weise – wenn auch nicht erwähnt – mit Gleichungen arbeiten und Geraden als Punktmengen verstehen (vgl. die folgende Erweiterung).

Punktmenge mit $y = x$

Erweiterungen

Ausblick auf Geraden als Punktmengen
Alle Schüler nehmen einen (ganzzahligen) Platz im Koordinatensystem ein. Wessen rechte Hand zeigt dieselbe Fingerzahl wie die linke, allerdings in entgegengesetzter Richtung, an? Wieder melden sich die Schüler, für die diese Aussage zutrifft. Wieder entsteht eine Gerade ($y = -x$), nur liegt sie anders im Koordinatensystem.
Wenn die Idee klar ist, dass durch Angabe einer Gleichung (z. B. $y = -x$) bestimmte Punkte ausgewählt werden, bittet man die Schüler, wegen der besseren Übersicht an den Rand zu gehen. Statt die ganze Ebene mit Schülern auszufüllen und die Gerade durch Strecken mit der Hand zu zeigen, werden jetzt nur noch Punkte auf der Gerade angezeigt.

mit einer Gleichung Punkte auswählen

Als Nächstes wird untersucht, was entsteht, wenn die rechte Hand das Doppelte der linken anzeigt. Wieder ergibt sich eine Gerade. Auch wenn die rechte die Hälfte der linken Hand anzeigt, ergibt sich eine Gerade, nur liegt sie anders im Koordinatensystem.
Auch parallele Geraden zur y- bzw. zur x-Achse können dargestellt werden. So gibt der Lehrer z. B. vor, dass die linke Hand zwei Finger nach oben anzeigen soll, die Anzeige der rechten darf beliebig gewählt werden. Wenn ein paar Schüler Stellung bezogen haben, erkennt man die senkrechte Gerade, die mit $x = 2$ beschrieben wird.
Thematisch ist man hier bereits in der Vektorrechnung. Dort werden Geraden und Ebenen ja auch als Punktmengen beschrieben.

Zur zeichnerischen Lösung eines LGS
Eine Gerade (z. B. $y = \frac{1}{2}x$) wird durch Mädchen dargestellt. Ihre Finger der linken Hand zeigen entsprechend das Doppelte der rechten an. Eine weitere Gerade ($y = x + 1$) wird von den Jungs gestellt. Bei ih-

nen zeigt die rechte Hand einen Finger mehr als die linke an. Auf dem Punkt (–2|–1) wollen jetzt ein Mädchen und ein Junge stehen. Beide zeigen mit ihren Fingern dieselben Koordinaten an. Auf diesem Platz darf also ein Junge wie auch ein Mädchen stehen. Anders formuliert: Der Punkt (–2|–1) liegt auf der Jungen- und auf der Mädchengeraden.

Pädagogisch-didaktische Bemerkungen

Alle werden abgefragt, keiner bloßgestellt

Diese Abfragetechnik invertiert gewöhnliche Abfragetechniken im Unterricht: Wenn der Lehrer für gewöhnlich im Unterricht eine Frage stellt, kann nur einer antworten. Dabei besteht die Gefahr, dass das Aufrufen als Bloßstellung erlebt wird. Bei der oben beschriebenen Art des Abfragens jedoch können *alle* Schüler eine (nonverbale) Antwort geben. Gleichzeitig wird kein Schüler vorgeführt, weil ja alle antworten. Bloßgestellt kann nur werden, wer auf einer „Bühne" steht. Auch bei der hier beschriebenen Abfragetechnik kann es einem Schüler peinlich sein, wenn er die falsche Antwort anzeigt, natürlich. Der wesentliche Unterschied ist aber, dass der Fokus nicht auf ihn gelenkt wird. Man stelle sich die leider weit verbreitete Alternative vor: „Martin, sag doch bitte allen einmal die Koordinaten des Punktes, auf dem du stehst."

Bühne lenkt den Fokus

Nonverbale Kommunikation durch Körperhaltung

In diesem Abschnitt spielt nonverbale Kommunikation viermal eine Rolle:

- Zuerst zeigen die Schüler die Koordinaten mit den Fingern an. Man kann mit dem Körper mengenhafte Werte ausdrücken, z. B. die Zahlen „2" und „–3". Damit wird eine individuelle Überprüfung des eigenen (Stand-)Punktes möglich, obwohl jeder ein anderes Koordinatenpaar hat.

mengenhafte Werte mit dem Körper

- Die Schüler zeigen auf einen vorgegebenen Standpunkt (vgl. Übung 2). Mit dem Körper lassen sich somit auch Richtungen (Vektoren) anzeigen.

Vektoren mit dem Körper

- Die Information des (Stand-)Punktes ist doppelt gegeben: Erstens werden mit den Fingern die Koordinaten angezeigt, zweitens wird räumlich ein Standpunkt eingenommen.
  Durch das Koordinatensystem ist die Fläche des Raumes ortskodiert. Der Schüler macht durch die Wahl seines Standpunktes eine Aussage, die sogar in zwei Dimensionen mengenhaft ist: Je weiter ich in x-Richtung nach rechts gehe, desto mehr zeige ich an, entsprechendes gilt auch für die y-Richtung.

Arme verschränken

individuelle Antworten

- In der Übung 2 sollte der Punkt (4|2) angezeigt werden, jedoch nicht sofort. Erst sollten die Arme verschränkt werden: „Wer die Lösung weiß, verschränkt die Arme.“ Dadurch wird mit dem Körper angezeigt, ob man bereit ist oder noch Zeit braucht. Würde ein Schüler unmittelbar auf einen Punkt zeigen, könnten die anderen Schüler sich nicht mehr frei entscheiden. Dieses armeverschränkende Warten ermöglicht erst die erforderliche Struktur, um individuell antworten zu können.

Ohne nonverbale Kommunikationsmethoden könnte diese Übung nicht durchgeführt werden.

Repräsentationsebenen nach Bruner

Der Schüler erlebt die Koordinaten zunächst handelnd, indem er sie mit den Fingern anzeigt und dann entsprechend der x-Richtung und y-Richtung seinen Punkt aufsucht. Dann wird ein Bild der Finger an die Tafel gezeichnet und schließlich erweist sich die formale Schreibweise am effektivsten – zumindest ab dem Zeitpunkt, wenn man weiß, was gemeint ist.

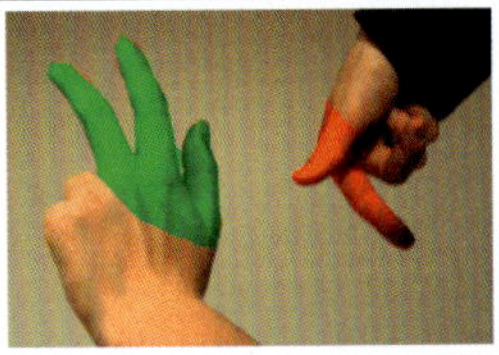		
handelnd (enaktiv)	bildlich (ikonisch)	formal (symbolisch)

drei Handlungsebenen (EIS-Prinzip)

Die Bilder zeigen die drei Handlungsebenen nach Jérôme Bruner im Überblick. Die Tabelle ist bewusst horizontal und nicht vertikal ausgerichtet. Zwischen den Repräsentationsebenen gibt es keine hierarchische Struktur. Es ist nicht so, dass zuerst (vor allem für die schwächeren Schüler) handelnd begonnen wird, um dann zur „richtigen“ formalen Mathematik überzugehen. Vielmehr steckt hinter den symbolischen Zeichen eine handelnde Ebene, ansonsten besteht die Gefahr, dass der Reiz an der Mathematik verloren geht. Wer lediglich blind Formelrezepte anwendet, um eine gute Note zu erhalten, betreibt keine Mathematik. Er könnte genauso gut ein Telefonbuch auswendig lernen.

19.2 Schiffe versenken und Koordinaten

Wer „Schiffe versenken“ spielen kann, beherrscht die Koordinaten der Ebene. Statt mit B-3 bezeichnet 2-3 die Position des Schiffs: *zwei* Einheiten in *x*-Richtung, *drei* Einheiten in *y*-Richtung.

5					
4					
3		X			
2					
1					
	1	2	3	4	5

5					
4					
3					
2					
1					
	1	2	3	4	5

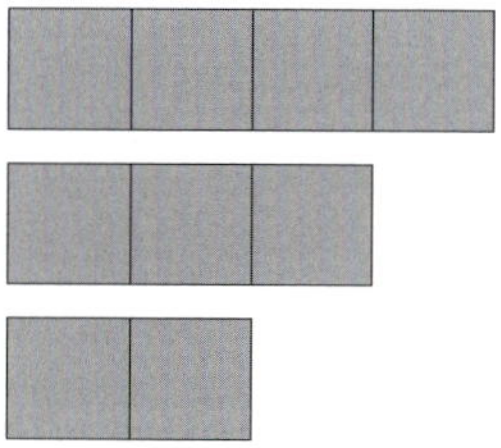

Man kann auch mit einem dreidimensionalen Koordinatensystem „U-Boote versenken“ spielen. Natürlich stößt man auf Probleme, die mit der Darstellung des dreidimensionalen Raumes verknüpft sind. Auf dem Foto ist ein 3x3x3-Spiel aus Knetmasse und Streichhölzern zusammengesteckt. Die blauen Knetkugeln stellen die Boote dar.

Es ist etwas langwierig, solche „3x3x3-Matrizen“ aufzubauen, aber genau deswegen sucht man nach einer adäquaten Darstellung des Räumlichen in der Ebene. Stellt man die Situation in Schichten bzw. in Stockwerken dar? Das erinnert an die Höhenlinien auf Landkarten. Oder versucht man sich in Schrägbildern? Und wie führt man Koordinaten so ein, dass sich damit gut bzw. weitgehend selbsterklärend „U-Boote versenken“ spielen lässt? Mit diesen Fragen können die Schüler selbst Ideen entwickeln, wie sich der Raum adressieren lässt. Im folgenden Abschnitt werden drei gängige Darstellungen angesprochen.

19.3 Verschiedene Koordinatensysteme im Raum

Rollenspiel

Kartesische, Zylinder- und Kugelkoordinaten können bereits in der Unterstufe erlebt werden. Einem Freiwilligen werden die Augen verbunden, er übernimmt die Rolle eines Roboters. Ein zweiter ist Programmierer und gibt die Koordinatenverschiebungen durch (vgl. hierzu Band II, Abschnitt 17.10).

unterschiedliche Adresssysteme

Die Bedeutung verschiedener Koordinatensysteme liegt in der Erkenntnis, dass es unterschiedliche Adresssysteme für dieselbe Situation geben kann. Vermutlich wählen wir kartesische Koordinaten häufig als erstes, weil unsere Umgebung (Haus, Wohnung, Kühlschrank, Kopierpapier ...) sich damit gut beschreiben lässt. Kugeln mögen kartesische Koordinaten nicht so sehr ...

Didaktisch wichtig ist die Erkenntnis, dass man es auch hätte anders machen können. Wir wählen kartesische Koordinaten aus dem Grund, weil sie (für die schulischen Anwendungen) einfach sind.

19.4 Die Funktion als „Black Box"

Funktionen sind abstrakt. Ist es möglich, einem dreijährigen Kind den Funktionsbegriff beizubringen? Ich bin mir nicht ganz sicher, ob es damals mein Sohn in der vollen Tragweite verstanden hat, zumindest formulierte er beim Abendessen: „Hier geht's rein und unten kommt's wieder raus."

Input und Output im Alltag

Die Wirkungsweise einer Funktion findet sich im Alltag wieder: *Eingabe und Ausgabe, Input und Output* sind naheliegende Begriffe.

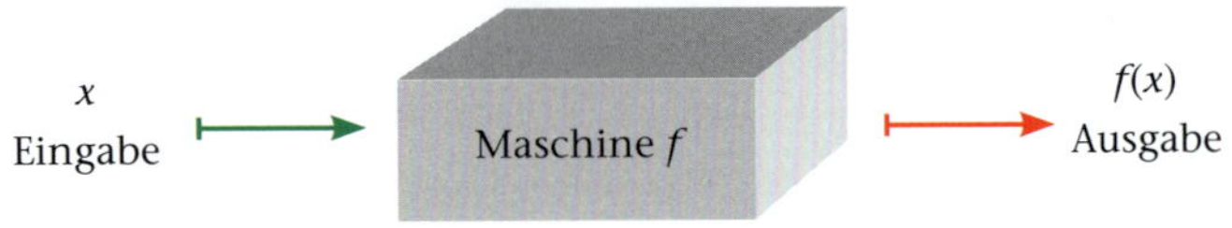

Die Idee des Zuordnens, genauer des *eindeutigen Zuordnens,* ist von grundlegender Bedeutung. Statt also gleich zu Zahlen überzugehen, sollen die Schüler erst Dinge aus ihrem Alltag als Funktion betrachten. Häufige Beispiele sind:

- Toaster: Hinein kommt das helle Brot und heraus das knusprige.
- Waschmaschine: Schmutzige Wäsche rein, saubere raus.
- Kaffeefilter: Gemahlene Kaffeebohnen und heißes Wasser rein, Kaffee raus.
- Rasenmäher: Langes Gras rein, kurzes raus.

Meist gibt das eigene Auffinden von Funktionen Anlass zu Diskussionen. Beispielsweise stellt der Rasenmäher eine Streitfrage dar: Werden die Stücke der einzelnen Grashalme als Output gedeutet, dann ist die Eindeutigkeit der Funktion nicht mehr gewährleistet. Um den Funktionsbegriff richtig anzuwenden, müssen alle Stücke eines Grashalms als eine Einheit angesehen werden.

f steht für Frederik[5]
Etwas Anschaulichkeit: Im Inneren der Maschine lebt *Frederik*.

5 Die folgenden Zeichnungen stammen aus: Martin Kramer, Marlin van Soest: Frederiks mathematische Abenteuer. Das Geheimnis der Analysis. Friedrich Verlag GmbH, Seelze 2017. Der Comic richtet sich an Schüler bzw. erwachsene Einsteiger, die die Grundidee der Analysis bis zur Differential- und Integralrechnung ohne viel Rechenballast erfahren wollen.

Gibt man Frederik irgendetwas in die Hände (Eingabe), beispielsweise ein „x“, so umklammert er es: (x). Die Klammern stehen also stellvertretend für seine Hände. Nun macht er irgendetwas mit unserem x, er verändert es. Damit man sehen kann, wer dieses x verändert hat, wird Frederiks erster Buchstabe hinzugeschrieben: $f(x)$.

Funktionen werden personalisiert

Mit Hilfe des Comics bekommt der abstrakte Funktionsbegriff etwas Persönliches. Funktionen werden personalisiert. Da gibt es z. B. die *Verdoppler* (die Brüder Gustav),

den *Quadrierer* oder den *Halbierer*. – Statt Comics im Unterricht zu lesen, können Schüler die Wirkung von Funktionen nachspielen. In diesem Fall wird der erste Buchstabe des jeweiligen Schülers zur Bezeichnung gewählt.

Die Eindeutigkeit der Funktion ist in der Veranschaulichung gewährleistet: So kann Frederik zwar alles platt machen [$f(x) = 0$], andererseits kann er nicht ein und dasselbe Ding auf zwei verschiedene Arten behandeln, wenn er die Dinge nacheinander bekommt. Weiter ist die Verkettung von Funktionen sehr anschaulich: Erst macht Frederik irgendetwas: $f(x)$, danach gibt er es an die *Brüder Gustav* weiter: $h(x) = g(f(x))$.

Verkettung

Definitionsbereich

Der Definitionsbereich entspricht dem, was man *Frederik* alles geben kann, ohne dass er davon Bauchweh bekommt oder sich etwa gefährdet (Messer, Gabel, Schere, Licht sind für kleine Frederiks nicht).

Natürlich können Sie auch ohne Frederik & Co. das Modell weiter ausbauen: So lässt sich der Definitionsbereich beispielsweise als TÜV[6] darstellen: Nicht alle Zahlen sind zugelassen.

TÜV für Funktions-argumente

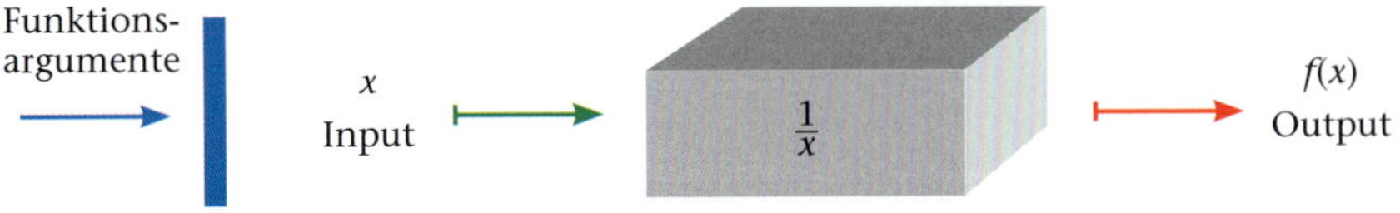

6 Für Leser außerhalb Deutschlands: TÜV steht für „Technischer Überwachungsverein“. In Deutschland brauchen Kraftfahrzeuge eine TÜV-Zulassung, bevor sie auf die Straße dürfen.

In dem Beispiel $f(x) = \frac{1}{x}$ werden vom TÜV alle Argumente außer der „0“ zugelassen. Aber es ist anschaulicher und auch origineller, wenn der TÜV bzw. der EINSTELLER wiederum illustriert bzw. personalisiert wird:

19.5 Funktionsvorschriften erraten

Zwei Tische werden aneinander gerückt und je eine „Funktion“ (Schüler) nimmt darauf Platz. Für die Funktionsargumente werden Stifte gesammelt. Diese liegen als Materiallager verdeckt hinter den Funktionen.

Der Lehrer flüstert jeder Funktion – unhörbar für den Rest der Klasse – einen Auftrag zu. Zum Beispiel: Nummer eins soll immer die dreifache Anzahl an Stiften weitergeben, Nummer zwei soll stets zwei hinzufügen.

Vor den Augen der Zuschauer wird der zusammengesetzten Funktion ein Stift (x-Wert) gegeben, nach einer „internen“ und für die Zuschauer unsichtbaren Verarbeitung (hinter dem Rücken) kommen fünf Stifte (y-Wert) heraus. In Kurzschreibweise: $f(1) = 5$. Ist damit die Funktion schon eindeutig bestimmt? Die Schüler bekommen eine Minute Zeit, um zu vermuten, was mit zwei Stiften passiert. Wer „9“ sagt, denkt vielleicht an die Funktion $f(x) = 4x + 1$. Aber es gibt sehr viele Funktionen, genauer unendlich viele, die $f(1) = 5$ erfüllen. Anschaulich sind es alle, die im Schaubild durch den Punkt (1|5) verlaufen.

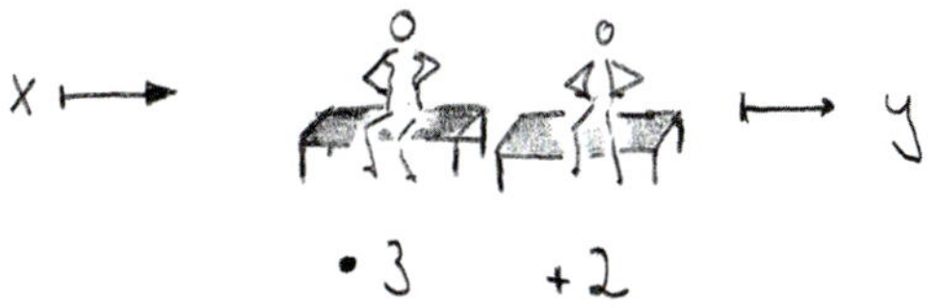

Bei der Eingabe zweier Stifte gibt die Maschine acht heraus. Ist hiermit die Funktion eindeutig bestimmt? Was würde bei der Eingabe von drei Stiften geschehen?

$f(1) = 5$

$f(2) = 8$

$f(3) = \ldots$

Eine Schülerin vermutet „13“. Auch das ergibt einen Sinn: $f(x) = x^2 + 4$. Doch im Falle linearer Funktionen ist mit zwei verschiedenen x-Werten bereits alles bestimmt: $f(x) = 3x + 2$. Eine Gerade ist durch die Angabe zweier Punkte festgelegt.

Teil VI

Analysis

Kapitel 20

Bewegungsabläufe aufzeichnen

In diesem Kapitel geht es um die Aufzeichnung einer realen (eindimensionalen) Begebenheit. So werden Wachstumsvorgänge, Bewegungsabläufe oder das Befüllen von Gläsern mit Hilfe von Schaubildern aufgezeichnet. Die zugehörige Funktionsvorschrift ist in den meisten Fällen unbekannt und das ist für den Einstieg ganz geschickt: Erstens ist der Ansatz wesentlich allgemeiner, als wenn man mit linearen Funktionen beginnt, und zweitens lenken keine Rechnungen vom wesentlichen Verständnis ab.

allgemeiner Einstieg ohne Rechnungen

Der Ansatz mit *t*-*s*- bzw. mit *t*-*v*-Diagrammen führt sehr weit. In Abschnitt 22.5 wird damit in die Differentialrechnung eingeführt.

20.1 Mathematik beginnt mit dem Lesen einer Uhr

In diesem Kapitel stehen *t*-*s*-Diagramme im Mittelpunkt. Formal passiert nichts anderes, als wenn man *x*-*y*-Diagramme betrachtet. Es ist ein guter Weg, weil er sofort eine Anwendung aufzeigt. Und trotz-

Zeit ist unsichtbar

dem erfordert es eine höhere Abstraktion: Die Zeit kann man nicht sehen. Uns Menschen fällt es schwer, in zeitlichen Abläufen zu denken. Daher stellen wir gerne Zeitpunkte oder zeitliche Entwicklungen räumlich dar. Wir haben Instrumente entwickelt, die zeitliche Abläufe räumlich darstellen.

Wir sprechen von Zeit*punkten,* Zeit*abschnitten* und Zeit*fenstern* und denken dabei bereits räumlich. Das verwundert nicht, wenn wir bedenken, dass wir die meisten Informationen, die wir tagtäglich aufnehmen, *sehen*. Und weil wir die Zeit nicht direkt sehen können, wandeln wir sie in etwas um, was wir mit den Augen wahrnehmen können. Es gibt zig verschiedene Ausführungen von Uhren, alle haben eines gemein: Sie stellen Zeit räumlich dar.

Mathematik ohne Zahlen

Eine Uhr zu lesen ist nicht einfach. Was man sieht, ist ja nicht die Zeit, es ist ja nur die Darstellung von Zeit! Wenn Kinder im Grundschulalter lernen, wie man eine Uhr liest, entspricht das der Interpretation eines t-s-Diagrammes.

Im Diagramm ist keine Hügellandschaft dargestellt, sondern eine Pendelbewegung. Ein kleines Kind kann das noch nicht verstehen. Es sieht Wellen oder Berge und Täler. Es erfordert ein Abstraktionsvermögen, in diesem Bild (Schaubild) eine Hin- und-her-Bewegung zu sehen, die durch eine t-Achse räumlich aufgelöst wird. Die Zeitachse entspricht der fortschreitenden Zeit, einer Zeitaufzeichnung, kurz: einer Uhr!

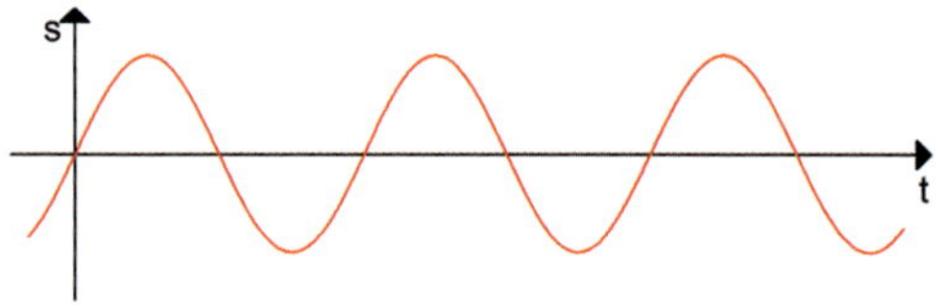

20.2 Wachstum von Kresse

Über einen Zeitraum von zwei Wochen wird das Wachstum von Kresse beobachtet und als Graph dargestellt.

Vorbereitung

Im Unterricht werden Kressesamen verteilt. Jeder Schüler erhält ca. einen halben Teelöffel, den er in ein selbstgebasteltes Papiertütchen füllt.

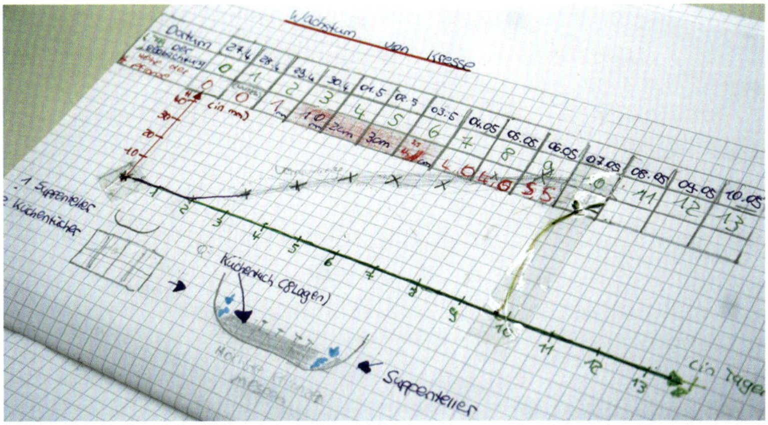

Ins Schulheft werden eine Tabelle und ein großes Koordinatensystem gezeichnet. Im Bild wurde entsprechend einer Fußgängerampel (unten „grün", oben „rot") für die Zeit (t-Achse) Grün und die Höhe (h-Achse) Rot verwendet. Die Spaltenbreite der Tabelle beträgt 1,5 cm und sollte mit der Einheit der Achsen übereinstimmen, so dass die Tabelleneinträge genau über dem jeweiligen Tag stehen.

Datum								
Tag der Beobachtung	0	1	2	3	4	5	6	...
Höhe der Pflanze in mm	0							

Wer noch nie einen Vorgang über längere Zeit beobachtet hat, weiß die zusätzliche Datumsangabe wahrscheinlich nicht zu schätzen. Mitunter weiß man am nächsten Tag nicht sicher, ob man das Wachstum vermessen hat oder nicht. Falls tatsächlich einmal ein Tag vergessen wurde, so bleibt dieser frei.

Am Tag 0 sind natürlich alle „Pflanzen" gleich hoch, daher kann bereits im Unterricht der erste Eintrag in die Tabelle erfolgen. Schließlich zeichnet jeder Schüler in das leere Diagramm seinen vermuteten Wachstumsverlauf als Kurve ein. Die fiktive Vorhersage steigert das Interesse: Man kann sich nur dann überraschen lassen, wenn man sich zuvor Gedanken gemacht hat. fiktive Vorhersage

Anbau der Kresse

Gepflanzt wird zu Hause in einem Suppenteller auf mindestens acht Lagen Küchenpapier, alternativ geht auch Toilettenpapier. Auf das mit Wasser getränkte Papier werden die Samen gestreut.

fixer Beobachtungszeitpunkt

Der Standort der Kresse sollte während der Beobachtung nicht verändert werden, ebenso nicht der Beobachtungszeitpunkt. Am besten sät man daher am Abend, vielleicht kurz vor dem Zubettgehen.

Beobachtung des Wachstums

An jedem Tag wird die durchschnittliche Höhe des „Kressewäldchens" in die Tabelle eingetragen. Stärker als „nur" zu messen und Kreuzchen in das Schaubild einzutragen ist es, wenn jeden Tag ein typischer Repräsentant ausgewählt und ins Heft eingeklebt wird.

Dementsprechend wird am Tag null ein Kressesamen fixiert. Wenn die Pflanzen größer werden, können sie zuerst auf dem Klebestreifen fixiert bzw. gerade gezogen und dann eingeklebt werden.

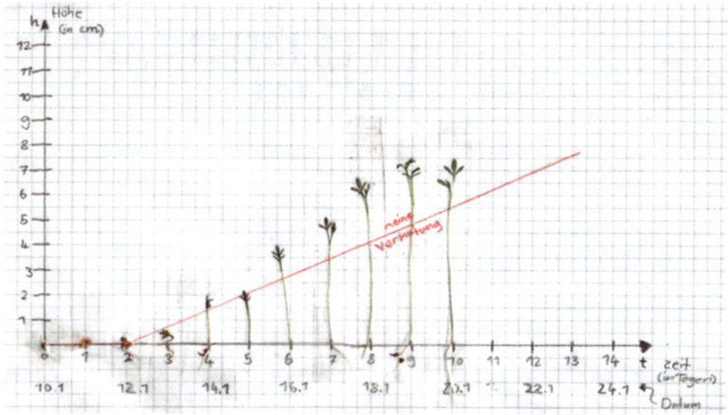

Bemerkungen, Hintergründe und Erweiterungen

Grüne und rote Achsen

Die Farbkodierung grün-rot legt zusammen mit dem Bild der Ampel eine Aufteilung in Oben und Unten nahe: Die untere „grüne“ Zeit wird auf die „rote“ Pflanzenhöhe nach oben abgebildet. – Die Übung in Abschnitt 20.3 geht noch einen Schritt weiter: Dort werden Zeit und Ort nicht nur unterschiedliche Farben, sondern auch unterschiedliche Rollen gegeben.

EIS-Prinzip

Vermittelt wird auf drei Ebenen des **EIS**-Prinzips nach Bruner:

	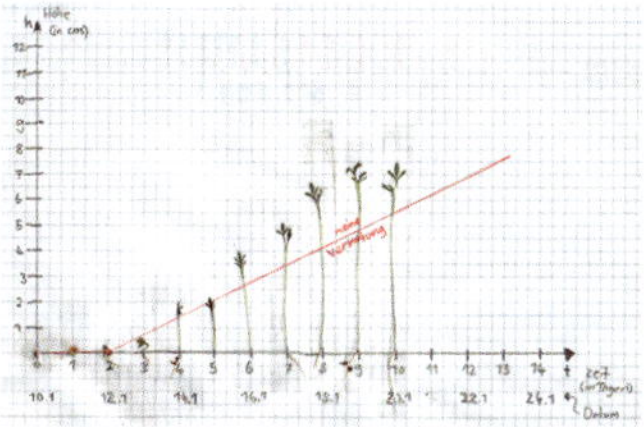	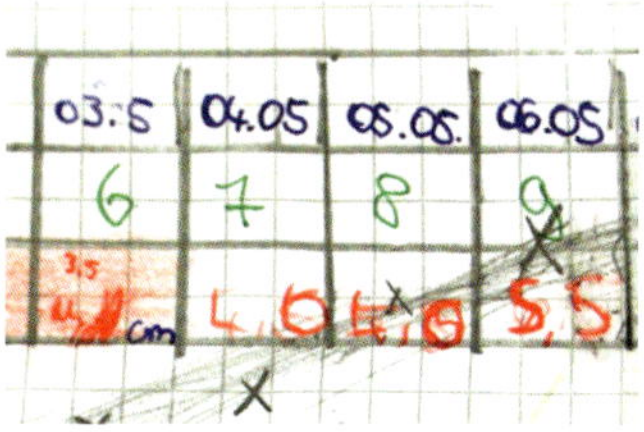
Enaktiv (handelnd): Kressewachstum zu Hause	**I**konisch (bildhaft): Kressepflanzen gepresst im Heft	**S**ymbolisch (formal): Tabelleneinträge

gestaltpsychologische Verknüpfung

Die verschiedenen Ebenen sind mit Hilfe gestaltpsychologischer Gesetze miteinander verknüpft. So ist z. B. die ikonische Ebene mit der symbolischen über das Gesetz der Ähnlichkeit (Farbkodierung) verbunden. Da das Ernten eines Pflänzchens mit dem Einkleben und dem Tabelleneintrag zeitlich zusammenfällt, werden alle drei (!) Ebenen mit dem Gesetz der Gleichzeitigkeit zusätzlich verknüpft. Dingen, die gleichzeitig geschehen, wird unmittelbar ein Zusammenhang unterstellt.[7]

Erweiterung ins Abstrakte

Nach dem Experiment kann der Lehrer unterschiedliche Schaubilder an die Tafel zeichnen und nach dem Wachstum der Pflanze fragen. Bei mir lachten die Schüler, als ich eine Welle (Sinus) zeichnete: Ab einem bestimmten Zeitpunkt wächst die Pflanze rückwärts, und nicht auf die Höhe null, sondern sie gräbt sich auch noch unter die Erde ein. Man überlege sich die Bedeutung: Die Schüler geben durch Lachen die Rückmeldung, dass sie das Wesentliche verstanden haben. Ein hübsches Beispiel für nonverbale Kommunikation!

Rückmeldung durch Lachen

Material ist fächerübergreifend

Wenn man mit Material arbeitet, berührt man prinzipiell immer andere Fächer. Verschiedene Fächer bzw. Disziplinen stellen ja nur unterschiedliche Perspektiven dar, aus denen beobachtet wird. So kann das Wachstum von Kresse auf Biologie (Was braucht eine Pflanze zum Wachsen?), Physik (Wachstumsgeschwindigkeit), Religion (Der Mensch braucht Nahrung), Mathematik, Erdkunde (In welchen Erdteilen kann Kresse wachsen?), Deutsch (Beschreibung der Vorgehensweise) … projiziert werden.

unterschiedliche Perspektiven

Man kann es auch anderes herum sehen: Alle Projektionen vereinen sich im Material. Aus diesem Grund ist der Umgang mit Material immer fächerübergreifend. Und zwar nicht deswegen, weil er künstlich geschaffen wurde, sondern weil er natürlich ist. Die unterschiedlichen Disziplinen haben sich mehr und mehr vom Konkreten, dem Materiellen, distanziert. Und so besteht natürlich die Gefahr, dass für den Schüler das Wachstum in Mathematik nichts mit Biologie oder Physik zu tun hat.

---

7 Das geschieht auch, wenn kein Zusammenhang existiert: Es klingelt an der Tür und ein Glas fällt herunter. Aus didaktischer Sicht ist ein Bezug nicht immer erwünscht, aber die Bildung eines Bezuges liegt aus konstruktivistischer Sicht in der Macht des Lernenden. Anders formuliert: Wenn zwei Dinge gleichzeitig stattfinden, dann wird man als Lehrer schwer die Konstruktion eines Bezuges im Schülerhirn verhindern können …

Kompetenzorientierung

Durch konkretes Handeln werden viele Kompetenzen gefördert und zwar von selbst. Wenn Sie wollen, können Sie in der Übersicht zunächst die unterste Zeile abdecken, sich überlegen, welche Kompetenzen in diesem Unterricht eine Rolle spielen, und Ihre eigenen Kreuzchen setzen.

Sozialkompetenz			Methodenkompetenz				Personale Kompetenz				Kognitive Basiskompetenz				Berufsfeldbezogene Kompetenz				
Kommunikationsfähigkeit	Kritik- und Konfliktfähigkeit	Teamfähigkeit	Planungsfähigkeit	Problemlösefähigkeit	Präsentationsfähigkeit	Durchhaltevermögen	Selbstständigkeit	Ordentlichkeit	Verantwortungsfähigkeit	Konzentrationsfähigkeit	Räumliches Vorstellungsvermögen	Merkfähigkeit	Schlussfolgerndes Denken	Handwerklich-technische Fähigkeit	Untersuchend-forschende Fähigkeit	Kreativ-sprachliche Fähigkeit	Pädagogisch-helfende Fähigkeit	Führend-verkaufende Fähigkeit	Kaufmännisch-verwaltende Fähigkeit
x	(x)	(x)	x	x	x	x	x	x	x	(x)	x		(x)	x	x		(x)		x

Vielleicht hätten Sie das ein oder andere Kreuzchen anders gesetzt, wesentlich ist jedoch: Wenn man den Schüler in seiner Lebenswelt in den Mittelpunkt stellt, würde man sich in einer handlungs- und erlebnisorientierten Didaktik sehr schwer damit tun, Kompetenzen *nicht* zu schulen. Die gute Nachricht: Sie müssen nicht „zu Kreuze" kriechen, wenn Sie kompetenzorientiert unterrichten. Die Kompetenzorientierung ist in diesem Unterrichtskonzept in natürlicher Weise enthalten. Versuchen Sie einmal, handlungs- und erlebnisorientiert zu unterrichten, *ohne* dabei kompetenzorientiert zu sein!

Handlungsorientierung enthält Kompetenzorientierung

Freude am Wachstum

Ich habe erst durch meinen Sohn erfahren, welche Freude die Aufgabe bereiten kann. Vielleicht geht es nicht jedem so, aber manch einer schaut direkt nach dem Aufstehen, ob sich etwas getan hat. Das „Gärtnern" passt in die Unterstufe. Hier der erste und der zweite Tag:

Funktionsdefinition

Zeichnet der Lehrer als Übung eine Schleife oder ein Herzchen als Schaubild ins Diagramm, sorgt das wieder für Gelächter. Die Schüler finden von selbst die Antwort, dass „die Pflanze ja nicht an einem Tag zwei verschiedene Höhen besitzen kann". Und das ist nichts weiter als eine kindgerechte Formulierung der Eindeutigkeit im Funktionsbegriff[8].

kindgerechte Formulierung der Eindeutigkeit

Ableitung und Wachstumsgeschwindigkeit

Zu welchem Zeitpunkt ist die Pflanze am schnellsten gewachsten? Fragen dieser Art können leicht beantwortet werden. Bereits in der fünften oder sechsten Klasse kann auf diese Weise anschaulich eine Kurvendiskussion durchgeführt werden. So entspricht der Wendepunkt im Schaubild einem Extremum der Wachstumsgeschwindigkeit bzw. der Ableitung. Ebenso kann monotones Wachstum angesprochen werden. Auch wenn keine Fachbegriffe verwenden werden: Es schwingen hier wesentliche Züge der Differentialrechnung mit.

Kurvendiskussion in der Unterstufe

Ernte

Gerüche und Geschmäcke prägen sich nachhaltig ein. Ob mit dem Vesperbrot Schaubilder und Funktionen gleich mit einverleibt werden? Wohl kaum. So direkt geht es leider doch nicht. Aber zumin-

8 Jedem Element einer Menge (hier: Tage) wird *genau* ein Element einer anderen Menge (hier: Pflanzenhöhe) zugeordnet.

dest wird klar ein Bezug zur Alltagswelt geschaffen. Irgendwie hat das da auf meinem Brot mit Mathematik zu tun. Und wenn das für essbare Kresse gilt, dann haben Pflanzen und Ernährung vielleicht ganz allgemein mit Mathematik zu tun.

Bezug zur Alltagswelt

Höhere Klassen – Differenzierung durch Material

Die Übung wurde in diesem Abschnitt für die Umsetzung in der Unterstufe gezeigt. Ändert man die Fragestellung z. B. in eine mathematische Modellierungsaufgabe ab, lässt sich Kresse auch in der Sekundarstufe II anpflanzen: Wie lautet eine mögliche Funktionsvorschrift für das dargestellte konkrete Wachstum?[9]

Modellierungsaufgabe

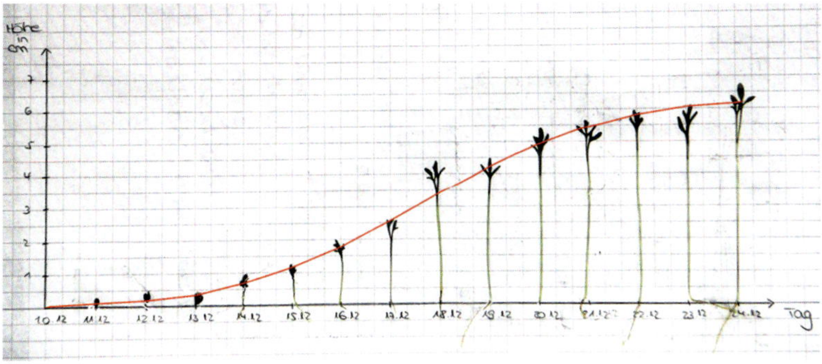

Einfacher als die Modellierung ist der Bezug von mathematischen Begriffen auf das konkrete Beispiel. Was bedeutet hier Monotonie, was bedeuten Wende- und Extremstellen, was die erste, was die zweite Ableitung? Man zeichne die Wachstumsgeschwindigkeit als Funktion der Zeit auf. Hat die Fläche unterhalb der Kurve eine Bedeutung?

mathematische Begriffe aufs Beispiel beziehen

9 Vgl. „Modellieren von Kressewachstum“ in Abschnitt 23.5.

20.3 Der Weg einer Ameise oder Zeit-Weg-Diagramme

Schaubilder zu lesen ist abstrakt. Was abgebildet ist, muss erst interpretiert werden. So stellt beispielsweise eine waagrechte Linie in einem *t*-*s*-Diagramm den Stillstand eines Fahrzeuges dar. Vergleiche auch den Abschnitt 20.1 über das Lesen einer Uhr. Bei der folgenden Übung zeichnen die Schüler zuerst selbst ein Diagramm und interpretieren anschließend fremde Schaubilder.

Idee der Rollenzuweisung

Zeit-Weg-Diagramme eignen sich gut zur Einführung in das Thema Funktionen. Wesentlich in der folgenden Darstellung ist die Idee der Rollenzuweisung von Zeit und Weg.

Konkrete Umsetzung

Übung 1:

Jeder Schüler zeichnet ein großes Achsenkreuz in sein Heft. Die senkrechte Achse wird mit *s* (Weg), die waagrechte mit *t* (Zeit) bezeichnet. Anschließend wird ein Geodreieck so auf die Wegachse gelegt, dass die markierte Null mit dem Ursprung des Achsenkreuzes zusam-

eine Ameise krabbelt

menfällt. Wir stellen uns vor, dass eine Ameise auf der Kante des Geodreiecks bzw. an der Skala entlang krabbelt. Sie kann sowohl vorwärts als auch rückwärts laufen.

Um die Bewegung aufzuzeichnen, wird die Ameise durch einen Stift vertreten. Die Spitze wird am Startpunkt der Ameise angesetzt. Ab jetzt wird partnerweise zusammengearbeitet.

Einer ist für das Fortschreiten der Zeit verantwortlich: Während er das Geodreieck mit einer Geschwindigkeit von einem Zentimeter pro Sekunde möglichst gleichmäßig in *t*-Richtung vorwärts schiebt (der Nullpunkt sollte dabei immer auf der Zeitachse liegen), fährt der andere (der Heftbesitzer) mit dem Stift an der Skala des Geodreiecks entlang und simuliert so den Weg der Ameise: Ein Zeit-Weg-Diagramm der Ameisenbewegung ist entstanden.

Zur Einführung wird das Zusammenspiel von Verschieben und Zeichnen von zwei Schülern an der Tafel demonstriert.

Wenn jedem klar ist, was zu tun ist, sollen in Partnerarbeit in jedes Heft drei Bewegungen mit unterschiedlich farbigen Stiften aufgezeichnet werden. Einmal soll dabei versucht werden, eine Ameise völlig gleichmäßig, d. h. mit konstanter Geschwindigkeit, krabbeln zu lassen. Es sollte sich eine Gerade ergeben. Aber natürlich gelingt das nicht exakt, lediglich näherungsweise.

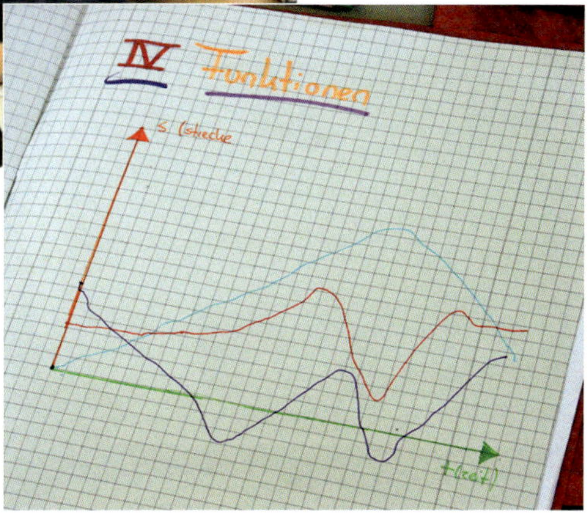

Übung 2:

Bisher wurde die Bewegung aufgezeichnet, das Diagramm quasi „geschrieben“. Jetzt sollen die Schaubilder gelesen werden. Hierzu sucht sich jeder Schüler eine Kurve in seinem Heft aus, indem er diese mit einem dicken Stift (Textmarker) hervorhebt, und beschreibt sie mit Worten unterhalb des Schaubildes.

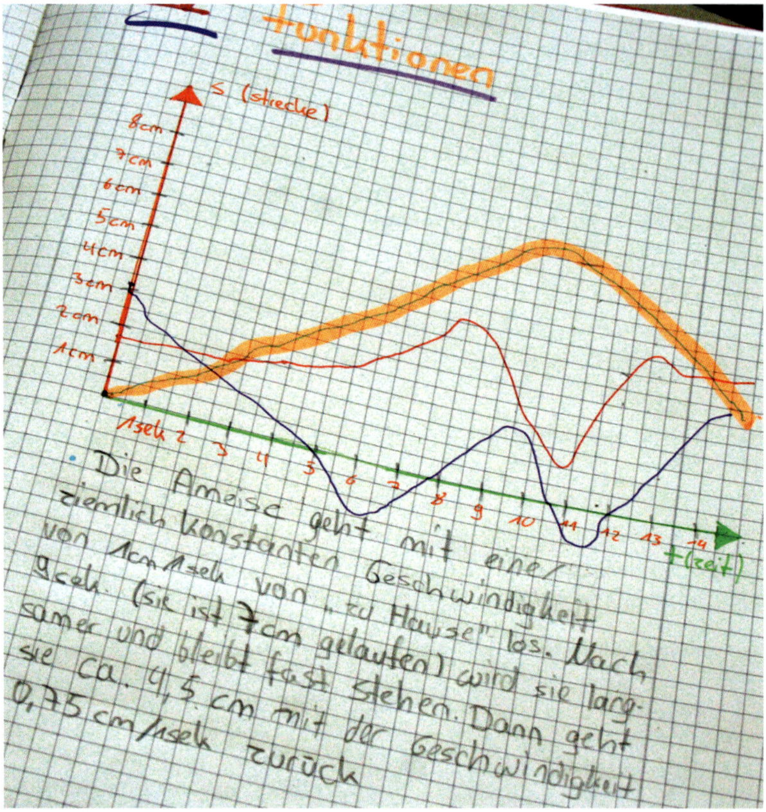

Anschließend wird die Beschreibung (z. B. mit dem Mathematikbuch) zugedeckt. Wer fertig ist, steht auf und geht wie in einer Bilderausstellung durch den Raum und versucht bei den Diagrammen seiner Mitschüler herauszufinden, wie deren Ameise gekrabbelt ist.

Wann hat sie eine Pause gemacht, wann war sie am schnellsten, zu welchen Zeitpunkten ist sie rückwärts gelaufen, wann war sie am weitesten vom Ursprung entfernt? Kann eine so entstandene Kurve im Schaubild senkrecht verlaufen?

Übung 3:

Die vorherige Übung kann umgekehrt werden, indem die Schaubilder verdeckt werden und das Schaubild zur Geschichte gefunden werden soll.

Didaktische Bemerkungen

Rollenzuweisung in der Partnerarbeit

Der Wert der Übung liegt mit in der Partnerarbeit. Es werden zwei Rollen vergeben. Einer übernimmt die Zeit, der andere den Ort. Genau wie jeder Punkt in einem Schaubild zwei Informationen enthält. Um eine Information über den Ort (bzw. die Zeit) zu erhalten, muss erst auf die Wegachse (bzw. die Zeitachse) projiziert werden.

zwei Rollen

Projektion auf die Achsen

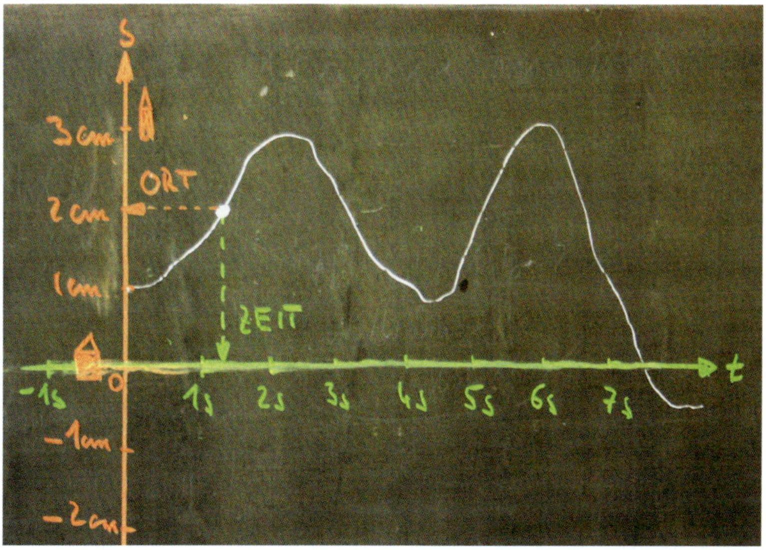

Schaubilder zu lesen ist daher prinzipiell schwierig: In einem Punkt sind zwei Informationen gespeichert, die erst mittels Projektion auf die Achsen zugänglich werden. Daher ist es wichtig, dass die beiden Rollen von zwei verschiedenen Personen ausgeführt werden. Da die Rollenzuweisung eine didaktische Dimension enthält (Verständniserleichterung durch Rollenbelegung), sollte man an dieser Stelle eher von Theater*didaktik* als von Theater*pädagogik* sprechen.

didaktische Rollenbelegung

Bedeutung der Geschichte

Noch ein Blick auf die Ameisengeschichte. Natürlich könnte man auch ohne das Krabbeln einer Ameise auskommen und „einfach" beschreiben, wie die Übung auszuführen ist. Tatsächlich ist das schwieriger! Das Ameisenbild ist kein Umweg, sondern klärt anschaulich viele Fragen von allein. Man kann die Geschichte noch weiter ausbauen, indem man auf die Null der Wegachse (ebenfalls mit Rot) ein Häuschen zeichnet.

Der Ursprung wird so zur Heimat der Ameise, ihrem Bezugssystem. Wenn man auch noch die Hütte ihres 3 cm weit entfernten Freundes einzeichnet, wird klar, dass nur die Wegachse für den Ort zuständig ist, auf der Zeitachse ergibt das keinen Sinn.

Fachliche Dimension

Einstieg beginnt in konkreter Erlebniswelt

Der Schüler lernt das Schaubild einer Funktion an einem konkreten und typischen Beispiel kennen. Der Einstieg beginnt in der konkreten Erlebniswelt. In der Praxis gibt es sehr selten konkrete Funktionsvorschriften. Der Unterricht beginnt somit mit einem sehr allgemein gefassten Funktionsbegriff. Versucht der Schüler, die Ameise in gleichmäßiger Geschwindigkeit krabbeln zu lassen, sollte sich – von der Idee her – eine Gerade ergeben. Aber in der Praxis ergibt es natürlich keine, weil wir nicht in der Welt der Ideen, sondern in der Realität leben. Es gibt ganz gute Annäherungen, aber um der Idee einer konstanten Bewegung gerecht zu werden, müssen wir idealisieren. Wir müssen vom Konkreten abstrahieren.

in der Realität gibt es keine Gerade

Der hier skizzierte Lehrgang beginnt bewusst nicht mit Schaubildern von Geraden und deren Zuordnungsvorschriften, um dann hinterher in einer Übung eine bestimmte Bewegung zu modellieren, beispielsweise die einer Ameise. Der didaktische Weg ist umgekehrt: Vom Konkreten zum Ideellen. Von der Praxis zur Idee. Mathematik als Ideenlehre!

von der Praxis zur Idee

Höhere Klassen

Die Fragen in Übung 2 erinnern an Inhalte der Sekundarstufe II. Im Grunde werden in dieser Übung bereits wesentliche Grundzüge der Analysis implizit eingeführt (Wann ist die Ameise am schnellsten, wo ist ihr Umkehrpunkt ...?). In Kapitel 22 wird diese Herangehensweise auf die Differentialrechnung erweitert. Zeit-Weg-Diagramme tragen somit ein weites Stück durch die mathematische Schullandschaft.

20.4 Bewegungsabläufe mit Figurentheater

Auf dem Pult wird mit Kreppband die Streckenachse s und der Ort „Null“ markiert. Am besten zeichnet der Lehrer zuerst an die Tafel ein Diagramm und überklebt die s-Achse mit Kreppband. Dann ist jedem klar, welche Bedeutung das Kreppband besitzt. Statt einer Stiftspitze (bzw. einer Ameise) geht jetzt Fridolin (eine Figur) entlang des Weges.

Der Lehrer lässt Fridolin auf dem Pult entlang der s-Achse laufen, die Schüler beobachten genau und zeichnen das zugehörige Diagramm. Damit mehrere Spaziergänge von Fridolin in ein und dasselbe Koordinatensystem eingezeichnet werden können, wird die Farbe des jeweiligen Schaubilds für alle festgelegt, z. B. durch eine farbige Kreide auf dem Pult. Aktuell startet Fridolin an der Stelle „0,3“; das folgende Schaubild soll entsprechend der Kreidefarbe in Grün eingezeichnet werden.

mehrere Spaziergänge

Der Lehrer zählt ein: „Drei, zwei, eins – los!“ Dann beginnt die Aufzeichnung durch die Schüler in der vereinbarten Stiftfarbe. Die Vorführung wird zwei- oder dreimal wiederholt. Jetzt zeichnen die Schü-

ler – jeder für sich – ein Schaubild, so genau wie möglich. Dann folgt die Auflösung im Diagramm an der Tafel.
Zu Beginn sollte man einfache Bewegungen ausführen. Es ist recht schwer, die Zeit *und* den Ort genau zu beobachten. Im ersten Beispiel (siehe blaues Schaubild auf dem Foto) wartete Fridolin zuerst fünf Sekunden und lief dann in gleichmäßiger Geschwindigkeit los.
Als nächstes kann Fridolin gleichmäßig vorwärts und rückwärts laufen. Ebenfalls eine gute Übung ist die Geschichte eines Unfalls: Unser Held wird immer schneller und knallt schließlich gegen einen Baum.

Schüler schlüpft in die Figur

Didaktischer Hinweis
Der Schüler schlüpft unmittelbar in die Rolle der Figur, er steht gedanklich sozusagen mit auf dem Pult. Es ist jetzt nur noch ein kleiner Schritt zu der realen Bewegung einer Person.

Praktische Hinweise
Für die Übung benötigen Sie keine Vorbereitungszeit. Falls Sie keine Figur zur Hand haben, können Sie ein Stück Kreide oder einen Radiergummi zum Leben erwecken. Statt des Kreppbandes kann auch die Tischkante ein Drahtseil darstellen, die Null kann durch einen Stift angezeigt werden.

20.5 Nachstellen von t-s-Diagrammen[10]

qualitativer Verlauf eines Schaubilds

Zu jeder Bewegung existiert ein Zeit-Weg-Diagramm. Aus dieser Tatsache lässt sich eine Übung entwickeln: Ein Schüler schreitet einen Weg ab, und die anderen versuchen, das entsprechende Schaubild herauszufinden.

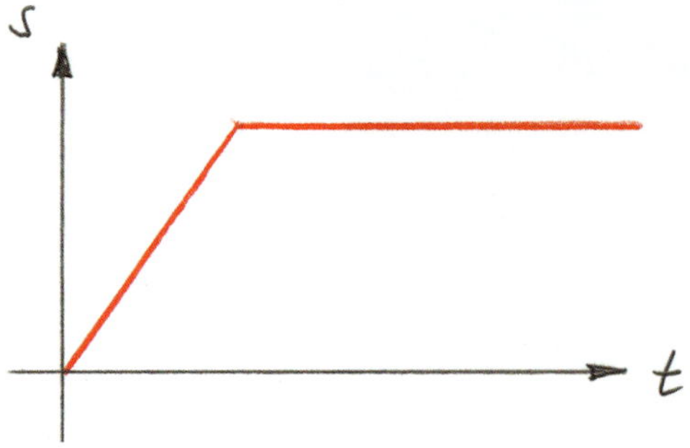

Konkrete Umsetzung

Einführung
Auf einer gedachten Linie auf dem Fußboden (Laufsteg) wird eine Null markiert. Gegebenenfalls kann mit Kreppband nachgeholfen werden. Nun zeigt der Lehrer einem Freiwilligen ein *t*-*s*-Diagramm wie z. B. das nebenstehende.

10 Aus: Martin Kramer: Physik als Abenteuer – Band II, Abschnitt 9.8 „Nachstellen von *t*-*s*-Diagrammen", Friedrich Verlag 2017.

Es wird von drei herunter gezählt. Mit einem Klatschen beginnt der Schüler die Darstellung des Zeit-Weg-Diagrammes. Ein zweites Klatschen beendet sie. In unserem Beispiel stellt sich der Schüler auf Position „null". Mit einem Klatschen geht er mit gleichförmiger Geschwindigkeit los, bleibt dann ruckartig stehen und klatscht nach einer kurzen Zeit ein zweites Mal.

Beginn und Ende durch Klatschen

In diesem einfachen Beispiel geht es hauptsächlich darum, das Klatschen und den Laufsteg samt Nullmarkierung einzuführen.

Die Übung

Der Lehrer zeichnet zehn verschiedene Diagramme an die Tafel und nummeriert sie durch. Es ist eine Art Test: Jeder Schüler überlegt für sich in Stille, wie die zugehörige Bewegung aussieht.

eine Art Test

Nun wird der Laufsteg freigegeben: Ein Schüler sucht sich ein Schaubild aus und führt die zugehörige Bewegung aus. Im obigen Bild sieht man den Schüler gerade klatschen. Die Bewegung wird zweimal gezeigt. Die Null auf dem Laufsteg wurde in dieser Übung durch die linke Pultkante gegeben.

nonverbales Votum mit den Fingern

Wem klar ist, um welche Schaubildnummer es sich handelt, verschränkt die Arme. Wenn alle so weit sind, gibt der Lehrer ein Zeichen, worauf alle Schüler gleichzeitig mit den Fingern ihr Votum anzeigen. Auf diese Weise macht jeder die Übung für sich und orientiert sich nicht am Nachbarn.
Wenn das Diagramm richtig erkannt wurde, darf es der Läufer an der Tafel auswischen und an dessen Stelle ein neues zeichnen.

Schüler werden zu Prüfern

Auf diese Weise gibt es immer zehn (neue) Möglichkeiten. Meistens werden die Aufgaben mit der Zeit immer schwerer. Die Schüler übernehmen von selbst die Rolle des Lehrers bzw. Prüfers.

Bemerkung
Die meisten Schaubilder lassen sich in der Realität nicht umsetzen. Ein Knick in der Kurve des Schaubildes entspricht ja einer zeitlosen Änderung der Geschwindigkeit. Die Kräfte hierzu müssten unendlich sein. In der Praxis sind also alle Kurven abgerundet.

Erweiterungen

Qualitative Erweiterung

t-*v*-Diagramme

Man kann in der Übung *t*-*v*-Diagramme zulassen. Damit erhöht sich die Anforderung an die Lesekompetenz beträchtlich. Die Kurve im Schaubild hängt nun auch von der Achsenbeschriftung ab. Wir sind hier ganz nahe an der Differential- und Integralrechnung (die Steigung im t-s-Diagramm entspricht der Geschwindigkeit, die Fläche unter der Kurve im t-v-Diagramm der zurückgelegten Strecke).

Quantitative Erweiterung
Bei allen Übungen kann der Laufsteg mit (Meter-)Angaben beschriftet werden. Dadurch wird die Übung viel schwerer, da jetzt das Schaubild nicht nur qualitativ, sondern auch quantitativ untersucht wird.

20.6 Emotionale Erweiterung: eine Liebesgeschichte und ein Überholvorgang

Romeo und Julia

Gesucht ist ein Liebespaar oder zwei Schauspieler, die sich ca. fünf Sekunden umarmen können: Romeo und Julia. Am besten hat Romeo ein blaues und Julia ein rotes Oberteil an. Falls Romeo eine Brille trägt, soll er diese ablegen. Der Lehrer gibt die Geschichte vor: Zu Beginn befinden sich beide auf dem Laufsteg. Julia bei $s = -4$ m, Romeo bei $s = 10$ m. Der Nullpunkt des Ortes wird z. B. durch einen Gegenstand markiert. Mit dem Klatschen des Lehrers schlafwandelt die verliebte Julia langsam auf Romeo zu. Da Romeo kurzsichtig ist, erkennt er seine Geliebte erst, als sie zwei Meter näher gekommen ist ($s = -2$ m). Dann aber rennt er, so schnell er kann, auf seine Julia zu und umarmt sie einige Sekunden lang. Nachdem die Geschichte zwei- oder dreimal vorgespielt wurde, zeichnet jeder Zuschauer zu jedem Darsteller das zugehörige Schaubild in ein Diagramm ein. Romeos Bewegung wird in blauer und Julias in roter Farbe eingezeichnet.

Auflösung
Zur Auflösung spielen die Schauspieler ihre Handlung nacheinander – ohne ihr Gegenüber. Beginnen wir mit Julia: Sie beginnt bei $s = -4$ m und geht schlafwandelnd los. Synchron zeichnet ein Freiwilliger (ein ehemaliger Zuschauer) Julias Bewegung in Rot an der Tafel auf. Da Romeo nicht auf der Bühne ist, umarmt Julia den leeren Raum. Anschließend setzt sich Julia. Romeo führt seine Bewegung aus und lässt diese synchron von einem Mitschüler entsprechend (in Blau) aufzeichnen. Wie das Ergebnis in etwa aussehen könnte, sehen Sie auf der nächsten Seite.

synchrones Zeichnen

Die Schüler notieren unter dem Schaubild die zugehörige Geschichte. Es ist ein emotionales Lernen. Nicht umsonst ist hier Julia in Rot und Romeo in Blau gezeichnet. Man kann auch die Namen der Darsteller dazuschreiben, das prägt sich noch besser ein.

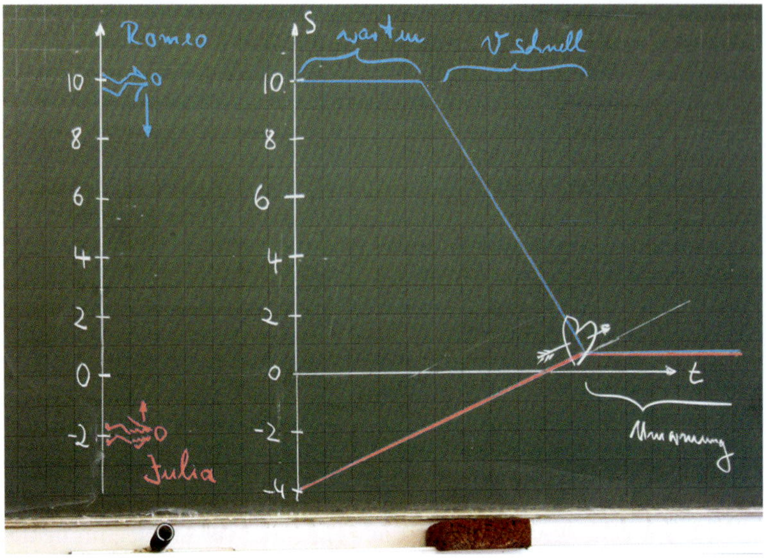

Die Umarmung hat eine zeitliche und eine räumliche Dimension. So ist es mit der Liebe: Zeit und Ort muss stimmen! Beides lässt sich mittels Projektion auf die Achsen bestimmen.

ein Finger steuert den Ablauf

Der Lehrer kann mit dem Finger auf der Zeitachse eine bestimmte Zeit anzeigen. Die Schauspieler nehmen entsprechend zu diesem Zeitpunkt den zugehörigen Ort ein. Somit kann der Lehrer den Ablauf des Spiels von Romeo und Julia steuern.

Didaktische Bemerkungen

Gestaltpsychologie

Gesetz der Gleichzeitigkeit

Das aus der Gestaltpsychologie stammende *Gesetz der Gleichzeitigkeit* besagt, dass wir zwei Dinge, die im gleichen Augenblick geschehen, als zusammengehörig empfinden. Bei der Übung kann das ausgenutzt werden, indem das Schaubild jedes einzelnen Schauspielers während des Vorspiels aufgezeichnet wird. Auf der Bühne ist zuerst beispielsweise nur Julia zu sehen, in Rot entsteht zeitgleich das Schaubild. Da Romeo nicht da ist, umarmt Julia ins Leere. Anschließend wird die Bewegung von Romeo in Blau aufgezeichnet. Beide Prozesse (Spielen und Zeichnen) laufen *gleichzeitig* ab. Dadurch wird ein zusätzlicher Bezug hergestellt.

gleichzeitige Prozesse

Ein weiterer Bezug wird durch die Gleichheit der Kleidung der beiden Schauspieler und der Farbe des Schaubildes hergestellt. Farbkodierung ist wahrscheinlich die bekannteste Anwendung des *Gesetzes der Ähnlichkeit:* Zwei Dinge werden als Einheit wahrgenommen,

Gesetz der Ähnlichkeit

wenn sie einander ähnlich sind. Hier besteht die Ähnlichkeit in der Farbe.

Erweiterung um eine Repräsentationsebene

Bruner[11] unterscheidet drei Repräsentationsebenen in der Vermittlung (EIS-Prinzip): die enaktive (handelnde), die ikonische (bildhafte) und die symbolische (sprachliche bzw. formale). In der Übung werden mit Hilfe des Gesetzes der Gleichzeitigkeit das Zeichnen des (ikonischen) Schaubildes und der (enaktive) Bewegungsablauf miteinander gekoppelt. Kommentiert ein Märchenerzähler oder ein Reporter den Handlungsablauf, kommt zusätzlich die symbolische Ebene gleichzeitig mit ins Spiel. Dabei wird jede Repräsentationsebene durch eine Rolle besetzt:

EIS-Prinzip nach J. S. Bruner

Repräsentationsebene	Enaktiv (handelnd)	Ikonisch (bildlich)	Symbolisch (formal)
Rolle	Schauspieler	Zeichner	Reporter
Regieanweisung	Schreitet den Weg entsprechend der Handlung ab	Zeichnet das Schaubild an die Tafel	Kommentiert die Handlung durch Worte

Eine kritische Bemerkung

Dass die Worte des Reporters auf formale bzw. symbolische Weise Inhalte vermitteln, ist offensichtlich. Ebenso, dass das Schauspiel handelnd bzw. in enaktiver Weise vermittelt wird.

Allerdings kann man sich beim Schaubild darüber streiten, ob es sich hier wirklich um eine bildliche Darstellung handelt. Irgendwie wird schon ein Bild bzw. ein Schaubild gezeichnet, auf der anderen Seite hat der Graph wenig mit der realen Bewegung zu tun und ist weniger ein Foto als eine formale Beschreibung. So betrachtet, enthält das Tafelbild oben eine ikonische Darstellung (links) und rechts eine symbolische.

Entscheidend ist allerdings weniger die strenge Einteilung in E-I-S, sondern die Möglichkeit eines gehirngerechten, mehrdimensionalen Vermittelns. Legt man das Hemisphärenmodell[12] zugrunde, so richtet sich die enaktive und ikonische Vermittlung eher an die rechte Hirnhälfte, die symbolische eher an die linke.

gehirngerechtes, mehrdimensionales Unterrichten

11 Jérôme Seymour Bruner leistete wichtige Beiträge zur kognitiven Lerntheorie. Von ihm stammt die Idee, den Lernstoff in Form eines Spiralcurriculums anzuordnen.

12 Die strenge Unterteilung in rechts- und linkshirnige Aufgabenbereiche gilt als überholt. Dennoch gibt es Schwerpunkte und Präferenzen für beide Hirnhälften, die in etwa dem Hemisphärenmodell entspechen.

Ein weiteres Beispiel: Auto überholt Fahrrad

Die Rollen der beiden Fahrzeuge werden von Schülern eingenommen. Einer stellt das Auto, der andere das Fahrrad dar. Zu Beginn stehen beide nebeneinander vor einer roten Ampel. Der Autofahrer nutzt die Wartezeit, um kurz seine Augen zu schließen. Drei Sekunden später wird es Grün und der Radfahrer setzt sich in Bewegung. Durch Gehupe erwacht der Autofahrer aus seinem Tagesschlaf und tritt zwei Sekunden verzögert auf das Gaspedal.

Die Ausführung erfolgt wie im Beispiel von Romeo und Julia: Die Geschichte wird vorgespielt, die Zuschauer zeichnen das zugehörige *t-s*-Diagramm und anschließend spielen die Darsteller einzeln ihre Rolle, während ein von ihnen ausgewählter Zuschauer synchron das Schaubild aufzeichnet.

Erweiterung: Schüler erfinden Geschichten

es wird gelacht

Nach ein paar Beispielen können Schüler in Gruppen Geschichten erfinden. Es entstehen meist recht originelle Geschichten und häufig wird noch mehr gelacht als bei den beiden Übungen oben.

20.7 Lineare Zuordnungen – Funktionen im Glas

Füllhöhe über der Zeit

Unter den laufenden Wasserhahn wird ein zylinderförmiges, anfangs leeres Glas gestellt. Trägt man die Füllhöhe über der Zeit auf, erhält man das Schaubild einer linearen Funktion.

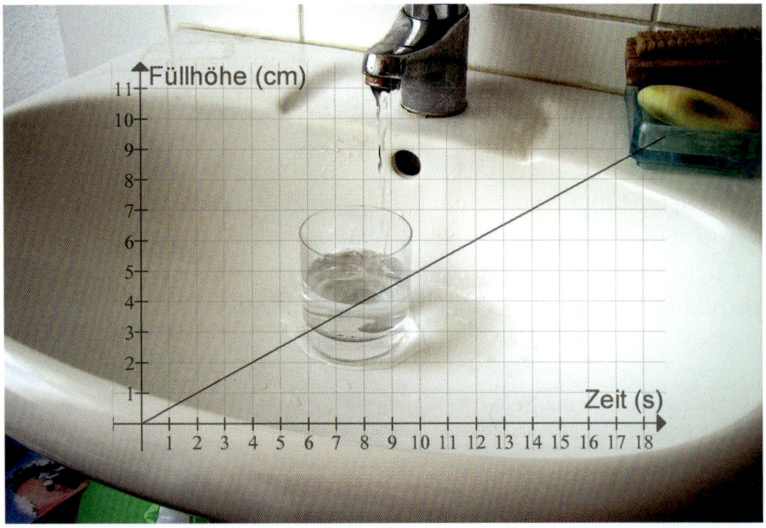

Ein schlankeres Glas oder ein weiter aufgedrehter Wasserhahn ergibt eine steilere Gerade. Anschaulich bedeutet die Veränderung der Wasserstrahlstärke eine Streckung des Schaubildes in Richtung der y-Achse. Damit das Schaubild nicht von der Strahlstärke abhängt, kann die Zuflussmenge in einer Sekunde durch das Schöpfen mit einem kleinen Becher (Schnapsglas) simuliert werden.
Auf diese Weise erhält man Ursprungsgeraden mit positiver Steigung, genauer: alle Schaubilder der Funktionen der Bauart $y = m \cdot x$ mit $m \geq 0$. Die Verallgemeinerung $y = m \cdot x + c$ mit $m, c \geq 0$ kann für positives c mit einem zu Beginn bereits teilweise gefüllten Glas demonstriert werden.

Verallgemeinerung durch teilweise gefüllte Gläser

Analogien im Überblick:

Funktion mit $y = m \cdot x + c$	Analogie
c	Füllhöhe zum Zeitpunkt $t = 0$
m	Wasserstrahlstärke (Zuflussgeschwindigkeit oder Änderungsrate) bzw. Glasdurchmesser; genauer: das Verhältnis von Wasserstrahlstärke zu Glasquerschnitt
Verschiebung in y-Richtung	Änderung der Anfangsfüllung bzw. c
Streckung in y-Richtung	Verkleinerung des Glasdurchmessers oder Erhöhung der Zuflussgeschwindigkeit

Bemerkung: Ein alternativer Zugang zu linearen Funktionen, vor allem zum Steigungsbegriff, ist in Abschnitt 22.1 *(Lineare Funktionen an der Treppe)* gezeigt.

20.8 Weitere Funktionen im Glas

Die Methode aus Abschnitt 20.7 kann ausgeweitet werden: Gläser können verschiedene Formen haben. Auch diesmal wird mit konstant bleibender Wasserzufuhr befüllt. Ziel ist es, den qualitativen Verlauf des Schaubildes zu skizzieren, und zwar ohne Schnapsgläser und Wasserschöpfen, d. h. ohne reale Messreihen. Eine wunderbare Übung in abstraktem Denken jenseits der Zahlen! Die Schüler betrachten ein Glas und fertigen dazu ein Schaubild an. Auf den ersten Blick sind das völlig verschiedene Welten, völlig verschiedene Betrachtungsweisen, ein Uneingeweihter sieht keinen Zusammenhang zwischen der Glasform und dem Schaubild.

verschiedene Formen

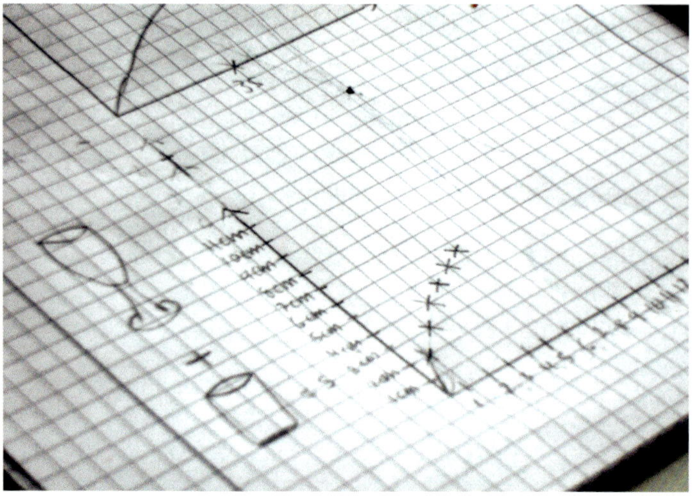

Umsetzung im Unterricht

Museumstechnik

Wie in einem Museum wird auf jedem Schülerplatz ein Exponat ausgestellt: ein Wasserglas, eine Kaffeetasse, eine Müslischale, ein Sektglas, ein Weinglas, ein Weizenglas, eine Rührschüssel, eine Colaflasche, ein Tablett und was die Schüler sonst mitbringen – oder was Sie notfalls im Lehrerzimmer finden. Eine Möglichkeit zur Materialbeschaffung ist auch die Physik- oder Chemiesammlung.

Die Schüler erhalten die Aufgabe, Gläser ihrer Wahl im Heft zu skizzieren und das zugehörige Schaubild daneben zu zeichnen. Werden die Gläser teilweise mit Wasser gefüllt, so verlaufen nicht alle Schaubilder durch den Ursprung.

Die Übung eignet sich sowohl zur Einführung von Zuordnungen als auch in der Sekundarstufe II. Die hier gezeigten Gläser fanden in der Unterstufe Verwendung. In höheren Klassen kann exakter gearbeitet werden, indem die Schüler das Glas auf die y-Achse (quasi als Symmetrieachse) zeichnen. Das Beispiel auf dem Foto zeigt den qualitativen Kurvenverlauf (Zeit $\mapsto$ Füllhöhe) bei einem Weinglas.

zur Einführung ebenso wie Sekundarstufe II

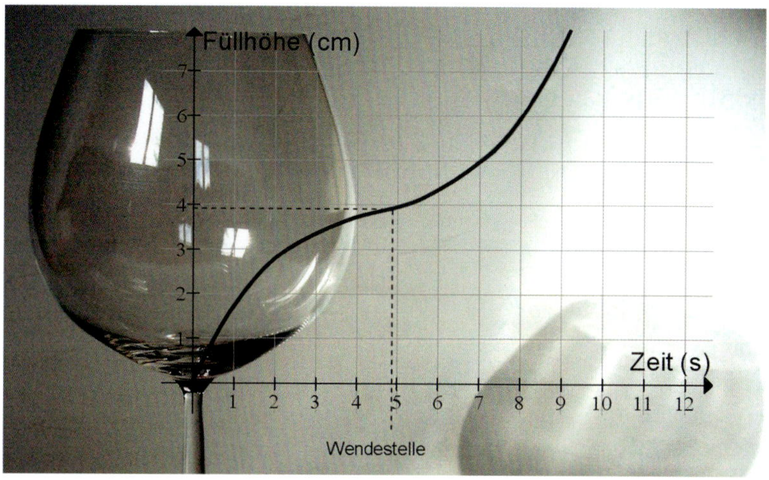

Alle Schaubilder sind streng monoton steigend. Verjüngt sich das Glas nach oben, so wird die Kurve in diesem Abschnitt immer steiler. An der weitesten und engsten Stelle des Glases befinden sich Wendepunkte. Hier deutet sich bereits an, dass bei der Integration eine Extremstelle (extremaler Querschnitt des Glases) zu einer Wendestelle wird. Wer möchte, kann sich klarmachen, dass die hier dargestellte Zuordnung der Umkehrfunktion der Funktion *Füllhöhe h* $\mapsto$ *Rotationsvolumen V* entspricht: Der Radius r des Glasquerschnittes ist abhängig von der Füllhöhe h (weiße Kurve im Bild rechts). Die Integration der unendlich vielen infinitesimalen Kreisscheiben (rot angedeutet) ergibt das Volumen $V(h)$, das durch die schwarze Kurve beschrieben wird (wobei die zwei Kurven verschiedene Skalen auf der y-Achse verwenden: Radius bzw. Volumen). Nun ist die Füllzeit in der obigen Zuordnung (Zeit $\mapsto$ Füllhöhe) proportional zum Wasservolumen, d. h., das obige Schaubild entspricht qualitativ der Zuordnung *Volumen V* $\mapsto$ *Füllhöhe h*, also der Umkehrfunktion der Funktion $h \mapsto V(h)$.

Wendepunkte

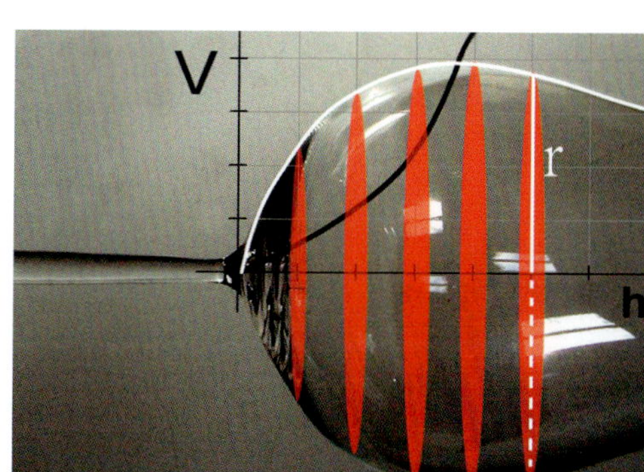

Erweiterung: Untersuchung des Schwierigkeitsgrades

Aufstellung nach Schwierigkeitsgrad

Nachdem jeder Schüler mindestens drei Gläser und deren Kurvenverlauf in einem Schaubild skizziert hat, kann der Schwierigkeitsgrad untersucht werden. Jeder Schüler soll zu dem Glas hingehen, dessen Schaubild zu skizzieren er persönlich am schwierigsten empfinden würde. Es wird nicht gesprochen. Wer einen oder mehrere Gründe dafür angeben kann, warum gerade dieses Gefäß eine schwierige Aufgabe darstellt, verschränkt zum Zeichen die Arme. Anschließend äußern sich die Schüler. Auf diese Weise wird die Aufgabe auf einer Metaebene behandelt.
Anschließend wird nach dem Gefäß gefragt, dessen Schaubild am leichtesten skizziert werden kann. Wieder kann nach Gründen gefragt werden.

Didaktisch-pädagogische Bemerkungen

Das eigene Glas

persönlicher Bezug

Fremde Gläser zu untersuchen ist unpersönlich. Es ist viel interessanter, Jims oder Annas Glas zu untersuchen, hier gibt es einen persönlichen Bezug. Je eigenartiger die Formen, desto origineller, desto nachhaltiger.

Ein Glas wird mit Mathematik gefüllt

Schließlich wandert das Glas, die Tasse oder die Schüssel wieder nach Hause. Und mit dem Gefäß wird auch das Erlebnis mit nach Hause transportiert, eine Erinnerung steht im Küchenschrank. Mathematik wird aus dem Klassenraum in den Alltag transportiert.

Anfang und Ende des Unterrichts

Gespräche über Mathematik zu Hause

Wer ein Glas in den Mathematikunterricht mitbringen soll, fragt sich natürlich, wozu er das soll. So beginnt die Beschäftigung mit dem Glas nicht mit dem Läuten, sondern bereits beim Einpacken. Und ebenso endet die Beschäftigung nicht mit dem Pausengong, sondern in der Spülmaschine bzw. im Küchenschrank. Und selbst dann ist es noch nicht vorbei. Die Wahrscheinlichkeit ist recht hoch, dass der Schüler am Esstisch in Anbetracht seines Glases aus der Schule erzählt. Vielleicht wird es Fragen geben, vielleicht beginnt er zu erklären. Sicher ist, dass der Pausengong das Thema nicht beendet hat.

Beliebigkeit und Wirkung

Wenn Sie statt Ihre Schüler Tassen, Gläser, Suppenschüsseln und Co. selbst in den Unterricht mitbringen, dann haben Sie sich vielleicht etwas dabei gedacht. Zumindest kann Ihnen das unterstellt werden. Vielleicht klappt die Übung ja nur mit bestimmten von Ihnen ausgesuchten Gläsern? Kurz: Ihre Auswahl wird nicht als beliebig wahrgenommen, es ist die Auswahl des Mathelehrers! Wählen die Schüler selbst, ist die Auswahl beliebig: Die Rolle beeinflusst entscheidend die Beliebigkeit. Allgemein lautet die Kommunikationsregel: Äußerung (hier das nonverbale Mitbringen der Gläser) plus Rolle (Schüler bzw. Lehrer) erzeugt Wirkung. Diese wirkt sich unmittelbar auf die Wissenskonstruktion aus.

Äußerung plus Rolle erzeugt Wirkung

Vorbereitungszeit und Wertschätzung

Wenn Sie die Gläser in den Unterricht mitbringen, müssen Sie diese auch wieder aufräumen. Interessanterweise wird Ihre zusätzliche Arbeit von Ihren Schülern meist nicht wahrgenommen, geschweige denn wertgeschätzt. Kümmern sich die Schüler hingegen selbst um die Gläser und achten selbst darauf, dass beim Transport nichts zu Bruch geht, ist der Unterricht wertvoller. Es scheint auf den ersten Blick paradox: Sie tun weniger und die Schüler erfahren mehr Freude. Auf den zweiten Blick wundert es jedoch nicht: Je mehr Schüler mitgestalten dürfen, desto mehr wird der Unterricht zu ihrem Unterricht, zu ihrer Sache. Was würde Ihnen denn mehr gefallen? Ihr persönliches Lieblingsglas (bzw. das von Ihrem Bekannten) zu untersuchen – oder eines aus der Physiksammlung oder dem Altglascontainer?

Unterricht wird wertvoller

Teil VI

Analysis

Kapitel 21

Schaubilder handelnd verstehen

Es gibt im Wesentlichen zwei Möglichkeiten, Schaubilder handelnd darzustellen: Erstens als Standbild, wenn der Schüler nonverbal mit seinen Armen den Graph „zeichnet", und zweitens in der Gruppe, wenn jeder Schüler einen Punkt im Schaubild einnimmt.

21.1 Schaubilder als Standbilder

nonverbale Abfragetechnik

Vorgestellt wird eine nonverbale Abfragetechnik für Schaubilder. Die verbale Frage des Lehrers wird nonverbal durch eine entsprechende Körperhaltung beantwortet.

Konkrete Umsetzung

Die folgende Übung findet in Stille und Konzentration statt. Chaos und Unaufmerksamkeit bewirken einerseits ein hohes Unfallrisiko, andererseits verschwindet die Ästhetik im Raum.

lineare Funktion

Ausgestreckte Arme lassen sich als Schaubild einer linearen Funktion deuten. In der unteren Abbildung stellen die Schüler den Graph von $x \mapsto \frac{1}{2}x$ dar. Hierzu hat der Lehrer ein leeres Koordinatensystem zur Orientierung an die Tafel gezeichnet, in dem das Schaubild mit den Armen eingezeichnet werden soll. Man lege großen Wert auf Exaktheit: $x \mapsto \frac{1}{2}x$ ist ein anderes Schaubild als $x \mapsto \frac{1}{4}x$.

Als nächstes soll das Schaubild der Funktion $x \mapsto \frac{1}{2}x + 1$ dargestellt werden. Meist strecken sich die Schüler zuerst oder stellen sich auf die Zehenspitzen, bis schließlich einer auf seinen Stuhl steigt und die anderen mitreißt. Verschieben eines Graphen in y-Richtung wird zu einem „Erkenntnisschritt". Die Skizze zeigt Verschiebungen aus der Sicht des Lehrers:

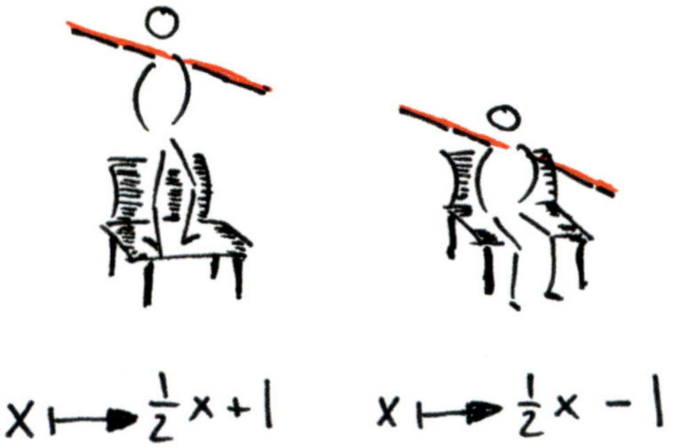

Die Schüler erkennen ohne Hilfe, was „eins mehr" bzw. „eins weniger" bedeutet: hinsitzen, aufstehen, auf den Stuhl oder den Tisch steigen und so weiter.

Parabeln eignen sich zur körperlichen Darstellung ebenfalls sehr gut:

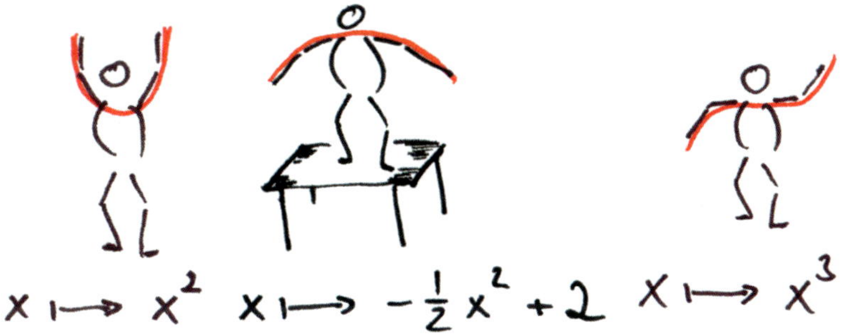

Die Darstellung von $x \mapsto \frac{1}{2}x^2 + 2$ ist ein Erlebnis: Alle Schüler stehen wie Adler auf den Tischen und lassen ihre Schwingen nach unten hängen. Dass die Schüler schweigend auf den Tischen stehen, erinnert an den Film „Club der toten Dichter". Ein ungewohntes Bild: Die Schüler schauen von oben auf den Unterricht. Ein Bild des Aufsteigens und Aufbrechens ist im Raum. Für gewöhnlich sitzen die Schüler hinter ihren Tischen und der Lehrer blickt auf sie herab.

Perspektivenwechsel: Schüler schauen von oben auf den Unterricht

Bei quadratischen Funktionen kann so die Verschiebung und die Streckung in y-Richtung gezeigt werden. Die Verschiebung in positive x-Richtung bewirkt eine Verrückung nach rechts. Die Ansage $x \mapsto 10x^2 -1$ lässt die Schüler entspannt hinsitzen – ein gutes Ende für die Übung.

Erweiterung: Vorgabe eines Definitionsbereiches

Vom Schaubild der Funktion $x \mapsto x^2$ kann ebenso nur ein kleiner, vielleicht sogar untypischer Ausschnitt gezeigt werden. Bisher wurde stillschweigend ein um die Null symmetrischer Definitionsbereich angenommen, z. B. [–2; +2]. Im Intervall [+1; +2] zeigt sich dieselbe Funktion jedoch ganz anders.

offene und abgeschlossene Intervalle

Man kann noch zwischen offenen und abgeschlossenen Intervallen unterscheiden. So bleibt im halb*offenen* Intervall (–1; +3] die linke Hand *geöffnet* und die rechte bildet eine Faust.

Regieanweisungen – Verschiebungen, Streckungen und Spiegelungen
Sehr eindrücklich sind die Wirkungen „kleiner" Veränderungen an einer Zuordnungsvorschrift. So kann Schritt für Schritt aus einem Grundschaubild ein verschobenes, gestrecktes und gespiegeltes Schaubild dargestellt werden, was einer gewünschten konstruktiven Vorgehensweise entspricht. Die einzelnen Regieanweisungen sind rot hervorgehoben:

Regieanweisung	Bedeutung der Regieanweisung	Umsetzung
$x \mapsto x^2$	Grundschaubild	 Es beginnt mit dem „Sonnenanbeter" im Stehen.
$x \mapsto \frac{1}{4}x^2$	Streckung in y-Richtung mit dem Faktor $\frac{1}{4}$	Die Arme verbreitern sich.
$x \mapsto -\frac{1}{4}x^2$	Spiegelung an der x-Achse	Die Arme zeigen jetzt nach unten.
$x \mapsto -\frac{1}{4}(x+2)^2$	Verschiebung in x-Richtung um -2	Es geht zwei Schritte nach links. Die Armhaltung bleibt erhalten.
$x \mapsto -\frac{1}{4}(x+2)^2 - 1$	Verschiebung in y-Richtung um -1	Es geht eine Stufe tiefer, entweder auf einen Stuhl oder auf die Knie. Wiederum bleibt die Armhaltung erhalten.

Um die Wirkungsweise der Verschiebungen zu demonstrieren, kann jeder Schüler eine individuelle Funktion $x \mapsto f(x)$ darstellen. Jedes Schaubild erfährt dann dieselbe Veränderung: Der Mechanismus der Verschiebung bzw. die Regieanweisung hängt nicht vom speziellen Graphen ab. So kann das gelernte Konzept sehr einfach auf beliebige Schaubilder übertragen werden.

Didaktische Bemerkungen

Der Lehrer stellt das erste Schaubild
Es ist wichtig, dass der Lehrer als erster ein Schaubild darstellt. Ansonsten kommt sich der ein oder andere Schüler komisch vor, wenn er zum Sonnenanbeter werden soll, aber der Lehrer nicht handeln möchte. Wichtig ist, im ersten Moment das Eis zu brechen. Die folgenden Standbilder stellen die Schüler dann ohne Lehrer.

das Eis brechen

Alle werden abgefragt, keiner bloßgestellt

Bei dieser Technik werden alle Schüler gleichzeitig abgefragt, jedoch keiner vorgeführt. Es kann sein, dass einer ein falsches Standbild anzeigt, aber er tut es nicht alleine und vorne an der Tafel, wo alle Schüler auf ihn blicken. Es gibt keine Bühne, daher gibt es auch keine Vorführung und kein Vorgeführtwerden.

keine Bühne, kein Vorgeführtwerden

Weiter erkennt der Lehrer unmittelbar über die Körperhaltung (nonverbale Äußerung des Schülers), wer die Sache verstanden hat, wer zögert oder wer nur zu kopieren sucht.

Gleichzeitigkeit von formaler und (stand-)bildhafter Repräsentationsebene

Der Lehrer schreibt formal eine Zuordnungsvorschrift an die Tafel, die dann von den Schülern handelnd dargestellt wird. Dem Formalen kommt eine handelnde Bedeutung zu. Das zeigt sich sehr deutlich, wenn z.B. nur ein Minuszeichen verändert wird und die Schüler entsprechend handeln (zum EIS-Prinzip nach Bruner vgl. auch die folgende didaktische Bemerkung).

„Formales im Handeln“

Lernzielkontrolle und mögliche Hausaufgabe

Dieselben Schaubilder, die im Unterricht gestellt wurden, können zu Hause aufgezeichnet werden. So kann jeder Schüler für sich testen, ob er die Sache auch für sich alleine hinbekommt. Nun ist das EIS-Prinzip[13] komplett umgesetzt: Die symbolische (formale) Ebene an der Tafel, die ikonische (bildhafte) als Schaubild im Schulheft und die enaktive (handelnde) als körperliche Darstellung.

EIS-Prinzip

	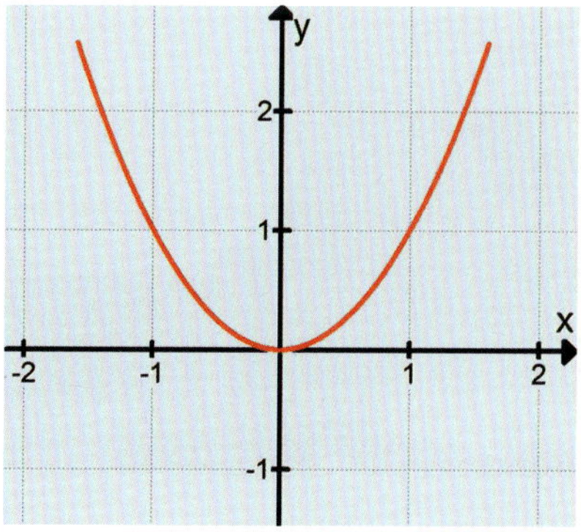	$y = x^2$
E(naktiv)	I(konisch)	S(ymbolisch)

13 Zum EIS-Prinzip nach Bruner vgl. in Abschnitt 20.6 die didaktische Bemerkung *„Erweiterung um eine Repräsentationsebene“*.

Bemerkung zum EIS-Prinzip

Die reine Darstellung des Schaubildes mit den Armen ist keine wirkliche Handlungsorientierung und kann ebenfalls der bildhaften Repräsentationsebene zugeordnet werden: Der Schüler zeichnet hier quasi mit seinem Körper. Enaktiv wird es erst bei Veränderungen: Um das Schaubild von $y = x^2 + 1$ anzuzeigen, muss beispielsweise auf einen Stuhl gestiegen werden.

Aber schöner ist es natürlich, wenn es um „echtes" und nicht um nachgestelltes Handeln geht. Ein wunderbares Beispiel ist die Flugbahn einer Streichholzrakete[14] …

… oder die eines Wasserstrahls.

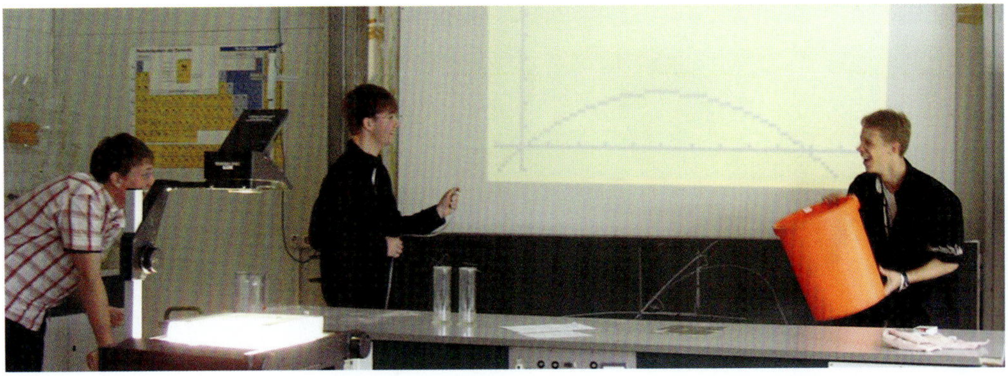

14 Die Anleitung der Rakete kann unter www.unterricht-als-abenteuer.de kostenfrei heruntergeladen werden. Vergleiche auch Martin Kramer, Physik als Abenteuer Bd. II, Friedrich Verlag 2017, S. 215 ff.

21.2 Lineare Funktionen und materielles Abfragen

Eine alternative nonverbale Abfragetechnik kann im Falle linearer Funktionen über das Geodreieck erfolgen. Hierzu zeichnet jeder Schüler ein Koordinatensystem in sein Heft. Eine lineare Funktionsvorschrift, z. B. $x \mapsto \frac{1}{2}x + 3$ wird vorgegeben. Statt das Schaubild einzuzeichnen, wird es „nur“ mit der Kante des Geodreiecks gelegt.

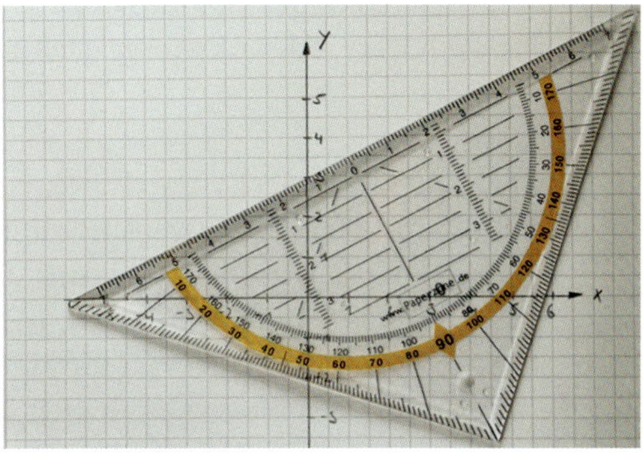

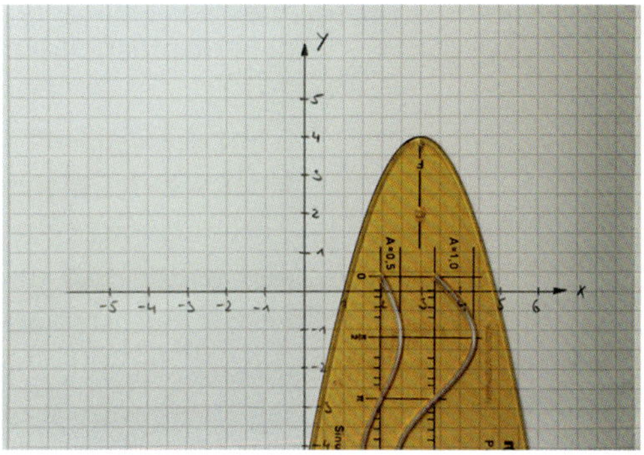

Wird statt eines Geodreiecks eine Parabelschablone (oder eine auf Folie gezeichnete Normalparabel) verwendet, können Parabeln des Typs $x \mapsto ax^2 + bx + c$ ($a = \pm 1$) gelegt werden. Weiter können auch Schnittpunkte und Tangenten an Parabeln dargestellt werden.

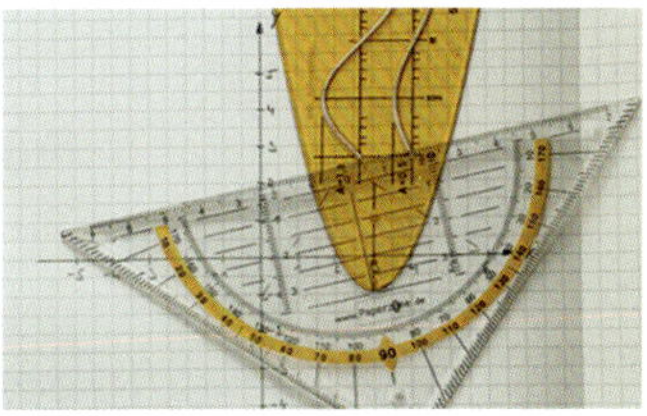

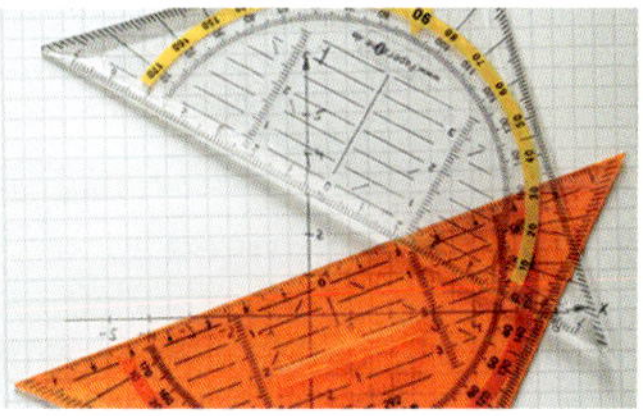

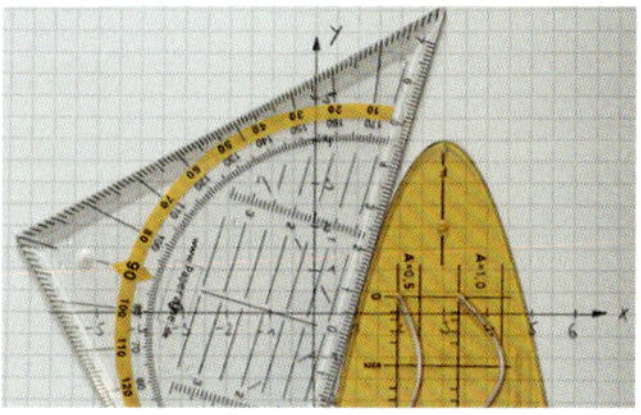

Mögliche Umsetzungen

Legen in der Schule, zeichnen zu Hause

Jeder Schüler zeichnet ein leeres Achsenkreuz in sein Heft. Ein Freiwilliger schreibt eine Zuordnungsvorschrift (in der Farbe seines Oberteils) an die Tafel, z. B. $e(x) = \frac{1}{2}x + 3$. Der Anfangsbuchstabe seines Namens ist der Funktionsname.

Die Mitschüler legen zur Antwort ihr Geodreieck. Wenn alle so weit sind, kontrolliert der Aufgabensteller bzw. zeigt die Lösung mit dem Tafelgeodreieck in einem großen Achsenkreuz an der Tafel an. Anschließend wählt er einen Nachfolger, der eine andere Farbe trägt. Und so weiter. Der so von Schülern entworfene Satz Aufgaben könnte so aussehen:

$e(x) = \frac{1}{2}x + 3$ (Emil)

$m(x) = \frac{2}{3}x - 4$ (Martin)

$s(x) = -\frac{1}{100}x + 1$ (Sarah)

$j(x) = 3{,}2648x + 3{,}418$ (Jim)

$s_2(x) = \sqrt{2} \cdot x + \sqrt{4}$ (Simone)

Hausaufgabe

Im Anschluss werden farblich kodiert die Zuordnungsvorschriften abgeschrieben und die zugehörigen Schaubilder als Hausaufgabe in der entsprechenden Farbe in das noch leere Achsenkreuz gezeichnet.

Schwere Aufgaben – leichte Aufgaben

Museumsrundgang

Aufstellung nach Schwierigkeitsgrad

Jeder Schüler platziert individuell sein Geodreieck im Achsenkreuz. Anschließend gehen alle wie in einem Museum schweigend durch den Raum und überlegen sich, welche Zuordnungsvorschrift am leichtesten ist. Nach einigen Minuten wird Stellung bezogen: Jeder geht zu der Aufgabe, welche ihm am leichtesten fällt. Wer formulieren kann, warum die Aufgabe einfach ist, verschränkt zusätzlich die Arme. Es geht weiter, wenn alle Arme verschränkt sind. Nun darf man sich zur Einfachheit äußern. Analog lässt sich nach der schwierigsten Aufgabe fragen.

Hausaufgabe

Für die Hausaufgabe wählt jeder Schüler selbst vier Aufgaben aus, von denen er denkt, dass sie ihm als Übung am meisten bringen. Ganz leichte bringen ihn nicht weiter, aber Aufgaben, die ihn überfordern, auch nicht. Der Schüler entscheidet selbst, was für ihn geeignet ist.

Didaktische Bemerkungen

Frage und Antwort – Basis eines kommunikativen Lernverständnisses

Schüler als Prüfer und Prüfling

Diese Technik, über die Qualität der Aufgabe auf einer Metaebene nachzudenken, ist Teil eines intelligenten Übungsprozesses. Der Schüler ist keine Maschine, die das abarbeitet, was sie gefüttert bzw. eingetrichtert bekommt. Es ist nicht nur eine Frage der Motivation – wer selbst entscheidet, gestaltet und mitspielt, hat eher Freude an seiner Arbeit –, noch entscheidender ist, dass der Schüler auf zwei Ebenen lernt: als Fragesteller bzw. Qualitätsprüfer und als Aufgabenlöser bzw. Prüfling! Lernen ist Kommunikation mit dem Stoff, und Kommunikation besteht aus Fragen und Antworten. In einem lebendigen und fruchtbaren Gespräch wechseln die Rollen von Fragesteller und Antwortgeber. Natürlich gibt es auch Kommunikation ohne Rollenwechsel: das Verhör!

Eigene Aufgaben
Die Schüler konstruieren selbst die Aufgaben. Wenn auch das Zeichnen linearer Schaubilder im Alltag eher weniger vorkommt, so ist es interessanter und netter, über die eigenen Aufgaben nachzudenken, als welche aus dem Schulbuch abzuarbeiten.
Zudem kann der Lehrer anhand der von Schülern gestellten Aufgaben deren Wissensstand erkennen. Im Stellen der Aufgabe steckt mindestens ebenso viel Information über das Verständnis wie im Lösen.

Information in der Schülerfrage

Personalisieren und Namensgebung
Die Funktionen werden personalisiert. Emil schreibt $e(x)$. Das „e" stammt von seinem Namen und die Farbe von seiner Kleidung. Die Farbwahl hat neben der farblichen Kodierung noch zwei weitere Funktionen: Zum einen bleibt die Auswahl überschaubar, weil irgendwann die Kleiderfarben ausgehen, zum anderen ist die Wahl nur zu Beginn frei, anschließend ruft der Zufall bzw. die Farbe den Nachfolger auf. So kommen nicht immer dieselben Schüler dran.
Man beachte die Indizierung der letzten Funktion. Simone ist offensichtlich nicht Sarah und da das „s" bereits vergeben ist, braucht sie ein anderes Symbol, welches sich von Sarahs unterscheidet. Statt s_2 hätte sie auch s_i schreiben können. All das ist unmittelbar und nebenbei klar – ohne dass es erklärt werden muss.

Indizierung

21.3 Schüler als Punkte im Schaubild

Tische und Bänke werden zur Seite geschoben und mit Kreppband ein großes Achsenkreuz auf dem Boden markiert.
Statt wie in Abschnitt 19.1 einzelne Punkte anzugeben, gibt der Lehrer eine Zuordnungsvorschrift an, z. B. $x \mapsto x - 3$. Jeder Schüler sucht sich einen beliebigen x-Wert aus, der sich mit den Fingern der linken Hand anzeigen lässt. Somit muss x zwischen −5 und +5 liegen. Im Beispiel wählt der Schüler als x-Wert 5. Der y-Wert errechnet er zu +2 und zeigt entsprechend zwei Finger mit der rechten Hand an.

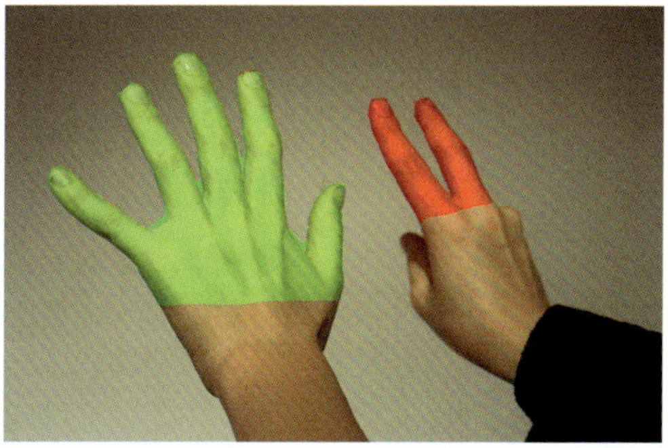

Mit den Fingern lassen sich nicht alle Werte anzeigen, wie auch nicht alle entsprechenden Punkte ins Schaubild passen. Das entsprechende Anzeigefenster enthält Werte zwischen −5 und +5 sowohl für den x- als negative Werte durch umgedrehte Finger

auch den y-Wert. Negative Werte werden ortskodiert durch umgedrehte Finger angezeigt. Es können auch Kommawerte wie beispielsweise 1,7 für x gewählt werden; in diesem Fall wird ein Finger ganz und der andere zu ca. 70 % ausgestreckt.
Nach dem Anzeigen wird Stellung bezogen. Der Schüler, der die Koordinaten (5 | 2) anzeigt, startet an der Stelle $x = 5$ und geht zwei Schritte vorwärts, also in Richtung y. Schaubilder entstehen auf diese Weise Punkt für Punkt, ohne dass der Schüler das gesamte Schaubild verstehen muss. Der einzelne Punkt wird unabhängig vom Graph gefunden. Letzterer wird quasi „blind" gefunden.

Maschinen begreifen – Rechner zeichnen Schaubilder
Das beschriebene Vorgehen entspricht der grafischen Darstellung eines (Taschen-)Rechners, der sich einfach simulieren lässt:

Anzeigefenster

Das Anzeigefenster bzw. der Bildschirm entspricht dem markierten Achsenkreuz. Die Koordinaten von x und y liegen zwischen –5 und +5. Das Anzeigefester haben wir durch die Kreppbandmarkierung ausgewählt bzw. eingestellt. Geben wir jetzt die Funktion in den Rechner ein, z. B. $x \mapsto \frac{1}{2}x^2 - 3x + 2$, so setzt er, je nach eingestellter Genauigkeit, Punkte. Das Intervall zwischen –5 und +5 wird äquidistant unterteilt. Die gewünschte Genauigkeit hängt von der Bildschirmauflösung und Rechenleistung ab und kann von Schülern vorgegeben werden, z. B. der Abstand $\Delta x = 1$ oder $\Delta x = 0{,}5$. Im ersten Fall würden 11 Schüler von –5 in 1,0-Schritten bis +5 hochzählen, im zweiten Fall 21 Schüler in 0,5-Schritten. Mit den Fingern der linken Hand wird dabei der x-Wert angezeigt, die rechte Hand ist noch in der Hosentasche: (–5 |), (–4 |), (–3 |), (–2 |), … (4 |), (5 |).

Bildschirmauflösung

Zur Berechnung der y-Werte verwenden die Schüler einen Taschenrechner. Es wird auf eine Nachkommastelle gerundet. Für das Beispiel ergeben sich folgende Werte: (–5 | +29,5), (–4 | +22,0), (–3 | +15,0), (–2 | +10,0), … (4 | –2,0), (5 | +0,5). Dann wird Stellung bezogen – sofern das bei der jeweiligen Koordinate möglich ist. Nur sechs Schüler können auf das Fenster, für den Rest ist kein Platz.
Bisher wurden sechs Punkte eingezeichnet. Ein einfacher Rechner interpoliert die Zwischenwerte linear, d. h. zwischen den Punkten wird jeweils eine Gerade gezogen. Entsprechend verbinden sich die Schüler mit den Händen. Die äußeren Schüler ($x = 0$ und $x = 5$) können sich nur in einer Richtung verbinden, eine Hand bleibt in der Hosentasche.

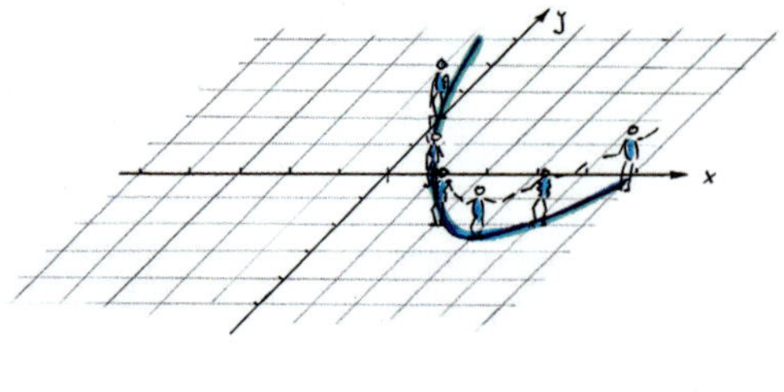

Didaktische Bemerkung und Erweiterung

Arbeitsweise von Rechnern verstehen

In dieser Übung geht es darum, die Arbeitsweise von Rechnern zu verstehen. Wenn ich beispielsweise weiß, dass die Maschine lediglich zwei gesetzte Punkte miteinander verbindet, dann wundert es mich auch nicht, wenn beim Schaubild der Funktion $x \mapsto \frac{1}{x+2}$ an der Stelle $x = -2$ scheinbar die senkrechte Asymptote mit eingezeichnet wird. Die beschriebene Übung lässt sich erweitern, indem das Fenster verändert wird. Wenn die x-Werte beispielsweise zwischen −500 und +500 liegen, wird unsere Parabel zu einer senkrechten Linie (von $y =$ −2,5 bis +5) gestaucht.

Zur Umsetzung

zwei Bühnen

Hilfreich für das Verständnis ist die Gleichzeitigkeit bzw. Parallelität zwischen der Bedienung des Rechners und der handelnden (enaktiven[15]) Darstellung. Im Raum gibt es entsprechend zwei Bühnen:

1. Ein Schüler sitzt über einer Matheaufgabe mit seinem Rechner am Schreibtisch. Er sagt sein Handeln Schritt für Schritt an.
2. Was im Rechner passiert bzw. was der Schüler eingibt, wird theatral nachgestellt.

Zug-um-Zug-Prinzip

Methodisch wird das Zug-um-Zug-Prinzip[16] verwendet, um beide Repräsentationsebenen zu vernetzen:

Am Rechner	Theatrale Modellierung
Der Schüler wählt als erstes ein Anzeigefenster aus, z. B. $-5 < x < +5$ $-5 < y < +5$	Entsprechend wird das Achsenkreuz mit Kreppband auf dem Boden markiert.
Die gewünschte Genauigkeit, z. B. $\Delta x = 1$, wird eingegeben.	11 Schüler zählen von −5 in 1,0-Schritten bis +5 hoch. Der jeweilige x-Wert wird mit der linken Hand angezeigt.
...	...

Excel und andere komplexe Programme verstehen

Mit der vorgestellten Methode kann die Funktionsweise von komplexen Programmen wie beispielsweise Excel nachgestellt werden. Häufig fällt dem Lernenden das Verstehen durch eine zweite bzw. handelnde Sichtweise leichter. Dabei ist es (bei bekannten Programmen)

15 Zum EIS-Prinzip nach Bruner vgl. in Abschnitt 20.6 die didaktische Bemerkung „Erweiterung um eine Repräsentationsebene“.

16 Der Begriff stammt aus der Theaterpädagogik. Er bedeutet, dass sich auf der Bühne immer nur eine Person bewegt, ansonsten weiß der Zuschauer nicht, wo er hinschauen soll.

nicht erforderlich, dass Sie als Lehrer bzw. Spielleiter um die theatrale Darstellung wissen. Viel wichtiger ist die Diskussion darüber, wie man einen bestimmten Sachverhalt darstellen könnte. Ihre Aufgabe besteht in der Koordination des Ablaufes der Übung bzw. in der Gestaltung der Kommunikation. Sie stellen sicher, dass das Zug-um-Zug-Prinzip (nur einer gestaltet etwas, keine zwei Prozesse geschehen gleichzeitig im Raum) eingehalten wird. Sie sind Regelhüter und Moderator, nicht Kreator! Werden die Inhalte den Schülern (weg-)genommen, wird das Spiel der Modellierung durch Fremdbestimmung des Lehrers ersetzt. Dann ist das Spiel vorbei und es wird schnell langweilig.

Lehrer als Regelhüter

21.4 Teamtraining mit Schaubildern

Im letzten Abschnitt entstand Punkt für Punkt ein Schaubild. Bei dem Verfahren wurde kein tieferes Verständnis benötigt. Jedoch wird kein Profi wie ein simpler Rechner arbeiten. In der folgenden Übung geht es daher um das Erlernen von Strategien.

Konkrete Umsetzung im Klassenraum

Auf dem Fußboden wird mit Kreppband ein Koordinatensystem markiert. Die Klasse wird in zwei Gruppen eingeteilt, der Lehrer übernimmt die Rolle des Schiedsrichters. Eine Gruppe beginnt, indem sie eine Aufgabe stellt, z. B. das Schaubild der Funktion $y = -\frac{1}{2}x$. Der Lehrer schreibt die Zuordnungsvorschrift für alle sichtbar an die Tafel. Gruppe Nummer zwei versucht, das Schaubild zu stellen. Während der gesamten Übung herrscht Redeverbot.

Wenn das Schaubild exakt dargestellt wurde und die Aufgabensteller zufrieden sind, wird die Lösung durch Klatschen honoriert. Danach wird das Achsenkreuz (die Bühne) den anderen zur Verfügung gestellt. Aufgabensteller und Darsteller wechseln die Rolle.

Lösung wird durch Klatschen honoriert

Es lassen sich Parabeln, Winkelfunktionen, Exponentialfunktionen und gebrochenrationale Funktionen darstellen. Je nach Klasse wird man andere Funktionsklassen stellen. Im folgenden Bild wurde $y = \frac{1}{x^2}$ dargestellt.

Vorbereitende Teamübungen

„Warming up's“

Hilfreich sind folgende „Warming up's“, die gerne als Hinführung zum Nachstellen der Schaubilder verstanden werden können. Diese Übungen sind aus gruppendynamischer Perspektive kaum zu übertreffen: Die Gruppe kommt nur als Gruppe zum Ziel. Außenseiter gibt es aufgrund der Aufgabenstellung nicht. Allerdings ist die Übung schwerer als die in Abschnitt 21.1 beschriebene. Aus dem Stegreif wird diese Übung nur schwer klappen. Alleine zu handeln ist einfacher, das gemeinsame Agieren als Gruppe fordert ein Denken in der Gruppe und muss häufig erst gelernt werden.

Denken in der Gruppe

- Alle gehen schweigend kreuz und quer (nicht im Kreisgang) durch den Raum. Sobald der Lehrer stehen bleibt, bleiben schlagartig alle stehen. Das erste Mal wird das ein paar Sekunden dauern. Ist nach ein paar Anläufen ein gleichzeitiges Verharren *aller* erreicht, gibt der Lehrer seine Führerschaft ab: Sobald *irgendein* Schüler anhält, müssen alle stoppen. Die Übung ist dann geglückt, wenn ein Außenstehender nicht mehr entscheiden kann, wer den Impuls zum Stoppen bzw. zum Weitergehen gegeben hat, dass also die Klasse als Einheit agiert. Noch ein Tipp: Meist will nach kurzer Zeit jeder einmal der „Stopper“ sein, was zur Folge hat, dass gar nicht mehr gelaufen wird. Es hilft die Vereinbarung, dass zwischen Anlaufen und Stoppen 10 bis 15 Sekunden liegen sollen.
- In der Folgeübung gibt der Lehrer einfache Figuren vor, die die Schüler, ohne zu sprechen, in möglichst kurzer Zeit gemeinsam nachstellen sollen. Eine einfache Figur ist beispielsweise ein Kreis. Ein Quadrat und ein gleichseitiges Dreieck sind schon schwieriger. Es folgen Buchstaben wie „X“, „P“ oder ein „A“. Ein Fragezeichen ist schon schwieriger, die Zahl „13“ noch anspruchsvoller. Als Spielleiter wird man Exaktheit einfordern und an die Grenze der Gruppe gehen, aber nicht darüber hinaus.
- Im dritten Schritt markiert man mit Schnur, Kreide oder Kreppband ein Achsenkreuz auf dem Boden und fährt die Übungen mit Zuordnungsvorschriften fort, wie am Anfang des Abschnitts beschrieben.

Pädagogisch-didaktische Bemerkungen

In der vorgestellten Übung stecken sehr viele pädagogische und didaktische Ideen. Die folgenden Hintergründe sollen aufzeigen, dass es nicht um das Achsenkreuz an sich geht, sondern um den Umgang damit. Das Wesentliche steckt nicht im Kreppband oder im Stellen der Schaubilder. So erfuhr ich von einer „Misshandlung“ der Übung in einem Seminar, wo Schüler zu Punkten reduziert wurden und das Achsenkreuz zum „Kreuz“ der Langeweile wurde. Wenn der Schüler nur noch einen Punkt darstellt, wenn er nicht mitprüfen und mitgestalten darf, wenn er selbst nicht im Mittelpunkt steht, sondern das Foto, welches hinterher in einem Seminar an der Wand hängt, dann ist das Achsenkreuz kein Spielfeld mehr!

das Achsenkreuz als Spielfeld

Der Lehrer als Strukturgeber
In dieser Übung wird die Rolle des Lehrers als Strukturgeber sehr deutlich. Er steckt das Spielfeld ab bzw. markiert das Achsenkreuz, er gibt die Regeln vor und sorgt für deren Einhaltung. Kurz: Er schafft „nur“ eine geeignete Lernumgebung. Interessanterweise stellt er keine Aufgabe selbst, höchstens zu Beginn, um die Spielregeln genau festzulegen. Man beachte, dass bei dieser Methode der Lehrer nicht beschult. Er ist weder der Aufgabensteller noch der, der immer Schwereres abverlangt. Die Schüler selbst erhöhen das Niveau, versuchen sich gegenseitig Fallen zu stellen und erfinden Problemstellungen, die ihnen selbst schwierig erscheinen.

Spielregeln festsetzen

Der Lehrer als Beobachter
In dem Augenblick, in dem die Übung zum Selbstläufer wird, werden Sie nicht mehr für den Fortgang des Unterrichts benötigt und können Lern- und Sozialprozesse beobachten. Das geübte Auge sieht schnell, wer zögert, wer überlegt, wer zielsicher ist. Viele Schüler werden gleichzeitig abgefragt, aber nicht durch Sie. Sie sehen nur anhand nonverbaler Äußerungen, wer richtig steht und wer unsicher ist und wem Sie anschließend helfend zur Seite stehen können. Natürlich sehen Sie nicht alles, aber bei Weitem mehr, als wenn Schüler lediglich am Platz arbeiten würden.

Schüler- und Lehrerrollen
Die Schüler arbeiten in zwei Gruppen gegeneinander. Die einen werden zu Prüfern, erfinden Aufgaben und korrigieren, während die anderen zu Prüflingen werden. Bemerkenswert ist die Rolle des Lehrers: Für gewöhnlich ist es im Unterricht an ihm, die Aufgaben nach und nach immer schwerer werden zu lassen. In dieser Übung hingegen muss der Lehrer meist zügeln, damit die Aufgaben nicht zu schwierig werden.

Schüler steigern den Schwierigkeitsgrad

Bedeutung der Stille

Ästhetik und Aufmerksamkeit

Sobald gesprochen wird, ist die Spannung dahin. Mit dem gesprochenen Wort schwinden Ästhetik und Aufmerksamkeit. Der Leser mag den Unterschied in seinem Unterricht selbst erfahren. Meist muss die Regel der Stille erst gelernt werden: Ich habe es noch nicht erlebt, dass die erste Gruppe wirklich schweigend ein Schaubild gestellt hat. In aller Regel muss ich als Spielleiter die erste Gruppe vom Platz verweisen und die zweite Gruppe erhält dieselbe Aufgabe noch einmal.

Nach der Übungsaufgabe darf sehr wohl diskutiert und nachgefragt werden. Verständnisschwierigkeiten lassen sich handelnd (enaktiv) durch Ablaufen des Problems erklären.

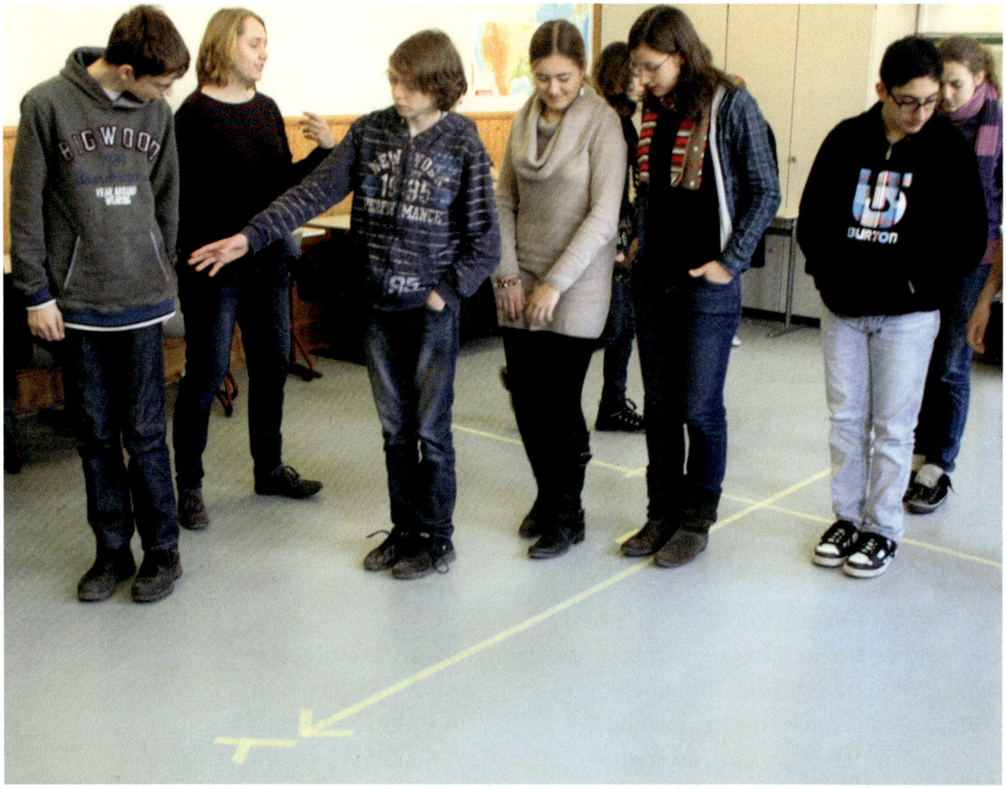

Eigene Aufgaben – Beziehungsebene

Statt durch den Lehrer vorgegebene oder durch ein Schulbuch fremdbestimmt Aufgaben zu lösen, werden hier eigene Aufgaben gestellt. Es ist etwas völlig anderes, wenn ein Bezug zu den Aufgabenstellern gegeben ist (vgl. auch 20.8). Kommunikationspsychologisch betrachtet, ist die Beziehungsebene[17] zwischen Schulbuchautoren und Schülern nicht gegeben, während hier der Aufgabensteller ein klares Gesicht hat.

Eigene Aufgaben – Selbstkundgabe

Jede Aufgabenstellung enthält weiter eine Selbstkundgabe. So sagt es etwas über den Prüfer aus, wenn er vorschlägt, die Funktion $y = \sqrt{\frac{1}{x^2} + \sin(2x - \frac{1}{3})}$ zu stellen. Über die Aufgabenstellung erfährt der Lehrer, welche Aufgaben seine Schüler als schwer und welche als leicht empfinden. Mit der Fragestellung wird gleichzeitig der aktuelle Wissensstand preisgegeben. Qualität und Verständnistiefe lassen sich besser an Fragen als an Antworten ablesen.[18]

Verständnistiefe ist ablesbar an Fragen

Ein kleiner Exkurs über Frage und Antwort

Aus diesem Blickwinkel erscheint es seltsam, dass unser Bildungssystem eine Schule der Antworten und keine Schule der Fragen und Antworten geschaffen hat. Klassenarbeiten legen Zeugnis davon ab: Der Lehrer stellt Fragen, der Schüler antwortet. Dabei sind es gerade die „richtigen" *Fragen,* die die Menschheit weitergebracht haben. Wer Unterricht als Kommunikation begreift, der wird der Kunst, Fragen zu stellen, ebenso viel Gewicht geben, wie der Kunst, passende Antworten zu finden. Forschen heißt, Fragen zu stellen *und* Antworten zu finden! Maschinen können nur Antworten liefern – die Kunst, Fragen zu stellen, ist dem Menschen vorbehalten.

Maschinen können nicht forschen

Von der Gruppe zum Individuum – Hausaufgaben als Einzelabfrage

Aus den gestellten Zuordnungsvorschriften, die an der Tafel notiert wurden, kann eine Auswahl zur Hausaufgabe dienen. Es ist keinesfalls so, dass, wenn eine Gruppe eine Aufgabe gemeinsam lösen kann, jeder einzelne das Schaubild zeichnen könnte. Ja, es kann sogar sein, dass die Gruppe die Aufgabe lösen kann, und kein Einziger kommt allein mit ihr zurecht. Wie beim Stellen der Schaubilder auf dem Achsenkreuz handelt es sich erneut um das Lösen eigener im Unterricht erfundener Aufgaben.

17 Vgl. die vier Seiten einer Nachricht von Friedemann Schulz von Thun in: *Miteinander Reden Bd. I,* Rowohlt Verlag.

18 Vgl. auch Peter Gallin: *Dialogisches Lernen, Bd. 2,* Kallmeyer Verlag 1998, S. 167 ff.

Bedeutung des Applauses
Dem Klatschen kommen zwei Bedeutungen zu. Erstens markiert es das Ende: Die Aufgabe ist gelöst und die andere Gruppe darf auf die Bühne. Zweitens steckt im Klatschen eine Wertschätzung. Die Gruppe wird damit aus der Prüfung entlassen. Das gibt es selten so konkret in Prüfungssituationen.

Wertschätzung

Perspektivenwechsel: außerhalb und innerhalb des Koordinatensystems
In der Rolle des Prüfers beschaut sich der Schüler das Schaubild von außen, in einer globalen Betrachtung. Als Prüfling stellt er selbst einen Punkt dar, sieht das Schaubild von innerhalb und orientiert sich (mit) an seinen Nachbarpunkten. In gewissem Sinne handelt es sich um eine lokale Betrachtung. Der Schüler wechselt sowohl räumlich als auch inhaltlich sowie in seiner Rolle die Perspektive.

Emotionales Lernen
Eine Aufgabe wie z. B. $y = -\frac{1}{3}x^2 + 1$ wird gestellt. Auf ein Zeichen des Lehrers nehmen die Schüler Stellung. Das geschieht typischerweise nicht gemächlich, vielmehr stürzen die Schüler meist auf einen bestimmten Punkt zu, auf dem Foto auf den Punkt $(0\,|\,1)$.
Didaktisch eine wunderbare Sache: Bestimmte Punkte sind viel leichter als andere einzuzeichnen. Hier wird nicht mehr blind, maschinell und verständnislos Punkt für Punkt abgearbeitet, hier wird nachgedacht. Der „Kampf" um den leichtesten Punkt wird selbst zum Lehrer, der emotional und handelnd unterrichtet.

Erweiterung: Bedeutung einzelner Parameter
Interessant sind vor allem Veränderungen einzelner Parameter. Stellen die Schüler beispielsweise das Schaubild der Zuordnungsvorschrift $y = \frac{1}{2}x$, so können die Schüler die Wirkung eines Summanden körperlich erfahren: $y = \frac{1}{2}x - 1$ lässt die Klasse gemeinsam einen Schritt in die negative y-Richtung gehen.
Ein weiteres Beispiel zeigt die Wirkung eines Faktors: Zuerst wird das Schaubild zu $y = \frac{1}{4}x^2 - 2$ gestellt, dann wird die Funktion mit dem Faktor $\frac{1}{2}$ multipliziert: $y = \frac{1}{2} \cdot \left(\frac{1}{4}x^2 - 2\right)$. Jeder Schüler halbiert daraufhin seine Entfernung zur x-Achse.

Regieanweisungen – Verschiebungen, Streckungen und Spiegelungen

Das Hinzufügen eines Parameters gleicht einer Regieanweisung. Man kann die Wirkung der Regieanweisung von einer konkreten Funktion trennen bzw. verallgemeinern, indem man die Schüler bittet, das Schaubild *irgendeiner* Funktion zu stellen. Da für diese keine analytische Darstellung bekannt ist, schreiben wir $y = f(x)$ oder $f: x \mapsto f(x)$. Als Beispiel soll die Spiegelung an der x-Achse erklärt werden. Fügt man ein Minuszeichen in den Funktionsterm ein ($y = -f(x)$), werden alle y-Werte negiert bzw. wechseln das Vorzeichen. Jeder Schüler wechselt entsprechend das Vorzeichen seines y-Wertes. So lässt sich das Prinzip der Spiegelung bzw. der Wirkung des Minuszeichens erfahren.

Spiegelung an der x-Achse

Mit Hilfe von Regieanweisungen kann man nach und nach komplexere Funktionen aus bekannten Grundfunktionen stellen. Ein Beispiel: Das Schaubild der Funktion $y = -\frac{1}{3}(x-1)^2$ soll aus der Grundfunktion $y = x^2$ konstruiert werden. Vergleiche hierzu auch 21.1.

Regieanweisung	Bedeutung der Regieanweisung	Umsetzung
$x \mapsto x^2$	Grundschaubild	Das zugehörige Schaubild wird gestellt.
$x \mapsto \frac{1}{3}(x)^2$	Streckung in y-Richtung mit dem Faktor $\frac{1}{3}$	Jeder Schüler drittelt seinen Abstand zur y-Achse.
$x \mapsto -\frac{1}{3}(x)^2$	Spiegelung an der x-Achse	Jeder Schüler geht über die x-Achse auf die andere Seite.
$x \mapsto -\frac{1}{3}(x-1)^2$	Verschiebung in x-Richtung[17] um $+1$	Alle Schüler gehen gemeinsam einen Schritt in positive x-Richtung.
$x \mapsto -\frac{1}{3}(x+1)^2 -2$	Verschiebung in y-Richtung um -2	Alle Schüler gehen gemeinsam zwei Schritte rückwärts.

Gerichtete Schritte

Auf den ersten Blick spielt es keine Rolle, wie der Schüler bei einer Veränderung den zu einer Funktion „verwandten" neuen Punkt findet. Der Weg zum Punkt war bisher ungerichtet. Beim Übergang von $y = \frac{1}{2}x$ zu $y = \frac{1}{2}x - 1$ können alle Schüler einen Schritt rückwärts gehen, um die Information der Verschiebung um -1 gemeinsam darzustellen. Statt eines Schrittes hätte man natürlich auch viele kleinere machen können, aber das wird der Idee der Verschiebung von „-1" nicht gerecht.

19 Zur Verschiebung in x-Richtung vgl. auch die Übung 21.5.

Prinzip der Gleichzeitigkeit

formale und bildhafte Darstellung verknüpft

Dinge werden als zusammengehörig empfunden, wenn sie gleichzeitig stattfinden. In dieser Übung werden die formale Darstellung (Funktionsterm an der Tafel) und die bildhaft-handelnde Darstellung (Stellen des Schaubildes) über die Gleichzeitigkeit miteinander verknüpft (vgl. die didaktische Bemerkung „Erweiterung um eine Repräsentationsebene" in 20.6). Auch der gleichzeitige „Schritt rückwärts" im letzten Absatz verknüpft die einzelnen Punkte, die verschoben werden. Man kann das forcieren, indem man die Schüler bittet, diesen gemeinsamen Schritt gleichzeitig bzw. synchron zu vollziehen.

Zusätze : Spiegelungen und Symmetrieeigenschaften

Spiegelung an der y-Achse

Die Spiegelung an der y-Achse kann mit einem Rollentausch demonstriert werden. Vor jedes x wird im Funktionsterm ein Minuszeichen eingefügt. So wird z. B. $y = \sqrt{\frac{1}{x^2} + \sin(2x - \frac{1}{3})}$ zu $y = \sqrt{\frac{1}{(-x)^2} + \sin(2(-x) - \frac{1}{3})}$, aus $f(x)$ wird $f(-x)$. Statt jetzt erneut den Funktionswert auszurechnen, kann man einfach zur entsprechenden „negativen" Stelle gehen, um das „x" zu negieren. Die Wirkung des roten Minuszeichens wird durch den Platztausch zur negativen Stelle demonstriert. Wenn ich beispielsweise bei $x = 2$ stehe und mir den Funktionswert $f(+2)$ ausgerechnet habe, kann ich zum gespiegelten x-Wert gehen und den y-Wert beibehalten, damit erhalte ich den Funktionswert $f(-2)$. Bei der veränderten Funktion $x \mapsto f(-x)$ wird also die „-2" genauso behandelt, wie zuvor die Originalfunktion die „2" behandelt hat.

Wirkung des Minuszeichens

Achsensymmetrie bezüglich der y-Achse

Jetzt kann es natürlich vorkommen, dass sich durch das Vertauschen bzw. das Einfügen des Minuszeichens wieder genau dasselbe Schau-

bild ergibt bzw. dass $f(-x) = f(x)$ für alle x gilt. Und das ist nichts anderes als die Bedingung für Achsensymmetrie bezüglich der y-Achse. Ich selbst habe erst in dieser Übung die volle Bedeutung der Gleichung $f(-x) = f(x)$ erkannt: Die einzelnen Punkte werden vertauscht, jedoch bleibt das Schaubild als Ganzes erhalten.

Punkte werden vertauscht, Schaubild bleibt erhalten

Spiegelung am Ursprung

Die Funktion $x \mapsto -f(-x)$ kann analog behandelt werden: Zuerst wird das rote Minuszeichen in den Funktionsterm eingefügt. Aus $y = f(x)$ wird $y = f(-x)$. Entsprechend wird, wie bereits oben gezeigt, an der y-Achse gespiegelt. Anschließend wird vor den gesamten Funktionsterm noch ein Minuszeichen gesetzt, was eine Spiegelung an der x-Achse bewirkt, und wir erhalten $y = -f(-x)$. Zwei Achsenspiegelungen ergeben eine Punktspiegelung (vgl. Band I, Abschnitt 1.5).

zwei Achsenspiegelungen ergeben Punktspiegelung

Punktsymmetrie bezüglich des Ursprungs

Auch hier könnte der Fall eintreten, dass wiederum die ursprüngliche Funktion $y = f(x)$ herauskommt, also dass $f(x) = -f(-x)$ bzw. $f(-x) = -f(x)$ gilt.

Bemerkung

Dass zwei Achsenspiegelungen eine Punktspiegelung ergeben, kann bereits in Klasse 5 handelnd erlebt und verstanden werden. Vergleiche hierzu in Band I den Abschnitt 1.5 über Punktspiegelung.

Magnete und Post-it

Alternativ können Magnete oder selbstklebende Zettel die Schüler an der Tafel vertreten. Jeder Schüler erhält einen Magnet (bzw. bei nicht magnetischen Tafeln einen selbstklebenden Zettel). Der Lehrer schreibt eine Zuordnungsvorschrift an die Tafel. Jeder Schüler sucht sich eine Zahl zwischen $-4{,}5$ und $+5{,}5$ aus und berechnet den Funktionswert. Danach platziert er seinen Magneten bzw. seinen Klebezettel im Koordinatensystem an der Tafel.

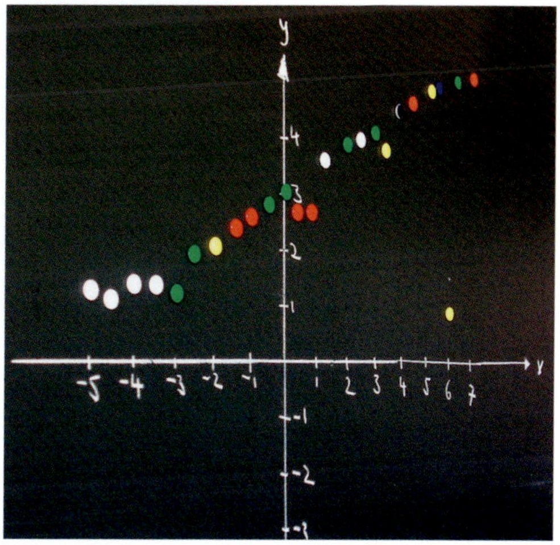

Möchte man, dass die x-Werte gleichmäßig durchlaufen werden, lasse man die Klasse ab -5 in 0,5-Schritten hochzählen. Also: -5; $-4{,}5$; -4; …

21.5 Schaubilder in x-Richtung verschieben

Die Verschiebung in y-Richtung ist leicht zu erklären. So gewinnt das Schaubild von $x \mapsto x^2 + 2$ an jeder Stelle zwei Einheiten an Höhe. Kniffliger ist das Verschieben in x-Richtung. Hier muss umgedacht werden.

Umsetzung im Unterricht
Ein Freiwilliger schlüpft in die Rolle eines Roboters, der ausschließlich Normalparabeln zeichnen kann. Auf einem Tisch vor der Tafel sitzend, führt er den Anwesenden seine Kunst vor.
Nun soll eine verschobene Parabel gezeichnet werden. Damit unsere Maschine nicht von der neuen Lage der Parabel abgelenkt wird, werden ihr die Augen verbunden. Zwei Helfer heben vorsichtig (!) den Tisch an und bewegen ihn einige Male in x-Richtung hin und her, so dass der inzwischen blind Gewordene die Orientierung bezüglich des Koordinatenursprungs verliert.

Der Tisch steht jetzt zwei Einheiten weiter rechts. Um die Parabel wie gewohnt einzeichnen zu können, führt ein Helfer die Hand des Roboters an die Stelle $x = 2$ und sagt ihm, es würde sich um die Stelle $x = 0$ handeln. Weil der Roboter die Verschiebung nicht mitbekommen hat, geht er an jeder Stelle von zwei Einheiten zu wenig aus. Anders formuliert: Damit er eine um +2 Einheiten verschobene

Parabel korrekt einzeichnet, muss er die „2“ wie eine „0“ behandeln, die „3“ wie eine „1“, die „4“ wie eine „2“ und so weiter. Die Leistung der Helfer sieht in Zeichen so aus:

$$2 \mapsto 0$$
$$3 \mapsto 1$$
$$4 \mapsto 2$$

… bzw. für eine x-beliebige Zahl:

$$x \mapsto x-2$$

Was die Helfer und der Roboter insgesamt tun, genau das leistet die Zuordnungsvorschrift: $x \mapsto (x-2)^2$.

Didaktische Bemerkung

Verkettung von Funktionen

Hintergrund ist eine Verkettung von Funktionen. Damit der Roboter an jeder Stelle denselben Funktionswert bzw. anschaulich dieselbe Höhe erreicht, werden ihm zuvor 2 abgezogen. Die Rollenbelegung sieht so aus: $r(x) = x^2$ stellt das Wirken des Roboters dar, $h(x) = x - 2$ ist der Helfer, der ihm stets zwei zu wenig eingibt. Als Verkettung schreibt sich das so: $\underbrace{x \mapsto x-2}_{\text{Helfer}}$, $\underbrace{x-2 \mapsto (x-2)^2}_{\text{Roboter}}$

Eintauchen in die Wirklichkeit des Roboters

Entscheidend für das Verständnis ist weniger die Verkettung als das Eintauchen der Schüler in die Wirklichkeit des Roboters. So kann der Lehrer die Klasse fragen: *„Was denkt der Roboter, wenn er an der Stelle $x = 3$ ist?“* Die Vermutungen werden schweigend mit den Fingern angezeigt (hier ein Finger nach oben). Anschließend kann der Lehrer

den Roboter fragen. Dieser wird $x = 1$ antworten, weil er vom vermeintlichen Nullpunkt (dem Nullpunkt seiner Wirklichkeit) erst eins weiter gegangen ist. Er behandelt die „3" wie eine „1".
Etwas „ver-rückt": In diesem Abschnitt wird die Verschiebung in x-Richtung durch eine Wirklichkeitsverschiebung erklärt.

21.6 Verkettung von Funktionen – Funktionen umarmen sich

äußere und innere Funktion

Was ist am Beispiel $x \mapsto \sin(\sqrt{x})$ die äußere, was die innere Funktion? Eine Erklärungsmöglichkeit besteht im Nachvollziehen, welche Maschinen das „x" in welcher Reihenfolge durchlaufen hat, kurz: die Leidensgeschichte unseres „x". Zur Demonstration werden drei Schüler benötigt: das „x" und zwei Maschinen.

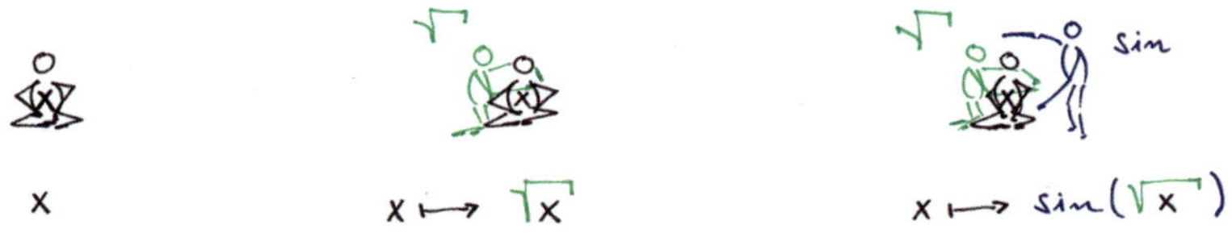

Maschine Nummer 1, in unserem Fall die Wurzel, umarmt das „x"; das Ergebnis ist von allen ersichtlich: $\sqrt{x}$. Maschine Nummer 2 wird mit dem gesamten Paket gefüttert, konkret: $\sqrt{x} \mapsto \sin(\sqrt{x})$ Sie macht nichts anderes, als den Sinus zu berechnen: $\tilde{x} \mapsto \sin(\tilde{x})$. Die *äußere* Umarmung stellt die *äußere Funktion* dar.

Die Reihenfolge der Funktionen darf im Allgemeinen nicht vertauscht werden. $x \mapsto \sqrt{\sin(x)}$ ist eine andere Funktion als $x \mapsto \sin(\sqrt{x})$. In der Demonstration ist es nicht egal, wer zuerst das „x" umarmt. Genauer wird dieser Tatsache im nächsten Abschnitt nachgegangen.

21.7 Sind Verkettungen vertauschbar?

Von der Verkettung zur Zuordnungsvorschrift
Drei oder vier Freiwillige in unterschiedlich farbigen Oberteilen wählen sich jeweils eine elementare Grundfunktion aus, z. B. eine Quadrat- oder Wurzelfunktion, eine Sinus- oder Kosinusfunktion, einen „Verdoppler" oder sonst irgendeine Funktion. Die Funktion wird entsprechend der Farbe des Oberteils mit farbiger Kreide oder einem dicken Filzstift auf ein Papier geschrieben und hochgehalten. Die „Funktionen" stellen sich in einer Reihe auf:

„Leidensweg" eines „x"

Im Folgenden wird der „Leidensweg" eines „x" nachvollzogen. Zuerst wird es mit zwei multipliziert, vom Ergebnis wird der Sinus genommen, anschließend wird es in die Exponentialfunktion gesteckt, um zuletzt quadriert zu werden. Kompakt aufgeschrieben, sieht die Zuordnungsvorschrift so aus:

$$x \mapsto \left[e^{(\sin(2x))}\right]^2$$

Funktionen tauschen Plätze

Nach der Einführung tauschen die „Funktionen" ihre Plätze. Welche Funktion ergibt sich jetzt insgesamt?

Die Zuschauer sollen die neue Funktionsvorschrift aufschreiben. Es ist gar nicht so einfach, die Verkettung aufzuschreiben. Die Auflösung geschieht schrittweise, indem jede „Funktion" ihre Wirkung notiert. Entsprechend baut sich der Funktionsterm an der Tafel sowie als reale Verkettung auf:

Der Lehrer beginnt, indem er die zusammengesetzte Funktion mit einem „x" füttert, das an die Tafel geschrieben wird. Nacheinander treten die Funktionen auf und schreiben ihre Wirkungsweise an:	x
	$(x)^2$
	$\sin\left[(x)^2\right]$
	$e^{\left(\sin\left[(x)^2\right]\right)}$
	$2 \cdot e^{\left(\sin\left[(x)^2\right]\right)}$

Funktionen sind im Allgemeinen nicht vertauschbar

Nicht allen Schülern ist es klar, dass sich nicht nur die Schreibweise, sondern die Gesamtwirkung der Funktion ändert. Statt alle x-Werte zu vertauschen, reicht es in den meisten Fällen, exemplarisch ein bestimmtes x auf seinem Weg durch die Verkettung von links nach rechts zu verfolgen. Damit klar ist, dass das Beispiel wirklich beliebig ist, sucht nicht der Lehrer, sondern ein Schüler eine Zahl aus und tippt diese in einen Taschenrechner, zum Beispiel 2,748.

Taschenrechner durchläuft Verkettung

Im Folgenden durchläuft der Taschenrechner die Verkettung. Jede „Elementarfunktion“ bedient „ihre“ Taste selbst. Anschließend wird der Taschenrechner an die nächste (Teil-)Funktion weitergereicht.[20] Nach Durchlauf aller vier Elementarfunktionen wird das Endergebnis aufgeschrieben. Die „(Elementar-)Funktionen“ tauschen ihre Plätze, erneut durchläuft die Zahl 2,748 die Kette und es ergibt sich ein anderer Wert.

Von der Zuordnungsvorschrift zur Verkettung – eine Vorübung zur Kettenregel

Möchte man die Kettenregel anwenden, ist es wichtig zu wissen, welches die äußere Funktion ist. Daher ergibt es ebenso Sinn, zuerst einen Funktionsterm aufzuschreiben, um dann eine Kette aus elementaren Funktionen zu bilden. Die Funktion, die ganz rechts steht, also zuletzt „zuschlägt“ bzw. den Taschenrechner bedient, ist die äußere Funktion.

äußere Funktion: wer zuletzt „zuschlägt“

Konkretes Vorgehen: Ein Schüler oder der Lehrer schreibt eine komplexe Funktion auf, die in elementare Funktionen zerlegt werden soll, z. B. $x \mapsto \cos(3e^{(x^2)})$. Welche bzw. wie viele elementare Funktionen sind nötig, um die Kette zu bilden? In welcher Reihenfolge müssen sie stehen?

21.8 Umkehrfunktionen und Logarithmus

Es gibt Funktionen, die im Sinne des obigen Abschnitts nicht nur vertauschbar sind, sondern sogar ihre Wirkung gegenseitig aufheben. So wird die Quadratfunktion durch die Wurzelfunktion neutralisiert und umgekehrt, zumindest für nichtnegative Eingaben. Kurz, es gilt $\sqrt{x^2} = x$ und $(\sqrt{x})^2 = x$ für alle $x \geq 0$.

20 Bei alten Taschenrechnern konnte man einfach die entsprechende Funktionstaste drücken, derzeit muss man meist zuerst „ENTER“ und dann die Funktionstaste drücken (im Beispiel „x^2“), die dann auf die letzte Eingabe angewendet wird.

Exponential- und Logarithmusfunktion bilden ein ähnliches Paar. Meist verbinden Schüler die Bezeichnung „log“ mit etwas Schwierigem. Aus mathematischer Sicht ist die Sache mit dem Logarithmus einfacher, da beide Funktionen von Natur aus streng monoton sind.

Konkrete Umsetzung

Die Idee, dass Schüler Funktionen darstellen können (vgl. 19.5 und 21.7), lässt sich anschaulich bei der Behandlung von Umkehrfunktionen einsetzen. Ein Freiwilliger stellt die Funktion $x \mapsto x^2$ dar. Bekommt er z. B. in seine linke Hand (seine x-Hand) drei Stifte, gibt er mit seiner rechten (seiner y-Hand) die entsprechende quadratische Anzahl, sprich neun Stifte aus. Die sechs zusätzlichen Stifte werden aus einem Materiallager (Hosentasche oder Pult) genommen.

Wenn die Funktion „umgekehrt“ verwendet werden soll, muss die x-Hand mit der y-Hand vertauscht werden. Also muss sich der Schüler, um die umgekehrte Wirkung zu erzielen, umdrehen. Die Umkehrfunktion zur Quadratfunktion ist entstanden: Aus der „9“ wird wieder die „3“. Offensichtlich handelt es sich hier um die Wurzelfunktion.

Wir betrachten das Zusammenspiel, genauer die Hintereinanderausführung bzw. die Verkettung von Quadrat- und Wurzelfunktion. Hierzu kommen zwei Schüler auf die Bühne. Einer stellt die Quadratfunktion, der andere die Wurzelfunktion dar:

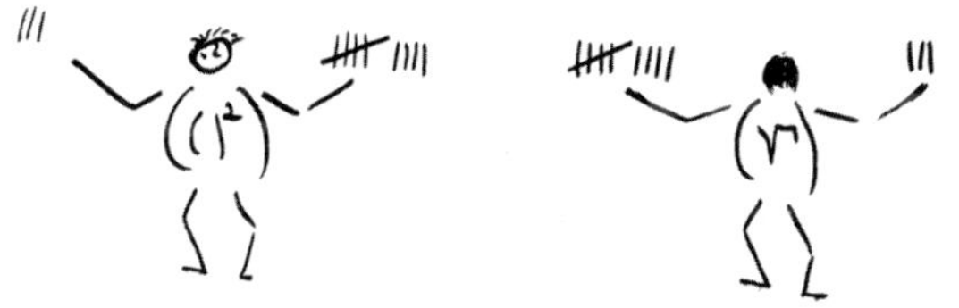

Beide zusammen ergeben die Identität.

Exponential- und Logarithmusfunktion

Wenn die Sache für die Quadrat- und Wurzelfunktion geklärt ist, soll dasselbe Prinzip auf die Funktion $x \mapsto 2^x$ angewendet werden. Wieder kommen zwei Freiwillige nach vorne, die beide die Funktion $x \mapsto 2^x$ darstellen. Die Hintereinanderausführung zweier identischer Funktionen (keiner der Schüler dreht sich um) sind zwar vertauschbar, aber sie neutralisieren sich nicht. Gibt man zwei Stifte in die linke Funktion ein, werden $2^2 = 4$ Stifte weitergegeben. Die folgende Funktion macht das Geschehene nicht rückgängig, sondern gibt $2^4 = 16$ Stifte aus.

Um eine Umkehrfunktion zu konstruieren, dreht sich eine Funktion um, z.B. die rechte. Wenn jetzt beispielsweise 3 Stifte links eingegeben werden, wird die erste $2^3 = 8$ Stifte weitergeben. Die umgekehrte Funktion macht aus den 8 Stiften wieder 3. Der Logarithmus ist gefunden.

negative Zahlen durch Ortskodierung

Hinweis: Es können auch negative Zahlen durch Umdrehen der Stifte in die Funktion eingegeben werden. Die Zahl „–2" wird beispielsweise durch zwei Stifte, die nach unten zeigen, dargestellt.

Schreibweise

Das Beispiel wird Zug um Zug aufgeschrieben:

Handlung	Tafelbild
Der Lehrer gibt drei Stifte in die verkettete Maschine und schreibt die Eingabe an die Tafel.	3
Die „Exponentialfunktion" schreibt ihr Wirken an die Tafel und gibt entsprechend 2^3 Stifte weiter.	2^3
Anschließend erweitert der Logarithmus den Anschrieb um sein Wirken und handelt entsprechend danach.	$\log_2(2^3)$
Schließlich werden drei Stifte auf der rechten Seite ausgegeben. Der Lehrer holt sie ab und ergänzt „= 3".	$\log_2(2^3) = 3$

In einem zweiten Durchlauf dreht sich die erste Funktion statt der zweiten um. Werden zwei Stifte eingegeben, gibt die erste Funktion einen weiter. Die folgende Exponentialfunktion gibt wieder zwei Stifte aus. Wieder entsteht zeitgleich zur Handlung das Tafelbild.

zeitgleiches Tafelbild

Allgemeine Schreibweise
Um die allgemeine Schreibweise für alle x darzustellen, flüstert ein Schüler der verketteten Funktion die Eingabe ins Ohr. Die von den Zuschauern unverstandene Eingabe wird mit einem „x" an der Tafel notiert: $\log_2(2^x) = x$.
Statt Stifte weiterzugeben, wird weitergeflüstert. Die Ausgabe erfolgt ebenfalls durch Flüstern. Was das „x" war, wird nicht bekannt gegeben, lediglich, dass dieselbe Zahl nach der Verkettung wieder ausgegeben wurde.
Analog kann auch die Schreibweise der folgenden Identität nachvollzogen werden: $2^{[\log_2(x)]} = x$. Hierzu tauschen die Funktionen ihre Plätze. Im Allgemeinen können Hintereinanderausführungen von Funktionen nicht vertauscht werden (vgl. auch Abschnitt 21.7 über Verkettung von Funktionen), Umkehrfunktionen stellen einen Spezialfall dar.

Didaktische Bemerkungen

Umkehren und Umkehrfunktion
Wie im letzten Abschnitt werden Funktionen „personalisiert". Hier wurde zusätzlich das „Umkehren" der Person mit der Umkehrfunktion verknüpft. Form und Inhalt ergänzen sich wunderbar.

Funktionen werden personalisiert

Das Allgemeine im Konkreten
Das Gehirn braucht zwei bis drei Beispiele, um Inhalte zu verallgemeinern. Der Schüler *kann* nach wenigen Beispielen das Gelernte umsetzen, aber er *weiß* noch nicht, wie er es aufschreibt. Um das Allgemeine notieren zu können, wurde ein konkretes Beispiel verwendet. Man kann es auch so formulieren: Die durch den Schüler zugeflüsterte Variable ist fest, aber beliebig. Die Variable „x" kann zusätzlich personalisiert werden: Die Variable erhält in diesem Fall den ersten Buchstaben des Flüsterers.

zwei bis drei Beispiele

Personalisierung von Variablen

Gleichzeitige und personelle Verknüpfung
Über das gestaltpsychologische Gesetz der Gleichzeitigkeit wird die Handlung mit dem formalen Tafelaufschrieb verknüpft. Der Leser kennt das Prinzip aus vielen Beispielen, es ist die Möglichkeit, Handlungen mit formalen Inhalten zu verknüpfen.

Gestaltpsychologie

In dieser Übung wird zusätzlich personell verknüpft. Nicht der Lehrer schreibt die Wirkungsweise der Funktionen an die Tafel, die „Funktionen“ selbst tun es. Das ist ein feiner, aber wesentlicher Unterschied.

21.9 Eine verbal-nonverbale Abfragetechnik am Beispiel des Logarithmus

Der Logarithmus wurde im Abschnitt 21.8 als Umkehrfunktion der entsprechenden Exponentialfunktion eingeführt. In diesem Abschnitt geht es um eine mögliche Lernzielkontrolle nach der Einführung des Logarithmus.

Zwei hoch „wie viel“ ergibt acht?

alle Schüler antworten gleichzeitig

Die Frage wird nonverbal beantwortet: *Alle* Schüler können mit ihren Händen gleichzeitig antworten, ohne dass dadurch ein Chaos entsteht.

Antwort mit Fingern

Im Grunde wird eine einfache Art von Gebärdensprache eingeführt: Die Zahlen von 0 bis 10 können mit Fingern dargestellt werden (Bild a). Der Vorteil: Alle Schüler sind mit einbezogen, der Lehrer sieht, wer zögert und wer welches Ergebnis anzeigt. Obwohl hier *alle* Schüler abgefragt werden, wird kein Schüler vorgeführt, da er ja nur einer von vielen ist.

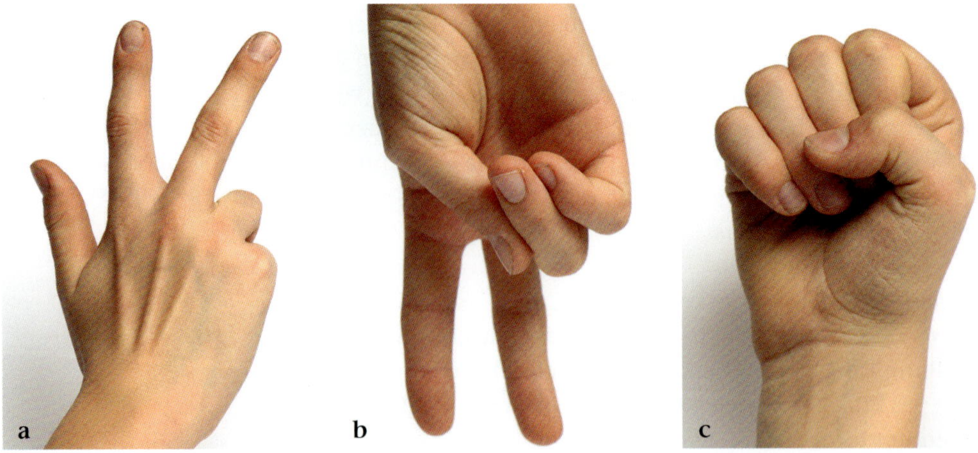

a b c

Negative Zahlen und Brüche anzeigen
Was ergibt der Logarithmus von einem Neuntel zur Basis 3 ($\log_3(\frac{1}{9})$)? Wie eine negative Zahl (hier $x = -2$) als Antwort dargestellt werden kann, finden die Schüler fast von selbst (Bild b).
Damit stehen die Zahlen von –10 bis 10 zur Verfügung. Auch die Null lässt sich anzeigen. Auf dem Foto c sehen Sie das Ergebnis von „Logarithmus von 1 zur Basis *a*" ($\log_a 1$).
Es können auch Brüche abgefragt werden: Was ergibt der Logarithmus von 200 zur Basis 10? Hier antworten die Schüler mit zwei voll und einem zu ca. 30% ausgestreckten Finger ($\log_{10} 200 = \lg(200) \approx 2{,}3$).
Falls die Frage nicht zu beantworten ist, werden zum Zeichen der Unlösbarkeit (der Fingerzahlenraum reicht nicht aus) die Arme verschränkt oder überkreuzt (z. B. $\log_4(-4)$).

Pädagogische Bemerkung: Fachliches und Beziehungsebene[21]
Der Lehrer muss nicht speziell aufrufen und bekommt dennoch auch von stilleren Schülern eine Rückmeldung. Etwas ganz anderes ist es, wenn ein Schüler, der sich nicht gemeldet hat, aufgerufen wird. Dann kommt zu dem Testverfahren (weiß der Schüler die Antwort oder nicht) ein zweites, psychologisches Moment hinzu: Der aufgerufene Schüler steht im Mittelpunkt der Aufmerksamkeit, alles achtet darauf, ob er die Antwort weiß oder nicht. Manche scheitern dann am „Rampenlicht" und nicht an der Aufgabe selbst. Wir Menschen sind sehr aufmerksam darin, Beziehungen und den sozialen Status wahrzunehmen. Der aufgerufene Schüler wird neben der sachlichen Ebene (der Aufgabe) zusätzlich mit der Beziehungsebene konfrontiert: *„Was denken die anderen von mir, wenn ich die Aufgabe nicht herausbekomme?"*

Rückmeldung von stilleren Schülern

Wahrscheinlich ist dem Schüler die Situation selbst nicht bewusst. Er wird sich in der Situation irgendwie unwohl und vorgeführt fühlen, wenn er die Antwort schuldig bleibt. Vordergründig geht es ja nur um Mathematik. Die Beziehungsebene wird nicht thematisiert, sondern nur erlitten.

21 In Schulz von Thun, *Miteinander Reden*, Bd. 1, Teil A Grundlagen, Reinbek bei Hamburg, 1981 werden die unterschiedlichen Ebenen einer Nachricht aufgezeigt.

21.10 Das Schaubild der Umkehrfunktion

Achsen vertauschen

Die Umkehrfunktion entsteht aus dem Vertauschen von x und y. Im letzten Abschnitt drehten sich die „Funktionen" um und vertauschten so die linke und die rechte Hand bzw. Eingabe und Ausgabe. Entsprechend kann man das Schaubild der Umkehrfunktion dadurch gewinnen, dass man die Achsen vertauscht.

Konkrete Umsetzung

Wurzel- und Logarithmusfunktion

Das Schaubild der Funktion, von der man die Umkehrfunktion darstellen möchte, wird aufgezeichnet. Um das Schaubild der Wurzel- bzw. der Logarithmusfunktion zu finden, wird also zuerst die Normalparabel bzw. das Schaubild der Exponentialfunktion $x \mapsto 2^x$ in ein Koordinatensystem eingezeichnet.

Bedienungsanleitung zum Auffinden der Umkehrfunktion

Bei Umkehrfunktionen sind die Rollen von x und y vertauscht. Im Schaubild wird das mit einer Drehung und einer Spiegelung erreicht. Die folgende Buchseite ist so gestaltet, dass Sie die Schülerübung nachempfinden können:

- Halte das Blatt vor dich und drehe es im Uhrzeigersinn um 90°. Damit wird die y-Achse zur neuen x-Achse.
- Die alte x-Achse zeigt jetzt nach unten. Damit sie die Aufgabe der neuen y-Achse übernehmen kann, muss sie nach oben zeigen. Dies

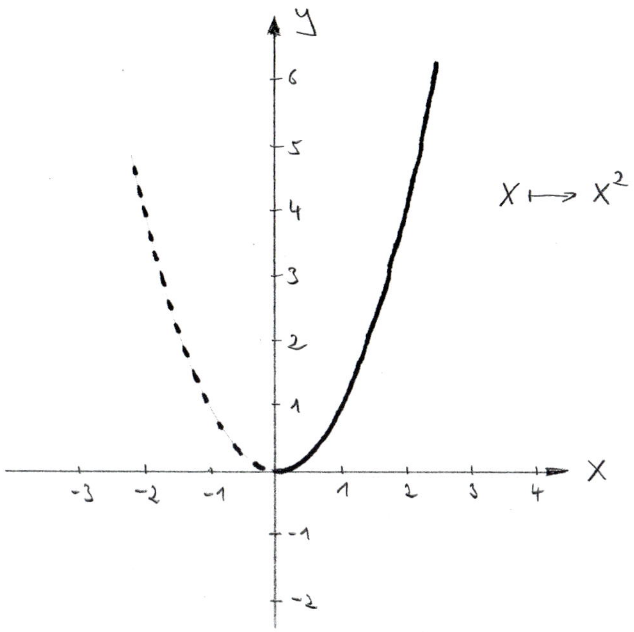

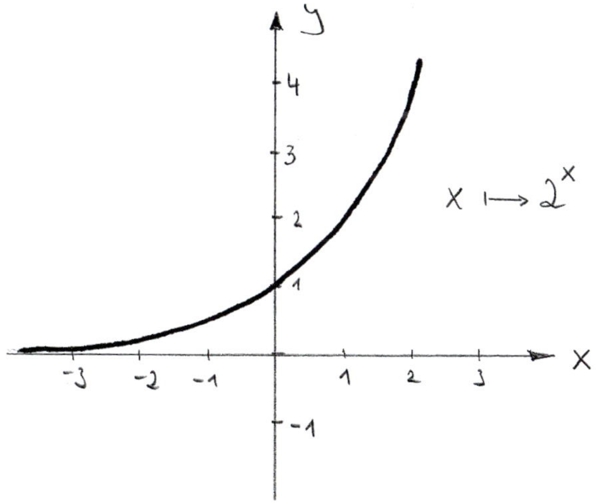

erreichst du, indem du das Blatt um die neue *x*-Achse drehst und gegen das Licht hältst.

- Die Achsen auf der Rückseite können jetzt mit Bleistift nachgefahren und mit *x* bzw. *y* beschriftet werden.

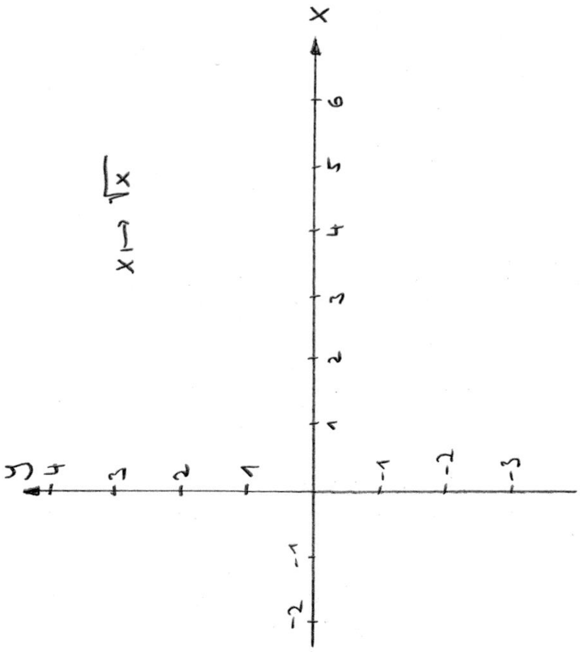
x ↦ √x

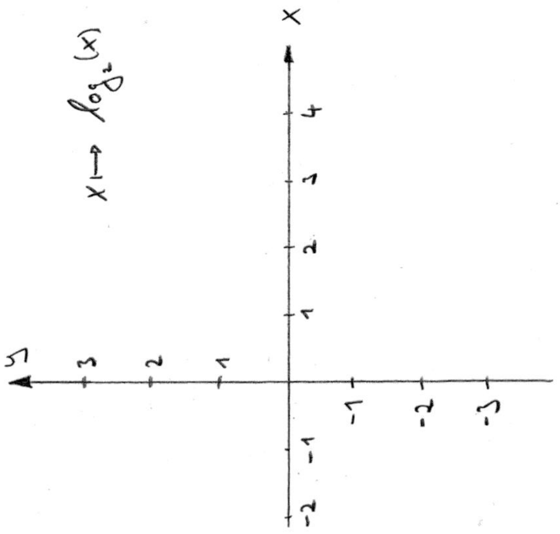
x ↦ log₂(x)

Didaktische Bemerkungen

Umkehrung des Blattes führt zur Umkehrfunktion
Im letzten Abschnitt wurde die Umkehrfunktion durch Umkehren der „Funktion“ konstruiert. Analog wird hier das Blatt umgekehrt. Eine hübsche Sache, wenn Form und Inhalt zusammenspielen.

Dieselbe Sache: Funktion und Umkehrfunktion
Offensichtlich handelt es sich bei Original- und Umkehrfunktion um dasselbe Schaubild. Viel klarer kann man einen Zusammenhang nicht aufzeigen: Der Graph wird nur einmal gezeichnet. Um die Umkehrfunktion zu finden, schaut man nur anders auf das Blatt, eben umgekehrt. Üblicherweise wird zur Konstruktion das Schaubild an der ersten Winkelhalbierenden gespiegelt. Das wirkt so, als müsse man etwas Neues erschaffen. Didaktisch schöner ist es, wenn die Darstellungen von Umkehrfunktion und Funktion materiell übereinstimmen. Es ist *dasselbe* Schaubild, nur der Blick hat sich geändert.[22]

dasselbe Schaubild, ein anderer Blick

Stimmigkeit beim formalen und bildhaften Auffinden der Umkehrfunktion
Möchte man die Umkehrfunktion formal bestimmen, so vertauscht man x und y in der Gleichung und löst dann nach y auf. Dieses formale Vorgehen entspricht dem Vertauschen der Achsen auf bildhafter Ebene. Auf der bildhaften Ebene passiert nichts anderes als auf der formalen. Ebenso werden in Abschnitt 21.8. Ein- und Ausgabe der Funktion bzw. x und y durch Umdrehen der Schüler bzw. Funktionen vertauscht. Auf formaler (symbolischer), bildhafter (ikonischer) und handelnder (enaktiver) Ebene geschieht dasselbe[23].

EIS-Prinzip

Erweiterung
Die Frage, welche Funktionen eine Umkehrfunktion besitzen, führt auf den Begriff der Bijektion. Die Lösungsformel für quadratische Gleichungen, die sogenannte Mitternachtsformel, beinhaltet ein „±“-Zeichen. Das Auftauchen zweier Lösungen liegt daran, dass quadratische Funktionen nicht bijektiv sind und zur Konstruktion der Umkehrfunktionen bzw. deren Schaubild ein Ast der Parabel künstlich weggeschnitten wird.

Mitternachtsformel

22 In Band I, Abschnitt 2.3 wurde aus *einem* Papierstreifen der Flächeninhalt sowohl für das Trapez als auch für das Dreieck gefunden. Es ist dasselbe Prinzip: Materielle Vereinigung schafft einen starken Bezug. Die Wortwahl, dass „beide Herleitungen aus einem Papier(streifen) geboren werden“, ist für beide Beispiele sehr treffend.

23 Zum EIS-Prinzip nach Bruner vgl. die didaktischen Bemerkungen in Abschnitt 20.6

21.11 Mehrdimensionale Funktionen

Dieser Abschnitt war ursprünglich nicht geplant. „Zu Recht“, möchte manch einer sagen, „mehrdimensionale Funktionen gehören nicht (mehr) in den schulischen Bereich!“ Auch wenn mehrdimensionale Funktionen unmittelbar in MathePlus[24] Anwendung finden, geht es in diesem Abschnitt darum, dass Mathematik nicht mit Bildungsplänen beginnt oder aufhört. Letztendlich hat mich mein Sohn, genauer seine Begeisterung, zu diesem Abschnitt getrieben.
Wie im eindimensionalen Fall stellt die Funktion eine Black-Box bzw. eine Maschine dar (vgl. Abschnitt 19.4): Einer Eingabe (Input) wird eine Ausgabe (Output) zugeordnet. Nach wie vor lässt sich die Ausgabe als Höhe deuten.

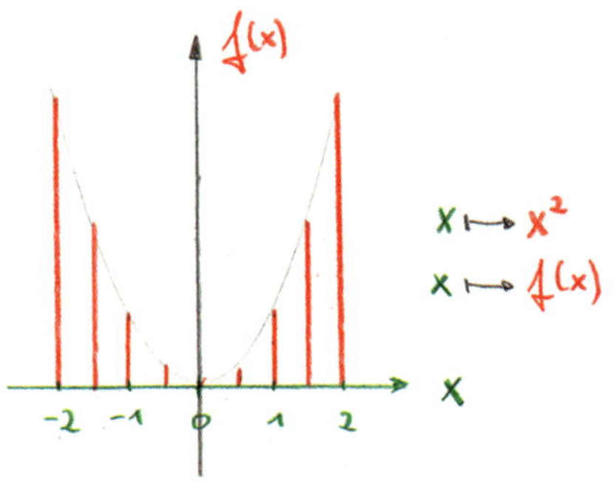

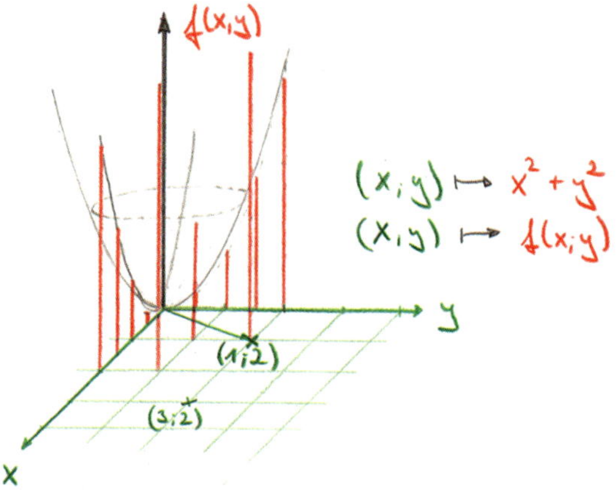

flächenhafter Graph

Der einzige Unterschied besteht darin, dass statt einer Stelle auf einer Geraden (x-Achse) jetzt einer Stelle auf einer Fläche (x-y-Ebene) eine Höhe zugeordnet wird. Im Grunde ist ein flächenhafter Graph weniger abstrakt, da er eher einer Landschaft entspricht. Das linienhafte Schaubild von $x \mapsto f(x)$ kann somit als Querschnitt (entlang der x-Achse) durch eine Landschaft aufgefasst werden.

24 MathePlus ist in Baden-Württemberg ein zusätzliches Unterrichtsangebot für Schüler der Sekundarstufe II, das den regulären Mathematikunterricht nicht ersetzen will, auch nicht als vertiefendes Angebot zur Abiturvorbereitung dient, sondern den Übergang in MINT-Studiengänge erleichtern soll.

Das Foto zeigt das Entstehen des Schaubildes von $(x; y) \mapsto x^2 + y^3$. Das „Netz“ wurde nachträglich eingepasst. In der Übung werden nur Knete und Trinkhalme verwendet. Der Querschnitt entlang der x-Achse bzw. für $y = 0$ ergibt die durch gelbe Trinkhalme dargestellte Normalparabel. Entlang der y-Achse bzw. für $x = 0$ ergibt der Querschnitt entsprechend das Schaubild zu $y \mapsto y^3$. Die grünen Trinkhalme repräsentieren diesen Schnitt für positive Werte, negative Funktionswerte müssen unterhalb des Tisches angebracht werden.

Knete und Trinkhalme

negative Funktionswerte

Mögliche Umsetzung

Mit Knete und Trinkhalmen entsteht Punkt für Punkt ein flächenhafter Graph. Das folgende Beispiel zeigt die Umsetzung von $(x; y) \mapsto \frac{1}{x^2 + y^2}$. Es wurde eine Einheit von 5 cm für alle Achsen vorgegeben. Ein Schüler sucht sich einen x- und einen y-Wert aus, z. B. $x = 1$, $y = 0$. Es ergibt sich als Funktionswert $(1; 0) \mapsto \frac{1}{1^2 + 0^2} = 1$, also wird ein Trinkhalm auf eine Einheit (5 cm) gestutzt und an der Stelle $(1; 0)$ „eingepflanzt“.

Funktionswerte „pflanzen“

Nach zwei, drei „Pflanzungen" gehen die Schüler in Kleingruppen zusammen und setzen entweder dieses Schaubild um oder überlegen sich eine eigene Funktion. Mitunter ist es für die Schüler leichter, wenn der Lehrer ein paar Beispiele anschreibt.[25] Negative Funktionswerte werden entsprechend unter dem Tisch befestigt.

Hinweise

- Die Funktion $(x; y) \mapsto \frac{1}{x^2 + y^2}$ kennt keine negativen Werte. Daher „wachsen" alle Trinkhalme nach oben. Das ist am Anfang übersichtlicher, auch wenn Trinkhalme recht einfach unterhalb der Tischplatte befestigt werden können, um dann nach unten zu wachsen.
- Hilfreich ist der Hinweis, dass man zuerst entlang der x-Achse pflanzen kann. Damit erhält man die vertraute quadratische Hyperbel $(x; 0) \mapsto \frac{1}{x^2 + 0^2}$ bzw. $x \mapsto \frac{1}{x^2}$.
- Die Schüler können selbst die Einheiten auf den Achsen bestimmen. So betragen in der Darstellung der Funktion $(x; y) \mapsto x^2 + y^3$ (vgl. das Foto auf der vorigen Seite) die Einheiten der x- und y-Achse jeweils 5 cm, für die z-Achse wird nur 1 cm genommen.
- Erweiterung: Im Anschluss der Übung können die Gruppen gegenseitig ihre Exponate begutachten und versuchen, die jeweilige Zuordnungsvorschrift zu erraten. Schließlich wird in einem Rundgang die Lösung von den jeweiligen Baumeistern bekannt gegeben (Zuordnungsvorschrift und Achsenskalierung).

Exponate gegenseitig begutachten

25 Konkrete Beispiele finden Sie im Domino „Mehrdimensionale Funktionen", welches unter www.unterricht-als-abenteuer.de kostenfrei heruntergeladen werden kann.

Alternative in der Umsetzung

Statt mehrere Exponate aufzubauen, kann gemeinsam ein einziges realisiert werden. Hierzu markiert der Lehrer mit Kreppband auf dem Pult x- und y-Achse. Dann werden Zuordnungsvorschrift und Einheiten festgelegt, z. B. 10 cm für die x- und y-Achse, 1 cm für die z-Achse.

Jeder Schüler holt sich ein Knetkügelchen und markiert auf der Ebene die Stelle, zu der er den Funktionswert berechnen und „pflanzen" möchte. Damit ist sichergestellt, dass keine Stellen doppelt vergeben werden. Das Knetkügelchen wird gleichsam zum Besetztzeichen. Danach rechnet jeder Schüler den z-Wert aus, kürzt einen Trinkhalm entsprechend und „pflanzt" ihn. Auf dieses Weise entsteht ein „Wald", der den Graphen markiert.

Wald aus Trinkhalmen

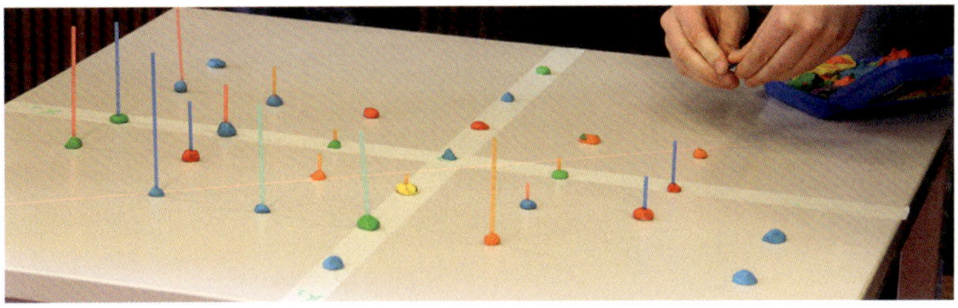

Anschließend besetzt jeder Schüler eine weitere Stelle mit Knete. Diesmal sollen solche Stellen ausgewählt werden, dass der Graph möglichst klar ersichtlich wird bzw. besser zu erkennen ist. Im Beispiel von $(x; y) \mapsto \frac{1}{x^2 + y^2}$ sind das die Stellen in der Nähe des Pols.

Didaktische Bemerkung

Das gemeinsame Aufbauen eines Exponates ist genauso ein individuelles wie auch ein Gruppenerlebnis. Der eigene gepflanzte Trinkhalm muss natürlich ins Gesamtbild passen.[26]

individuelles und Gruppenerlebnis

26 Vgl. auch das Kommunikationsmodell von Riemann-Thomann. In dieser Übung werden den beiden Grundstrebungen *Streben nach Nähe* (gemeinsames Schaubild) und *Streben nach Distanz* (individueller Punkt) Raum gegeben.

Erweiterungen

Partielle Ableitungen, Richtungsableitungen und Gradient

Mithilfe des Schaubildes kann die Ableitung entlang der Achsen (in x- und y-Richtung) oder allgemeiner können Richtungsableitungen anschaulich dargestellt werden.

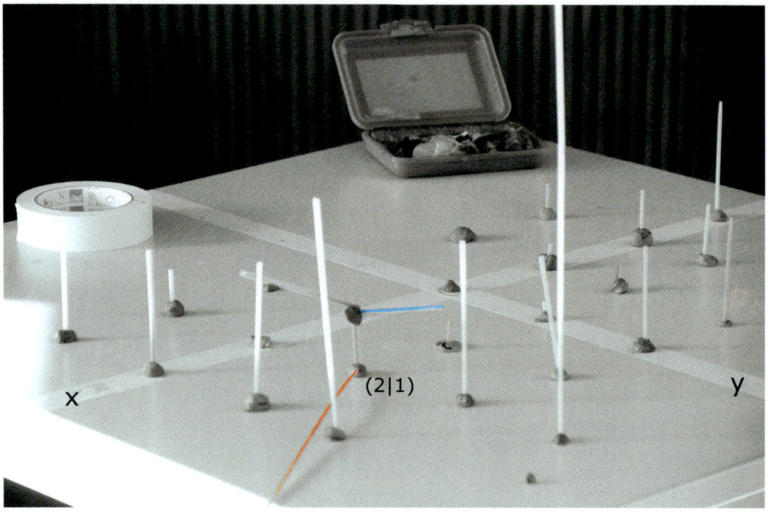

In Blau ist die Ableitung in y-Richtung als Steigungsdreieck dargestellt (entsprechend den Einheiten 10 cm für die x- und y-, 1 cm für die z-Achse). Leitet man die Funktion $(x; y) \mapsto x^2 + y^3$ partiell nach y ab $\left(\frac{\partial f(x; y)}{\partial y} = 3y^2\right)$ und berechnet gemäß der Abbildung die Steigung an der Stelle (2; 1), dann ergibt sich: $\frac{\partial f(2; 1)}{\partial y} = 3 \cdot 1^2 = 3$.

Genau diese Steigung zeigt das blaue Röhrchen in der Abbildung an (unterschiedliche Einheiten für y und z beachten). Entsprechend kann die Ableitung in x-Richtung bzw. allgemeiner beliebige Richtungsableitungen veranschaulicht werden.

der Gradient

Weiter kann der Gradient $grad\, f(x; y) = \left(\frac{\partial f(x; y)}{\partial x}, \frac{\partial f(x; y)}{\partial y}\right) = (2x; 3y^2)$, der die Richtung des steilsten Anstiegs der Fläche angibt, an konkreten Stellen visualisiert werden. Für die Stelle (2; 1) ergibt sich der Vektor $\binom{4}{3}$ mit einer Länge von fünf Einheiten, was im Beispiel 50 cm entspricht und (in Orange) auf dem Boden angebracht wird.

Mehrere Schaubilder und implizite Funktionen

Es können zwei verschiedene Graphen im gleichen Koordinatensystem gepflanzt werden. Hilfreich ist hier eine Farbkodierung. So kann die Funktion $(x; y) \mapsto x^2 + y^2$ mit roten Trinkhalmen dargestellt werden und $(x; y) \mapsto \frac{1}{2}x + \frac{1}{4}y + 2$ mit blauen. Es ergibt sich jetzt kein Schnittpunkt, sondern eine Schnittmenge, die sich mittels impliziter Funktionen beschreiben lässt.

implizite Funktionen

Hinweis zur Umsetzung

Lassen Sie die Schüler selbst eine Stelle aussuchen, an der die Richtungsableitungen bzw. der Gradient bestimmt werden soll. Dadurch werden die Schüler mit in die Verantwortung genommen (sie dürfen mitentscheiden) und gleichzeitig ist klar, dass jeder Punkt gewählt werden kann.

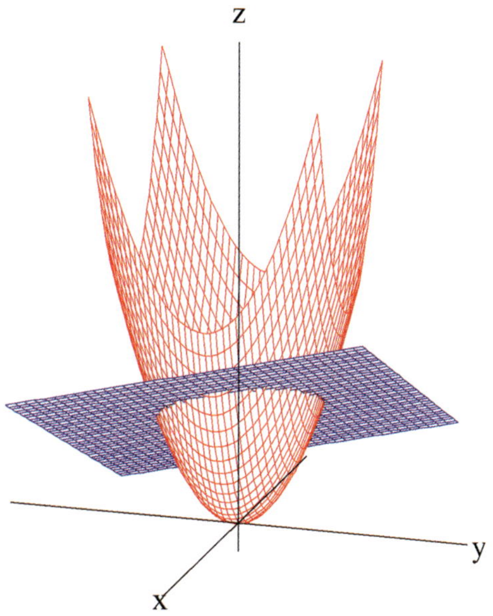

Noch wichtiger: Die Schüler und nicht der Lehrer bringen den Gradienten an. Es ist weder klar, wie lang dieser ist, noch dass er in der x-y-Ebene „lebt". All das darf diskutiert und gefunden werden. Eine hilfreiche Diskussionsmethode besteht darin, dass die Schere als eine Art Redestab herumgereicht wird. Nur der Scherenbesitzer darf sprechen, schneiden und „pflanzen". Weiß er nicht weiter, gibt er die Schere weiter.

Nonverbale Rückmeldung über das Material

Als Lehrer erhalten Sie unmittelbar über das Material bzw. dessen Verwendung eine nonverbale Rückmeldung über die Vorstellung des Erbauers. Und zwar viel deutlicher, als wenn die Lage „nur" verbal beschrieben würde.

Ein persönlicher didaktisch-pädagogischer Hintergrund

Vielleicht mag der ein oder andere Leser sich verwundert fragen, wie ein Zwölfjähriger auf die Idee kommt, sich freiwillig für mehrdimensionale Funktionen zu interessieren. Was mag sein Vater mit ihm angestellt haben? Ist das noch normal?

Ich kann Sie beruhigen: Es ist gar nicht so, dass „freiwillig" der passende Begriff ist. Im konkreten Fall ging es um die Wahl zwischen „Vorlesen" oder „Graphen bauen". Ich habe meinen Jungen nie zur Mathematik gezwungen, dafür sind mir sowohl Jim als auch die Mathematik zu schade. Wenn beide eine Beziehung zueinander aufbauen sollen, dann ist Zwang fast ein Garant dafür, dass es beide früher oder später nicht miteinander können. Der Gedanke ist mir sehr ernst.

Beziehung zwischen Mensch und Mathematik

Als ich neulich mit einer fächergemischten Gruppe von Referendaren eine mathematische Übung durchführte, sagte die Hälfte (!), sie hätte nach dem Abitur nichts mehr mit Mathematik zu tun haben wollen. Ist es nicht erschreckend: Alle hatten über ein Jahrzehnt Mathematik in der Schule und das Ergebnis ist nicht nur eine Nicht-Beziehung, sondern eine negative! Da kann man sich verwundert fragen, was die Schüler im Mathematikunterricht lernen. Vielleicht dass Mathematik weh tut und dass man besser mit ihr nichts zu tun haben sollte?

Natürlich habe ich dazu beigetragen, dass Jim und die Mathematik sich kennenlernen, und gewiss hat es viele Berührungspunkte gegeben. Fachdidaktik ist in erster Linie Beziehungsarbeit: Mensch und Mathematik sollen sich begegnen, einander berühren, sich nahe kommen.

Fachdidaktik ist Beziehungsarbeit

Mag sein, dass man manches unbedingt wissen, können oder lernen muss. Ich möchte das gar nicht bestreiten. Aber das Eintrichtern, das Belehrtwerden hat zumindest bei denen, die eine Negativbeziehung zur Mathematik aufgebaut haben, offensichtlich das Gegenteil bewirkt. Zwang, Drohung und Angst scheinen schlechte Konzepte für eine konstruktive Beziehung und infolgedessen für Wissenskonstruktionen zu sein.[27]

Gehirngerechtes Lernen

Diese Übung ist ein gutes Beispiel, um die Verschränkung von Körper und Geist zu zeigen. Die Finger konstruieren dasselbe, was auch das Denken tut. Es passt zusammen, beide Seiten unterstützen sich. Kurz: Der Aufbau mit Knete und Trinkhalmen ist rechtshirnig orientiert, die formale Rechnung linkshirnig.

27 Vgl. den Begriff „Mathematikschädigung" bei Peter Gallin in: *Dialogisches Lernen,* Klett Kallmeyer Verlag ^{5}2014, Bd.1 (S. 75, 92, 134), Bd. 2 (ebenfalls ^{5}2014) (S. 290ff.).

Teil VI

Analysis

Kapitel 22

Differentialrechnung

22.1 Steigung einer Treppe

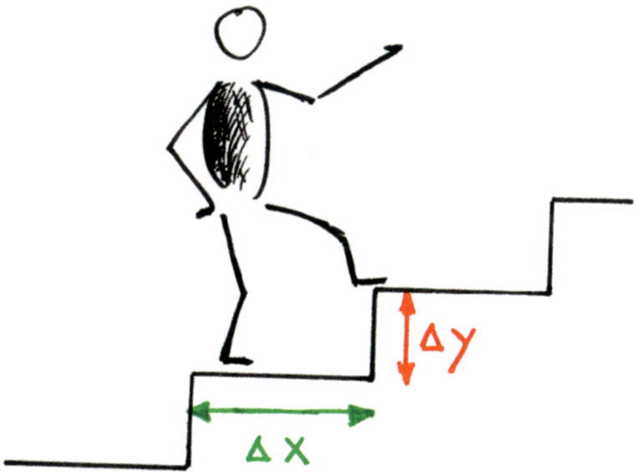

Grundlegend bei linearen Funktionen ist der Begriff der Steigung. Auf diesem lässt sich die Differentialrechnung aufbauen, da die *Ableitung an der Stelle* x_0 nichts anderes ist als die *Linearisierung einer Funktion an der Stelle* x_0. Die Steigung lässt sich anschaulich mithilfe einer Treppe einführen: Diese ist umso steiler, je mehr es *pro Schritt* aufwärts geht. Offensichtlich ändert sich die Steigung nicht, wenn man zwei oder mehr Stufen auf einmal nimmt. Das Verhältnis bzw. der Quotient aus Schrittzahl (Δx) und Höhendifferenz (Δy) ist konstant.

Konkrete Umsetzung

Erster Teil

In Gruppen soll die Steigung der Treppe im Schulhaus bestimmt werden und das Ergebnis zu einer vereinbarten Zeit (etwa nach 15 Minuten) auf ein DIN-A4-Blatt geschrieben werden. Die einzelnen Gruppen sollen sich selbst auf ein „geschicktes" Maß für die Steigung einigen. Je einfacher, desto besser. Eine aussagekräftige Skizze für das Maß kommt ebenso auf das Blatt, um dieses später vorstellen zu können. Weitere Vorgaben gibt es keine.

ein „geschicktes" Maß

Didaktische Zwischenbemerkung

Der Einstieg in das Thema ist bewusst offen gewählt. Der Begriff der Steigung ist so zentral, dass die Schüler selbst ein geeignetes Maß (er-)finden sollen. Das hat einen tieferen erkenntnistheoretischen Grund: Definitionen bzw. Begriffe ergeben erst durch ihre Anwendung einen Sinn, so wie sich der Sinn von Worten durch deren Benutzung erschließt. Der Unterricht beginnt entsprechend nicht mit dem Begriff,

Sinnhaftigkeit
durch Anwendung

der hinterher mit Beispielen gefüllt wird, vielmehr wird der Schüler direkt mit der Anwendung bzw. mit einer Umgebung (der Treppe) konfrontiert und soll aus dem Kontext des Problems („Finde ein geschicktes Maß") selbst einen passenden Begriff finden. Die Definition „wächst" sozusagen aus der Problemstellung heraus, mit anderen Worten: Es wird geforscht.

„gute" Begriffe

Man kann Mathematik (wie jede andere Wissenschaft) als geschickten Aufbau von Begriffen verstehen. „Gute" Begriffe sind Begriffe, die die Theorie weiterbringen. Wenn ein Begriff nur in einer bestimmten Sache einen Sinn ergibt und sonst nirgends eine Rolle spielt, handelt es sich um keinen zentralen Begriff.

Umgebung der Definition

Zurück zur Übung: Wenn der Schüler nicht selbst um einen Begriff, eine Definition ringen darf, wenn er lediglich eine Definition (auswendig) lernen soll, wird er ungleich schwerer die zentrale Bedeutung erkennen können. Es macht auch nichts, wenn Schüler keine geeignete Definition finden oder wenn es eine geschicktere gibt. In jedem Fall werden zwei Dinge erreicht: (1) Der Schüler hat das Problem, die Umgebung der Definition erfahren. (2) Der Schüler merkt: Die Mathematik hätte anders geschrieben werden können: Es hätte sich vielleicht ein anderer Begriff durchsetzen können.

Freude entspringt dem Erschaffen

Wird dem Lernenden zu früh die exakte „richtige" Definition gegeben, werden ihm beide Punkte genommen. Davon abgesehen, ist es nicht sonderlich spannend, vorgegebenen Definitionen hinterher zu laufen. Freude entspringt aus dem Erschaffen und Erfinden.

Nach der vereinbarten Zeit stellen die Gruppen sich gegenseitig ihr Ergebnis vor. Dabei muss das erfundene Maß der Steigung ebenfalls erklärt werden, ansonsten können die Zuhörer nicht verstehen. Häufig finden Winkelangaben Verwendung.

Jeder Schüler soll für sich entscheiden, welches Maß er am geeignetsten hält, anschließend wird diskutiert.

Zweiter Teil

Erst jetzt berichtet der Lehrer, welches Maß in der Literatur häufig Verwendung findet. Hierzu wird die Idee vom Anfang des Abschnitts aufgegriffen, am besten direkt an der Treppe. Mit Zollstock und Kreppband wird gemessen und beschriftet.

Zollstock und Kreppband

Offensichtlich können mehrere Stufen auf einmal betrachtet werden, ohne dass sich die Steigung der Treppe ändert. Da häufig die Schüler einen Winkel für die Steigung angeben, kann hier bereits der Zusammenhang $\tan(\alpha) = m$ gefunden werden.

Dritter Teil

Die Stufen werden an die Tafel gezeichnet, ein Koordinatensystem wird eingeführt und es wird vereinbart, dass unsere Person stets in positive x-Richtung läuft, also immer von links nach rechts. Damit können negative und positive Steigungen unterschieden werden.

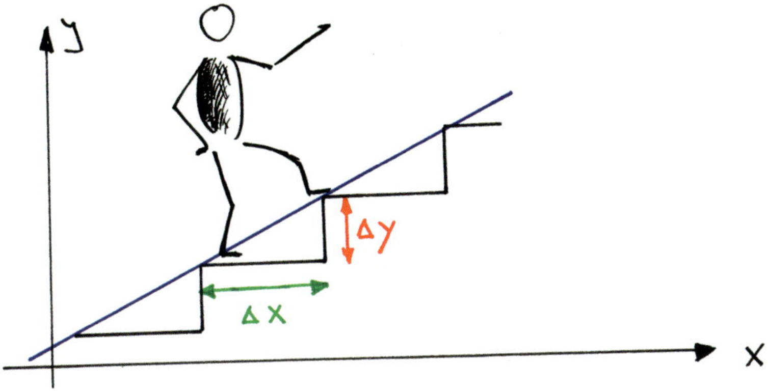

Beispielsweise kann das Schaubild zu $y = \frac{-2}{3} \cdot x$ jetzt mit einer Figur an der Tafel abgeschritten werden (vgl. Abschnitt 22.3). Hierzu geht unser Held drei Schritte nach rechts (in positive x-Richtung) und danach zwei Schritte nach unten (in negative y-Richtung). Für manchen mag die Eselsbrücke helfen, dass unter dem Bruchstrich das „x" (hier die „3") steht – genau wie im Diagramm auch das „x" als Beschriftung der x-Achse unter dem „y" als Beschriftung der y-Achse notiert wird. Das prägt sich gut ein, trägt aber leider nichts zum Verständnis bei.

mit einer Figur Stufen an der Tafel abschreiten

Vierter Teil

Es werden verschiedene Treppen ausgemessen und jeweils deren Steigung berechnet. Das kann in Gruppenarbeit geschehen, ist jedoch als Hausaufgabe interessanter, weil man hinterher die unterschiedlichen Steigungen vergleichen kann. So gehören Kellertreppen oft zu den steilsten. Interessant sind auch Wendeltreppen, bei denen die Steigung am Rand am kleinsten ist.

verschiedene Treppen

Eine Hausaufgabenvariante: Die Schüler fotografieren die Treppe, deren Steigung sie bestimmt haben, und legen das Foto (ohne Angabe der Steigung) auf ihrem Platz aus. Dann gehen alle schweigend durch den Raum und überlegen sich, welche Treppe die kleinste Steigung besitzt (die größte wäre bei einer Wendeltreppe unendlich). Anschließend wird „Stellung bezogen": Jeder geht zu dem Bild seiner Vermutung. Vor der Auflösung soll die Steigung geschätzt werden.

Foto der Treppe

22.2 Infinitesimalrechnung und der Grenzwert als Zaun

durchschnittliche Steigung

Steigung an einem Punkt

Im letzten Abschnitt wurde die Steigung einer Treppe besprochen. Geht man allerdings auf einem Trampelpfad den Berg hoch, so ändert sich die Steigung die ganze Zeit über. Bezeichnet man die Schrittlänge wieder mit Δx, so ergibt $\frac{\Delta y}{\Delta x}$ die durchschnittliche Steigung. Sicherlich ändert sich für einen Wanderer mit jedem Schritt die Steigung ein kleines bisschen. Befragt man hingegen eine Ameise, wie sie den Trampelpfad an der Stelle x wahrgenommen hat, erhalten wir ein völlig anderes Ergebnis, da sie viel kleinere Schritte macht. Natürlich handelt es sich wiederum (pro Schritt) nur um eine durchschnittliche Steigung. Aufgabe der Differentialrechnung ist es, die Steigung an einem Punkt zu berechnen. Hierzu müsste allerdings die Schrittlänge Δx null sein und damit wird auch Δy zu null und wir müssten jetzt etwas wie $\frac{\Delta y}{\Delta x} = \frac{0}{0}$ rechnen, was leider nicht geht.[28] Aufgabe der Differentialrechnung ist es, dieses Problem zu lösen, also die Steigung an einem Punkt zu berechnen. Und der Weg zur Lösung ist, den Grenzwert des obigen Quotienten zu berechnen. Aus diesem Grund soll in diesem Abschnitt auf den Begriff des Grenzwertes eingegangen werden.

Grenzwert – eine unerfüllte Liebesgeschichte

Vielleicht haben Sie in der Klasse ein Liebespaar, das macht die Sache einprägsamer. Sie können die Geschichte aber auch gut mit kleinen Figuren nachstellen.

„Limes"

Frederik ist 2 Meter von seiner Angebeteten mit Namen „Limes" getrennt.[29] Den ersten Meter schafft er in einer Stunde, in der Folgestunde schafft er vor lauter Anspannung nur noch einen halben. Mit jeder verstrichenen Stunde halbiert sich seine Kraft, so dass er auch

28 Vergleiche Band II, Abschnitt 13.20 „Die Sache mit der Null".

29 Die Comczeichnungen stammen aus: Martin Kramer, Marlin van Soest: Frederiks mathematische Abenteuer. Das Geheimnis der Analysis. Friedrich Verlag GmbH, Seelze 2017.

nur halb so schnell vorankommt. Wird Frederik je seine Geliebte erreichen? Wie weit kommt er überhaupt?

Es ist diese Art der Fragestellung, die den Umgang mit der Unendlichkeit so schwierig gestaltet. Es geht ja nicht darum, wie weit unser Held kommt. Es geht um einen statischen Grenzwertbegriff, also um die Frage danach, wo man einen Zaun (Grenze, Limes, im Bild die Liebe seines Lebens) hinstellen müsste, den Frederik niemals überschreiten wird. Gibt es eine solche Grenze überhaupt und lässt sich gegebenenfalls ein minimaler Abstand angeben?

Umgang mit der Unendlichkeit

Dynamischer und statischer Grenzwertbegriff

In unserem Beispiel beträgt die untere Grenze für den Zaun genau 2 m, aber damit sage ich dem Leser nichts Neues. Im Unterricht taucht oft folgende Argumentation auf: „$1 + \frac{1}{2} + \frac{1}{4} + \frac{1}{8} + \frac{1}{16} + \ldots$ wird doch nie ganz 2.“ Es geht aber nicht um den Werdegang von Frederik, sondern darum, an welcher Stelle man einen Zaun aufstellt (bzw. wo die Geliebte steht), den er nie überwindet (bzw. die er nie erreicht). Kurz: Wir reden über eine Grenze (den Limes) und nicht über Frederiks Fortschritt. Es geht um eine statische und keine dynamische Betrachtung des Grenzwertes. Der statische Grenzwertbegriff ist abstrakter: Während der Zuschauer das langsame Näherkommen *sieht*, ist die Grenze selbst hingegen unsichtbar. Im abgebildeten Comic denkt der Mann in einem statischen Grenzwertbegriff („Hat der Junge es langsam mal geschafft?“), während seine Frau die Annäherung dynamisch betrachtet („Na ja, wenn er so weitermacht, wird das nichts mehr.“).

0,9999999… ist exakt 1

Ganz ähnlich verhält es sich mit folgenden Aussagen:
„0,999999999999… ist aber nicht genau 1, sondern ein bisschen weniger!“ Und auch ein Drittel ist nicht genau 0,3333333…, denn 0,3333… + 0,3333… + 0,33333… ergibt eben nicht genau 1.“

periodische Brüche

Ein Rechentrick, der „zeigt“, dass 0,333… genau ein Drittel ist

Die seltsame Zahl 0,333…, von der wir noch nicht wissen, ob sie genau ein Drittel ist oder nicht, wird mit 10 multipliziert. Von dem Zehnfachen der Zahl 0,333… wird einmal 0,333… abgezogen und wir erhalten entsprechend das Neunfache der seltsamen Zahl: 3,333… – 0,333… = 3,000… = 3. Wenn das Neunfache der Zahl aber drei ist, dann muss 0,333… genau ein Drittel sein.

Rechentrick

der Mensch denkt endlich

Der Mensch kann nicht umhin, endlich zu denken. Die drei Punkte sollen suggerieren, dass es immer weiter geht. Der obige scheinbare Widerspruch löst sich auf, wenn man sich klar macht, was genau mit den drei Punkten gemeint ist: der Grenzwert der Folge

$$\lim_{n \mapsto \infty} \sum_{k=1}^{n} \frac{9}{10^k} \, .$$

Und damit steht der Zaun exakt an der Stelle 1. Man darf also gerne 0,99999... = 1 schreiben. Die drei Punkte deuten an, dass der Grenzwert gemeint ist, wenn es immer so weiter geht.

22.3 Figurentheater an der Tafel[30]

unmittelbar in die Figur hineingehen

Dieser Abschnitt soll die Stärke von Figurenarbeit an der Tafel darstellen. Jeder im Raum kann gedanklich unmittelbar in die Figur hineingehen und das miterleben, was der Held erlebt und wahrnimmt.

x- und y-Wert, Schnittpunkte zweier Schaubilder

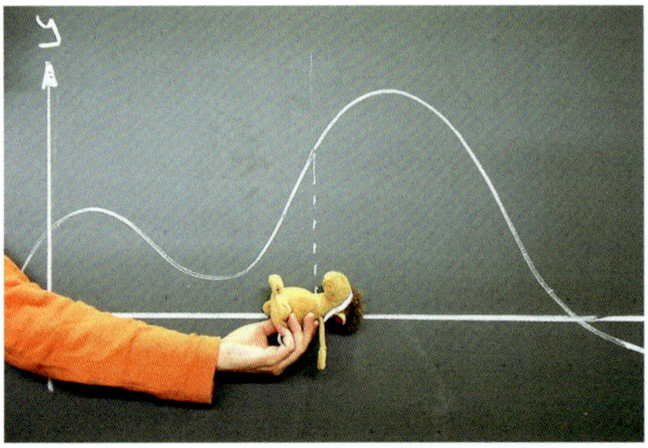

Die Bedeutung von x- und y-Wert im Schaubild: Ein Unfall. Der Gleitschirmflieger Fridolin hatte an der Stelle x die Höhe $f(x)$. Jetzt liegt er an der Stelle x.

Die Veranschaulichung von $f(x)$ als Flughöhe eines Fliegers erweist sich bei Schnittpunkten von Schaubildern als dankbar: Unfälle geschehen an den Stellen, an denen sowohl Flieger f als auch Flieger g dieselbe Höhe besitzen: $f(x) = g(x)$.

Weiter kann die x-Achse als Wasseroberfläche betrachtet werden. Vielleicht sind fliegende Fische zur Illustrierung geeigneter als Gleitschirmflieger, wobei die Schüler im Allgemeinen keine Schwierigkeiten mit Unterwasserflügen haben. In jedem Falle kann $f(x) = 0$ als Ein- oder Auftauchen gedeutet werden, also die *Stellen* x, an denen die Höhe verschwindet.

Extremstellen

Auf einer Bergtour werden Fridolin die Augen verbunden. Wie kann er dennoch herausfinden, wo der höchste Punkt ist?

30 Vergleiche auch Martin Kramer: *Schule ist Theater,* Schneider Hohengehren, Auflage 3, 2016.

Wenn er ganz oben ist, ist die Steigung an dieser Stelle null. Und wirklich *jedem* ist klar, dass Fridolin zuerst eine *positive Steigung* ($f'(x) > 0$) überwinden muss und danach wegen der *negativen Steigung* ($f'(x) < 0$) den Hügel auf der anderen Seite wieder herunterrutschen kann. Damit ist die hinreichende Bedingung für ein lokales Maximum veranschaulicht: $f'(x) = 0$ und die erste Ableitung hat einen Vorzeichenwechsel von Plus nach Minus.[31] Analog lässt sich die Bedingung für ein Minimum zeigen.

lokale Maxima

Wendestellen

Die Frage nach den *steilsten Stellen* führt zwangsläufig auf die Frage nach Wendestellen. Die Vorgehensweise entspricht der Berechnung der Wendestellen mit einem grafikfähigen Taschenrechner, da mit diesem die Extremstellen der Ableitung berechnet werden.

Es hat geregnet. An welcher Stelle ist die Rutschgefahr für unseren Helden am größten?

31 Die Comcsequenz stammt aus: Martin Kramer, Marlin van Soest: Frederiks mathematische Abenteuer. Das Geheimnis der Analysis. Friedrich Verlag GmbH, Seelze 2017.

Wie bei den Extremstellen lässt sich die notwendige Bedingung für Wendestellen ähnlich nachstellen.[32] Zuerst wird es immer steiler und steiler, solange, bis es eben wieder flacher wird. Die steilste Stelle ist offensichtlich gerade die, ab der die Steigung nicht mehr zunimmt. Analog kann die Steigung auch zuerst abnehmen und anschließend wieder zunehmen. Damit ergeben sich Wendestellen als Extrema der Ableitung und die hinreichende Bedingung für Wendestellen ist auf die hinreichende Bedingung von Extremstellen der Ableitung zurückgeführt.

Graph als Rennbahn

Alternativ kann man statt einer Berglandschaft den Graph der Funktion auch als Ausschnitt einer Rennbahn deuten. Statt mit Fridolin fährt man dann die „Straße" mit einem Auto ab und die Fragestellung lautet: *Wo ist das Lenkrad nach links eingeschlagen, wo nach rechts und an welcher Stelle stehen die Reifen wie bei gerader Fahrt?* Diese Fragestellung thematisiert Links- und Rechtskurve als Vorzeichen in der zweiten Ableitung. Der Vorzeichenwechsel in der zweiten Ableitung wird dann als das Herumreißen des Lenkrades von links nach rechts oder umgekehrt gedeutet.

Natürlich kann man eine solche Rennbahn in Form einer Linie mit Kreide auf dem Schulhof aufzeichnen und die Schüler fahren diese mit ihren Fahrrädern ab. So war mein Junge einmal in der Kursstufe im Unterricht und übernahm mit seinem Bobby Car die Fahrt. Das erklärt das Bild am Anfang des Buches.

Spielzeugauto

Mit einem Spielzeugauto kommt man in der Kurvendiskussion recht weit, was im folgenden Kapitel demonstriert wird. Allerdings ist das Schaubild einer Funktion, die Bewegungsabläufe beschreibt, abstrakter. In den letzten Abschnitten wurden sowohl die x-Achse als auch die y-Achse räumlich interpretiert und so entsprach der Graph einer Berglandschaft, einer Treppe oder einer Rennbahn.

Im Folgenden wird aus der räumlichen x-Achse eine zeitliche t-Achse. Was das Schaubild zeigt, entspricht keiner realen Situation. Damit wird der Faden von Kapitel 20 wieder aufgenommen.

32 Für diese Fragestellung müssen die *steilsten Stellen* existieren. Man denke etwa an die Normalparabel: Hier werden die Wände immer steiler, aber es gibt keinen Punkt, der der rutschigsten Stelle entspricht.

22.4 *Kurvendiskussion mit dem Spielzeugauto: die Ableitung als Geschwindigkeit*

Die Idee aus Abschnitt 20.3 wird hier weiter ausgeführt. Die Ameise hat zu jedem Zeitpunkt nicht nur einen bestimmten Ort, sondern ebenfalls eine bestimmte Geschwindigkeit. Im t-s-Diagramm (Zeit-Weg-Diagramm) ist die Geschwindigkeit als Steigung ablesbar. Daher lässt sich aus dem t-s-Diagramm mittels grafischen Ableitens das t-v-Diagramm ermitteln.

Konkrete Umsetzung

Die Schüler bringen von zuhause pro Gruppe mindestens ein (möglichst kleines) Spielzeugauto mit. Das Kreppband wird auf den Schülertischen zur Straße. 1 dm entspricht einer Einheit. Auf dem Foto wurde an der Stelle null eine Tankstelle (Streichholzschachtel) aufgestellt.

Kreppband als Straße

Auch an der Tafel wird eine Fahrbahn (y-Achse) angebracht. Damit ist klar, welche Rolle die Straße einnimmt. Das Auto kann natürlich nur auf der Straße bzw. der y-Achse fahren und nicht etwa auf der x-Achse oder dem Graphen.

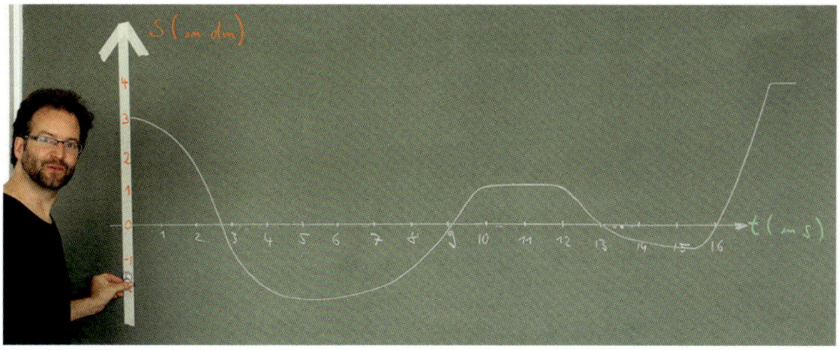

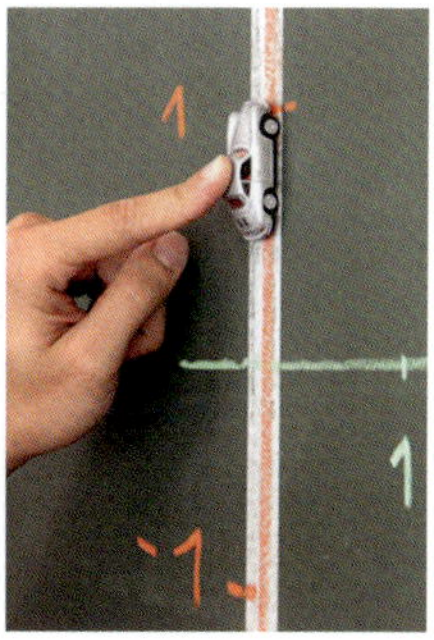

Der Lehrer skizziert an der Tafel ein *t*-*s*-Diagramm. Eine Einheit auf der *t*-Achse entspricht einer Sekunde. Die Gruppen diskutieren etwa fünf Minuten, wie das Auto sich entsprechend dem Schaubild bewegen müsste. Anschließend werden vom Lehrer oder einzelnen Schülern Fragen gestellt, die meist nonverbal (über das Auto) beantwortet werden. Ein Beispiel: *„Wo befindet sich das Auto zum Zeitpunkt* $t = 2$ *s?"* Als Antwort schieben die Schüler das Auto auf die entsprechende Stelle (hier auf die Stelle $s = 1$ dm).

Der Schwierigkeitsgrad lässt sich nahezu beliebig verändern:

- Wie oft kommt das Auto an der Tankstelle ($s = 0$ dm) vorbei? (Frage nach der Anzahl der Nullstellen)
- Welcher Teil der Straße wird genutzt? Dieser Teil soll mit Stiften längs der Straße ausgelegt werden (Frage nach dem Wertebereich der Funktion).

- Welcher Teil der Straße wird rückwärts befahren?
- An welcher Stelle ist das Auto am weitesten von der Tankstelle ($s = 0$ dm) entfernt? (Frage nach dem Extremwert)
- Wo ist das Auto am schnellsten? Wo ist es am langsamsten? (Frage nach der Wendestelle bzw. nach dem Funktionswert der Wendestelle)
- Wo hat das Auto zum ersten Mal die Geschwindigkeit von $v = 1 \frac{dm}{s}$?

Zum Schluss soll die Funktion in Echtzeit abgefahren werden. Hierzu werden alle Autos auf die Startposition gestellt. Der Lehrer klatscht im Sekundentakt und beginnt mit dem Countdown: „Minus drei Sekunden, minus zwei, minus eine Sekunde, Null!" Die Schüler sollen so exakt wie möglich zu den angesagten Sekunden das Auto bewegen.

Der Finger diktiert die Zeit

Alternativ kann der Lehrer an der Tafel mit dem Finger an der t-Achse entlangfahren. Hält der Finger an, hält auch die Zeit an. Auf diese Weise können alle Fahrzeuge synchron gesteuert werden.

mit dem Finger steuern

Man kann sogar die Zeit rückwärts laufen lassen, indem man den Finger nach links bewegt. Falls die Fahrt in Echtzeit noch zu schwer ist, kann mithilfe des Fingers die exakte Bewegung in Zeitlupe verfolgt werden.

Zeitlupe

Didaktische Bemerkungen

Warum gerade ein Auto?

Natürlich könnte man bei jedem sich bewegenden Objekt die Geschwindigkeit zu jedem Zeitpunkt angeben. Am anschaulichsten ist jedoch das Auto, da es eine Anzeige für die Momentangeschwindigkeit besitzt: den Tacho. Daher eignet sich ein Spielzeugauto.

Das Auto vereinigt Funktion und Ableitung

Bei dieser Übung kommt dem Material (dem Auto) eine Sonderrolle zu: Es verknüpft das Schaubild der Funktion (t-s-Diagramm) mit dem Schaubild der Ableitung (t-v-Diagramm), da einerseits der aktuelle Ort des Autos, andererseits auch dessen aktuelle Geschwindigkeit eine Rolle spielt.

eine Sache aus unterschiedlichen Blickwinkeln

Ein didaktischer Glücksfall: Funktion und Ableitung werden materiell vereint: Eine Sache (die Bewegung des Autos) verknüpft zwei Schaubilder, die eine Sache aus einem unterschiedlichen Blickwinkel betrachten.

Nonverbale Kommunikation
Man beachte die Kommunikationswege: Eine verbale Frage wird nonverbal (durch das Schieben des Autos) beantwortet. Auf diese Weise können alle (!) Gruppen gleichzeitig antworten. Sie können sich auch nach den Lösungen der anderen umsehen. Alle Ergebnisse sind im wörtlichen Sinne offensichtlich.

alle antworten gleichzeitig

Optische Feedbackschleife
Weiter erfolgt die Schülerrückmeldung optisch. Als Lehrer hat man sofort den Überblick, in welchen Gruppen es klemmt und in welchen die „abgefahrenen" Antworten mit Leichtigkeit kommen.

Das Auto wird zum Diskussionsgegenstand
Ebenfalls ist interessant, dass das Material zur Diskussion innerhalb der Gruppe anstiftet. Das reale Auto steht im Raum und nicht oberflächlich an der Tafel. Häufig erklären sich Schüler gegenseitig den Stoff, indem sie die Aufgabe verändern: *„Wenn jetzt die dritte Sekunde anfinge, dann stünde das Auto an dieser Stelle."*

EIS-Prinzip[33]

Wertetabelle

Wird die Übung mittels einer Wertetabelle erweitert, ist neben der enaktiv-handelnden (E) und ikonisch-bildlichen (I) Ebene auch die symbolisch-formale (S) mit im Spiel.

Gehirngerechtes Lernen: Abstraktion im Konkreten
Der Wert dieser Übung liegt in der unmittelbaren Vernetzung zwischen abstrakten Aussagen und deren Interpretation am konkreten Beispiel des fahrenden Autos. Zentral dabei ist die Gleichzeitigkeit beider Betrachtungen.

gleichzeitiges haptisches und abstraktes Lernen

Es ist nicht daran gedacht, dass etwa zuerst das Auto fährt und anschließend die zugrundeliegenden mathematischen Aussagen aufgeschrieben werden. Vielmehr soll es zwischen der formalen Welt und der haptischen Anschauung ein ständiges Hin und Her geben. Mal hilft die Anschauung der abstrakten Formel, mal das Abstrakte der Anschauung.

33 Zum EIS-Prinzip nach Bruner vgl. die didaktische Bemerkung „Erweiterung um eine Repräsentationsebene" in Abschnitt 20.6.

22.5 Abgefahrene Kurvendiskussion

Schnittpunkte mit den Achsen, Schnittpunkte zweier Schaubilder, Monotonie, Hoch-, Tief- und Wendepunkte ... – alles kann mit einem Spielzeugauto einfach visualisiert werden (zur konkreten Umsetzung im Unterricht vgl. das Ende dieses Abschnitts). einfache Visualisierung

Die Aufteilung der Tabelle lehnt an das Hemisphärenmodell des Gehirns an: links die analytische, abstrakte Aussage, rechts die haptische Visualisierung.

Mathematische Aussage	Interpretation/Visualisierung
Definitionsbereich	Beobachtungszeit(abschnitt)
Wertebereich	Das innerhalb der Beobachtungszeit befahrene Straßenstück
y-Achsenabschnitt z. B. $f(0) = 2$	Das Auto wird irgendwo auf die Straße (die y-Achse) gestellt. Im Beispiel (vgl. Abbildung) wurde als Startpunkt $s = 2\,\text{dm}$ gewählt und durch einen Stift markiert. Der y-Achsenabschnitt markiert den Standort des Autos zum Zeitpunkt $t = 0\,\text{s}$.  Formal aufgeschrieben: $s(0\,\text{s}) = 2\,\text{dm}$ (bzw. $f(0) = 2$)
Nullstellen im Schaubild $f(x) = 0$	 Jedes Mal, wenn sich das Auto über der Nullmarkierung der Fahrbahn befindet ($s = 0\,\text{dm}$), besitzt das zugehörige Schaubild eine Nullstelle. Hier wurde an der Stelle null ein Tunnel gebaut. Zu jedem Zeitpunkt t, zu dem sich das Auto im Tunnel befindet, besitzt das Schaubild eine Nullstelle. $s(t) = 0\,\text{dm}$ (bzw. $f(x) = 0$) sucht die Tunnelzeitpunkte t. *Bemerkung* Ob ein Tunnel, eine Tankstelle oder ein Haus an der Stelle null gebaut wird, spielt keine Rolle. Von Vorteil ist, dass sich an der Stelle null etwas Materielles befindet. Wenn man jedes Mal durch einen Tunnel fährt, wird das tiefer abgespeichert, als wenn sich dort nur eine Nullmarkierung befindet. Der Tunnel wird gleichsam zur „haptischen“ Eselsbrücke.[34]

34 Vgl. Manfred Spitzer: „Dies ist (...) der Witz von Eselsbrücken. Man denkt den Inhalt nochmals, ganz anders, verarbeitet ihn dadurch tiefer und merkt ihn sich besser. Die besten Eselsbrücken sind diejenigen, die man sich selber macht.“ (Aus: Manfred Spitzer, *Lernen*, Spektrum Verlag 2003, S. 9)

Mathematische Aussage	Interpretation/Visualisierung
Schnittstellen zweier Schaubilder 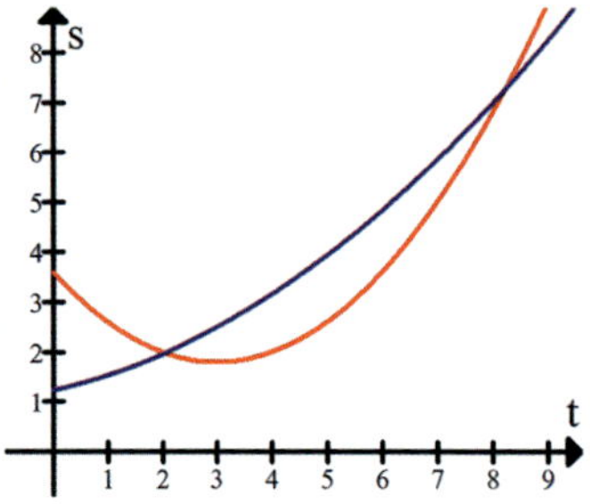 	Fahren zwei Autos auf derselben Straße, entstehen zwei Kurven im *t*-*s*-Diagramm. Das feuerrote Auto wird mit *f*, das blaue mit *g* bezeichnet. An den Schnittstellen befinden sich die Autos zum selben Zeitpunkt *t* an derselben Stelle: $f(t) = g(t)$. Man kann zwei Fälle unterscheiden: Unterschiedliche Fahrtrichtung: Beide Autos fahren in unterschiedliche Richtungen bei $s = 2$ dm aneinander vorbei (das blaue Auto fährt vorwärts, das rote zurück).  Dieselbe Fahrtrichtung: Beide Autos fahren in dieselbe Richtung. Bei s = 8 dm überholt das rote Auto. 
Die **Ableitung** bzw. die Steigung an einer Stelle $x \mapsto f'(x)$	Die Geschwindigkeit *v* des Autos zum Zeitpunkt *t* entspricht der Ableitung der Funktion. Somit entspricht die Ableitung der Tachoanzeige im Fahrzeug mit einem kleinen Schönheitsfehler: der „Tacho" $t \mapsto v(t)$ kann auch negative Geschwindigkeiten anzeigen.
Beispiel: $f'(3) = -0{,}5$	Beispiel: Bei Anbruch der dritten Sekunde fährt das Auto 0,5 Einheiten pro Sekunde rückwärts. Da hier als Einheit 1 dm gewählt wurde, entspricht das $-0{,}5\,\frac{\text{dm}}{\text{s}}$, bzw. $v(3s) = -0{,}5\,\frac{\text{dm}}{\text{s}}$.
$f'(x) > 0$ $f'(x) < 0$	Positive Geschwindigkeit: Das Auto fährt vorwärts ($v(t) > 0$). Negative Geschwindigkeit: Das Auto fährt rückwärts ($v(t) < 0$).
Bemerkung: Sind f' und g' Ableitungen der Funktion *f*, so gilt: $f(x) = g(x) + c$.	Bemerkung: Offensichtlich ist es der Tachoanzeige egal, wo sich das Auto befindet. Aus der Ableitung bzw. der Tachoanzeige kann nicht auf den Aufenthaltsort geschlossen werden.
Monotonie Die Funktion *f* sei in einem Intervall I definiert. Definition: Eine Funktion *f* heißt *streng monoton steigend,* wenn für alle $x_1 < x_2$ gilt: $f(x_1) < f(x_2)$.	Das Intervall I entspricht der Beobachtungszeit. Anschauliche Definition: Wenn das Auto zwischen zwei beliebig aufeinanderfolgenden Zeitpunkten stets vorwärts gekommen ist, ist die zugehörige Funktion streng monoton steigend.

Mathematische Aussage	Interpretation/Visualisierung
Eine Funktion f heißt *monoton steigend,* wenn für alle $x_1 < x_2$ gilt: $f(x_1) \leq f(x_2)$.	Wenn es zwei aufeinanderfolgende Zeitpunkte gibt, zwischen denen das Auto am selben Ort verblieben bzw. stehengeblieben ist, ist die Funktion zwar noch monoton, aber nicht mehr streng monoton steigend.
Monotoniesatz Wenn für alle x aus I gilt: $f'(x) > 0$ (bzw. $f'(x) < 0$) dann ist f streng monoton wachsend (bzw. streng monoton fallend) in I.	Anschaulicher Monotoniesatz: Fährt das Auto über die ganze Zeitspanne vorwärts, ist das Schaubild streng monoton steigend. Entsprechend ist eine konsequente Rückwärtsfahrt im Schaubild streng monoton fallend. Man beachte: Das Auto kann für einen Augenblick die Geschwindigkeit null besitzen und trotzdem ein streng monotones Schaubild erzeugen. Es darf nur keine „echte" Pause machen.
Maximum (bzw. Hochpunkt im Schaubild)	 Im Schaubild entsteht ein Hochpunkt – hier bei $H(t \mid 3)$ –, wenn das Auto zuerst vorwärts und dann rückwärts fährt. Genauer:
Notwendige Bedingung: $f'(x) = 0$ Hinreichende Bedingung: Die Ableitung macht einen Vorzeichenwechsel von + nach –.	Im Augenblick t des Richtungswechsels muss die Geschwindigkeit des Autos null sein: $v(t) = 0\frac{\text{dm}}{\text{s}}$. Das Auto fährt zuerst vorwärts ($v > 0$) und dann rückwärts ($v < 0$). Die Geschwindigkeit macht einen Vorzeichen- bzw. Richtungswechsel von + nach –.
Alternative: (1) $f'(x) = 0$ (2) $f''(x) < 0$	(1) Im Augenblick t des Richtungswechsels muss die Geschwindigkeit des Autos null sein: $v(t) = 0\frac{\text{dm}}{\text{s}}$. (2) Das Auto erfährt im Umkehrpunkt eine negative Beschleunigung ($a < 0$).
Minimun (bzw. Tiefpunkt im Schaubild)	Analog zum Maximum: Erst fährt das Auto rückwärts, dann vorwärts.
Wendestelle Die Ableitung wird an der Wendestelle extremal.	Die Geschwindigkeit des Autos ist (in einer zeitlichen Umgebung) hier am schnellsten bzw. am langsamsten.

Mit Hilfe dieser Visualisierung können Aufgaben der folgenden Art recht einfach abgefahren bzw. „begriffen" und gelöst werden:

Beispielaufgabe

graphische Ableitung

Gezeigt ist das Schaubild der Ableitungsfunktion f' der Funktion f. Welche der nachfolgenden Sätze sind richtig, falsch oder nicht entscheidbar?

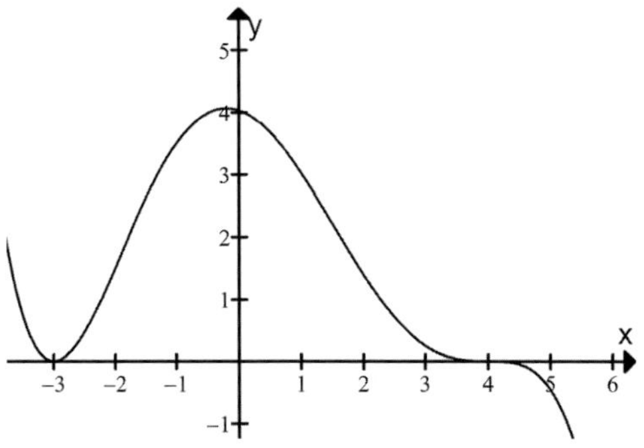

1. Das Schaubild von f hat bei $x = -3$ einen Tiefpunkt.
2. Das Schaubild von f hat mehrere Wendepunkte.
3. Das Schaubild von f verläuft im Schnittpunkt mit der y-Achse steiler als die erste Winkelhalbierende.
4. Es gilt: $f(-1) < f(2)$
5. Das Schaubild von f hat an der Stelle $x = 4$ einen Tiefpunkt.
6. Es gilt $f(1) = 3$.

Lösungsvorschlag:

Die Kurve der Ableitungsfunktion f' wird als Tachometeranzeige interpretiert. Am besten fährt man mit dem Auto (welches während des Abiturs bzw. der Prüfung gerne auch ein Radiergummi sein kann) die Sache einmal ab. Die Zeitpunkte t werden als Stellen x, die Geschwindigkeit v als Ableitung f', der Ort s als Funktion f geschrieben. Die Antworten und Begründungen werden dadurch sehr einfach:

1. Falsch. An der Stelle $x = -3$ ist die Geschwindigkeit des Autos (die Ableitung) extremal. Es handelt sich also um eine Wendestelle und nicht um einen Tiefpunkt.
2. Richtig. Die Geschwindigkeit (die Ableitung) besitzt genau zwei Extrempunkte innerhalb des gezeigten Bereiches. Einer liegt bei $x = -3$ (minimale Steigung), der andere bei ca. $x = -0{,}3$ (maximale Steigung).
3. Richtig. Die Geschwindigkeit (Ableitung) beträgt an dieser Stelle 4, was der Steigung 4 entspricht. Die erste Winkelhalbierende entspricht der konstanten Geschwindigkeit von 1.
4. Richtig. Zwischen $x = -1$ und $x = 2$ fährt das Auto ausschließlich vorwärts (Ableitung ist stets größer null, Monotoniesatz).
5. Falsch. Erst fährt das Auto vorwärts, dann rückwärts. Also ergibt sich ein Hochpunkt an der Stelle $x = 4$. Die Geschwindigkeit (die Ableitung) macht einen Vorzeichenwechsel von + nach –.

6. Keine Aussage möglich. An der Stelle $x = 1$ zeigt der Tacho die Geschwindigkeit 3 an. Darin steckt keine Information über den aktuellen Standort.

Abgefahrene Kurvendiskussion als Einführung

Die Kurvendiskussion kann sehr gut mit dem fahrenden Auto eingeführt werden. Die Schüler lernen anschaulich und ohne belastendes formales Kalkül die grundlegenden Ideen der Kurvendiskussion kennen. Die konkrete Umsetzung anhand der obigen Tabelle sei dem Lehrer überlassen.

grundlegenden Ideen werden anschaulich

Abgefahrene Kurvendiskussion als vertiefende Übung

Fast noch effektiver ist es, wenn die Schüler die Differentialrechnung bzw. die Kurvendiskussion bereits kennen. In diesem Fall besteht die Aufgabe darin, bekannte mathematische Aussagen für den konkreten Fall des fahrenden Autos zu interpretieren. Die Schüler erhalten die Aufgabe, folgende Fragen anschaulich zu interpretieren:

bekannte Aussagen interpretieren

- Was bedeutet eine Extremstelle im Schaubild, was ein Wendepunkt?
- Welche Bedeutung haben die Achsenschnittpunkte für das Auto?
- Wie lässt sich eine hinreichende Bedingung für ein Maximum anschaulich formulieren?

Weiter können Sätze und Definitionen aus der Formelsammlung anschaulich gedeutet werden, z. B. Monotonie.

Es ist eine doppelt gute Sache: Einerseits zeigt die Übung einen realen Bezug zur Differentialrechnung, andererseits wird die Differentialrechnung „sinnhaft" und man „begreift" die Dinge aus einem anderen Kontext heraus.

real und sinnhaft

Umsetzung im Unterricht

Jeder Schüler bringt ein Auto in den Unterricht mit. Die Schüler gehen in Vierergruppen zusammen, mit Kreppband wird die Fahrbahn wie in Abschnitt 22.4 markiert. Jeder Schüler erhält die weiter oben aufgeführte Tabelle[35], wobei, abgesehen von zwei, drei Beispielen, nur die linke Seite ausgefüllt ist. Die Gruppenarbeit wird effektiver, wenn sich zuerst jeder Schüler alleine (z. B. 10 Minuten) an den Deutungen versucht. Mit Bleistift werden Ideen und Vermutungen skizziert, die anschließend in der Gruppe diskutiert werden (ca. 20–30 Minuten).

35 Kostenfreier Download unter www.unterricht-als-abenteuer.de: „Abgefahrene Kurvendiskussion".

22.6 Die zweite Ableitung: ein Aufziehauto

Beschleunigung

Man kann die Sache aus dem vorherigen Kapitel noch weiterführen, indem man neben der zurückgelegten Strecke und der Geschwindigkeit noch zusätzlich die Änderung der Geschwindigkeit untersucht: die Beschleunigung *a*.

Konkrete Umsetzung

Für diese Übung sollen die Schüler von zu Hause gerade Schienen und ein Auto mit Aufziehmotor[36] mitbringen. Alternativ können Sie einen Physiklehrer fragen, ob er Ihnen z. B. aus der Sammlung entsprechendes Material besorgen kann. Notfalls kommen Sie auch mit einem Aufziehauto und ohne Schienen aus.

Mehrere Tische werden an der Stirnseite zusammengestellt, so dass eine möglichst lange Rennbahn entstehen kann. Das Auto wird nur wenig aufgezogen, so dass es nach wenigen Metern aufgrund der Reibung anhält. Aufgabe ist es, das *t*-*s*-Diagramm, das *t*-*v*-Diagramm und das *t*-*a*-Diagramm möglichst exakt untereinander zu skizzieren. Der Bezug zwischen den Diagrammen wird mit senk-

36 In meinem Unterricht wurde eine Darda-Bahn verwendet.

rechten gestrichelten Linien hergestellt. Auf dem Foto sehen Sie eine mögliche Lösung.

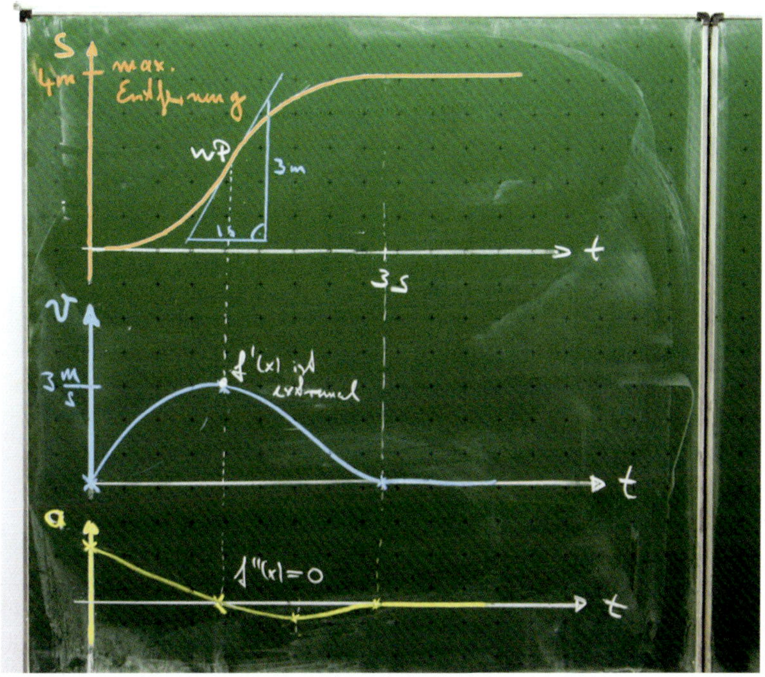

Farbkodierung

Die Darstellung wurde farblich kodiert. Der Ort *s* (die Funktion *f*) ist rot dargestellt, die Geschwindigkeit *v* (die Ableitung bzw. die Steigung im Schaubild) blau, die Beschleunigung *a* (die Steigung der Steigung) gelb.

Alternativen

Wenn man keine Darda-Bahn zur Verfügung hat, kann man auch ein einziges Aufziehauto auf dem Boden fahren lassen. Die Fahrschiene ist etwas netter, weil sie die *s*-Achse im *t*-*s*-Diagramm darstellt.

22.7 Ein reales Extremwertproblem: Wer bekommt am meisten Popcorn?

Dieser und die folgenden Abschnitte enthalten praxisnahe Anwendungen zu Extremwertproblemen. Das im Folgenden dargestellte Popcornproblem eignet sich gut als Einstieg in Extremwertprobleme – oder gar in die Differentialrechnung überhaupt.

Das Problem
Im Kino wird Popcorn verkauft. Die Käufer erhalten ein DIN-A4-Blatt und dürfen daraus eine Schachtel falten, um sie mit Popcorn aufzufüllen, dürfen aber nicht aufhäufen.

Konkrete Umsetzung
Es werden Kleingruppen gebildet. Jede erhält ein DIN-A4-Blatt in unterschiedlicher Farbe und eine Schere. Es soll eine Schachtel mit möglichst großem Volumen aus dem Blatt hergestellt werden. Dass hierbei die Differentialrechnung ein sehr geschicktes Hilfsmittel ist, wird den Schülern nicht verraten. Um die Schachtel zu bauen, werden vier gleich große Quadrate herausgeschnitten. Jede Gruppe wählt ihre Seitenlänge.
Das jeweilige Volumen ist zu berechnen und auf die Schachtel zu schreiben. Hierzu bekommen die Schüler 15 Minuten Zeit. Danach werden alle Schachteln ausgestellt.

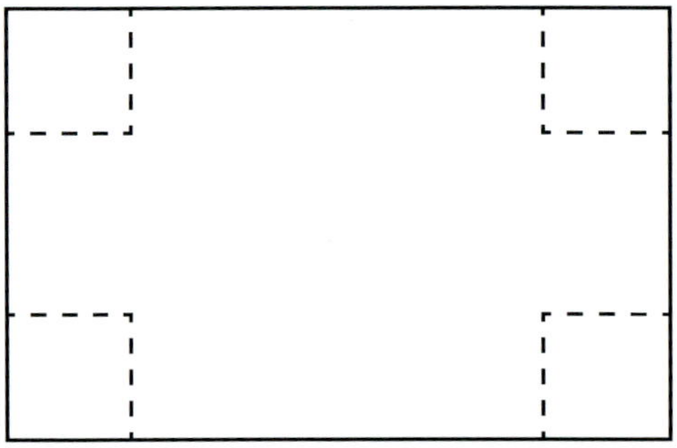

Lösungsvorschlag

Skizze	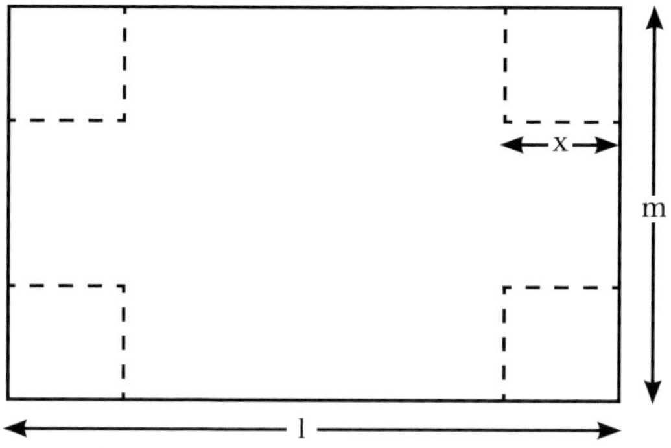
Ansatz	Das Volumen eines Quaders berechnet sich mit $V = a \cdot b \cdot c$.
Nebenbedingungen	$a = l - 2x$ $b = m - 2x$ $c = x$
Zielfunktion	Damit ergibt sich die Funktion $V(x) = x \cdot (l - 2x) \cdot (m - 2x)$
Sichtfenster und graphikfähiger Taschenrechner	Gibt man die Zielfunktion in einen grafikfähigen Taschenrechner ein und möchte sich mit dessen Standardeinstellung einen Graphen anzeigen lassen, so sieht man in der Regel nichts. An dieser Stelle kann das „Sichtfenster" eines Rechners problematisiert werden: Größenabschätzung ist gefragt, denn die y-Achse zeigt das Volumen an und dieses liegt bei über tausend Einheiten, falls cm^3 als Einheit verwendet wird.
Zahlenwerte	Für ein Blatt mit $l = 29{,}7\,cm$ und $b = 21{,}0\,cm$ ergibt sich als Zielfunktion: $V(x) = x \cdot (29{,}7 - 2x) \cdot (21 - 2x)$. Für maximales Volumen beträgt die Höhe $x \approx 4{,}04\,cm$ und der zugehörige Inhalt $V\,(4{,}04\,cm) \approx 1128\,cm^3$.

Die Übung als Einstieg in die Differentialrechnung

Ohne Differentialrechnung könnte man die Aufgabe kaum lösen. Das Volumen eines Quaders zu berechnen ist lächerlich einfach, aber das ist nicht das Problem. Es geht um ein Optimierungsproblem. Es handelt sich um einen (im Sinne von Martin Wagenschein) historisch-genetischen Einstieg in die Differentialrechnung, der mittendrin beginnt: Der Schüler befindet sich in der Situation von Leibniz bzw. Newton, im Begriff die Differentialrechnung zu entdecken.

Martin Wagenschein

Möglicher Ablauf: Das Problem der größten Schachtel soll in Gruppen gelöst werden. Der Lehrer teilt mit, dass seinerzeit Leibniz bzw. Newton vor einem ähnlichen Problem standen. Deren Ansätze und Ideen sind zentral in diesem Schuljahr. Heute könnte es keinen Leibniz oder Newton mehr geben: An die Stelle des Genies bzw. des für sich forschenden Wissenschaftlers ist das Team gerückt. Daher wird in Gruppen gearbeitet! In einer vereinbarten Zeit (zwischen 30 und 60 Minuten) sollen folgende Fragen beantwortet werden:

Team ersetzt forschenden Wissenschaftler

- Was ist das maximal mögliche Volumen einer Box?
- Wie viele verschiedene Realisierungen für ein maximales Volumen gibt es?
- Lässt sich die Lösung exakt angeben oder ist man prinzipiell auf Näherungswerte angewiesen?

Zeit und Forschungstiefe

Je mehr Zeit gegeben wird, desto tiefer können die Schüler forschen. Im Anschluss stellen die einzelnen Gruppen ihre gebaute Box und ihr Vorgehen bzw. ihre Lösungsstrategien vor. Schließlich sollen die Schüler entscheiden, ob der Lehrer ihnen jetzt das Ergebnis einer Leibniz- bzw. Newtonlösung zeigt oder ob sie sich in ein oder zwei Monaten selbst mit der neuen Technik noch einmal mit genau den gleichen Fragen beschäftigen möchten. Kurz: Soll das Ranking „Welche Gruppe war am dichtesten dran?" jetzt stattfinden oder erst in zwei Monaten?

Didaktische Bemerkungen

Eine reale Schachtel – eine erste Anwendung der Differentialrechnung
Es ist wichtig, dass die Schachtel wirklich gebaut wird, ansonsten wird die formale Rechnung nicht mit etwas Realem verbunden. Eine Anwendungsaufgabe, deren Anwendung im Abstrakten versickert, ist keine Anwendung.

Bedeutsamkeit wächst
Sehr wahrscheinlich erfinden die Schüler in dieser Übung das Kalkül der Differentialrechnung nicht erneut, aber das Ringen um eine möglichst exakte Lösung, das Ausprobieren verschiedener Ideen – all das rückt die Bedeutung, den Geniestreich der Differentialrechnung ins rechte Licht. Ohne mit dem Problem gerungen zu haben, wird man keine Freude empfinden können.

Ringen um eine Lösung

Niemand kennt die exakte Lösung

Ostereierdidaktik

Noch ein Wort zu einer vermeintlichen „Ostereierdidaktik", also einer Didaktik der Form: „Ich Lehrer weiß, wie es geht, sage es euch aber nicht!": Der Lehrer denke bei der Problemstellung bitte nicht, dass es die *exakte* Lösung gäbe. Das Problem beginnt schon bei der Längenabmessung des Papiers, und auch wenn man mathematisch exakt die Kantenlängen vorgibt: Hat das noch mit dem real geschnittenen Papier etwas zu tun? Näherungsweise bestimmt. Tatsächlich gibt es die *exakte* Lösung nur in der Theorie, nur dann, wenn die Funktion analytisch bzw. als Funktionsterm gegeben ist. Die meisten Probleme in der Technik sind in der Tat Näherungen.

Stellt sich der Lehrer auf diesen Standpunkt, gibt es nicht mehr die richtige Lösung. Der Schüler erfährt in diesem Unterricht neben dem Kalkül der Differentialrechnung auch Grenzen der Theoriebildung.

Grenzen der Theoriebildung

Ein weiteres Problem
Aus einem DIN-A4-Blatt soll eine Schachtel mit Deckel hergestellt werden. Das Volumen soll hierbei extremal werden. Meist kommen die Schüler von selbst auf das Netz der Schachtel. Falls nicht, hilft eine Skizze:

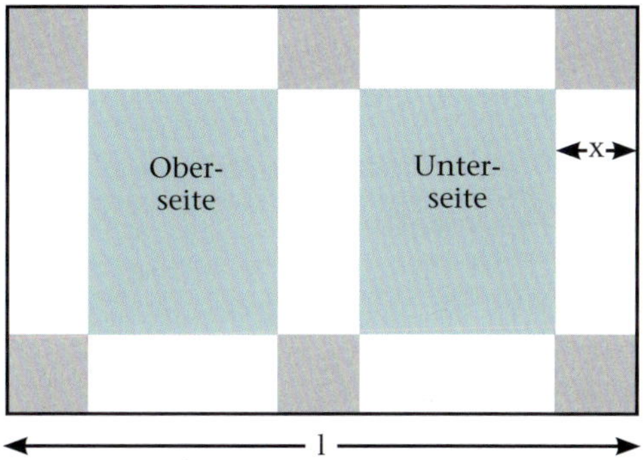

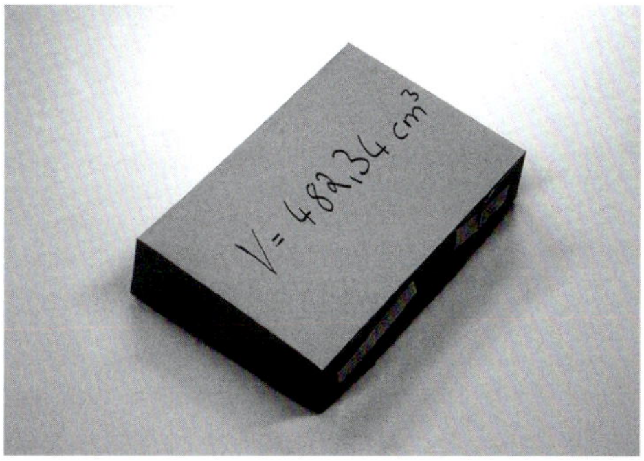

22.8 Weitere extremale Körper

In diesem Abschnitt sollen weitere reale Extremwertprobleme skizziert werden. Die Umsetzung im Unterricht gleicht den vorhergehenden Beschreibungen.

Ist eine Tomatendose ökonomisch gebaut?
Die Fragestellung ist nicht exakt. Man kann bewusst so offen fragen und die Schüler selbst überlegen lassen, was unter „ökonomisch" verstanden werden kann. Es bieten sich zwei exaktere Fragestellungen an:

exakte Fragestellung entwickeln

- In ein zylinderförmiges Gefäß soll ein möglichst großes Volumen eingeschlossen werden. Dabei ist die Oberfläche (Material) vorgegeben. Wie ist das günstigste Verhältnis zwischen Durchmesser und Höhe?
- Bei vorgegebenem Volumen soll die Schweißnaht minimiert werden. In welchem Verhältnis stehen jetzt Durchmesser und Höhe? [37]

37 Zur Optimierung eines Produkts gehen natürlich viele weitere Parameter in die Rechnung ein. Beispielsweise ist die Stapelbarkeit einer Ware ein ausschlaggebender Punkt.

Stets ist bei dieser Art von Aufgaben die praktische Realisierung interessant: Stimmen die Berechnungen mit den Abmessungen der Tomatendose überein? Oder besitzt doch die Cola-Dose die günstigeren Abmessungen?

Die Frage nach einem Zylinder, der bei vorgegebener Oberfläche maximal viel Wasser speichern kann, ist die Frage nach der Form von Regentonnen. Wenn man keine Regentonne hat, tut's auch ein Wasserglas. Und so weiter. Und so weiter.

22.9 Komplexe und offene Fragestellungen

Optimierungsaufgaben

Ist bei einer Streichholzschachtel das Verpackungsmaterial optimiert?

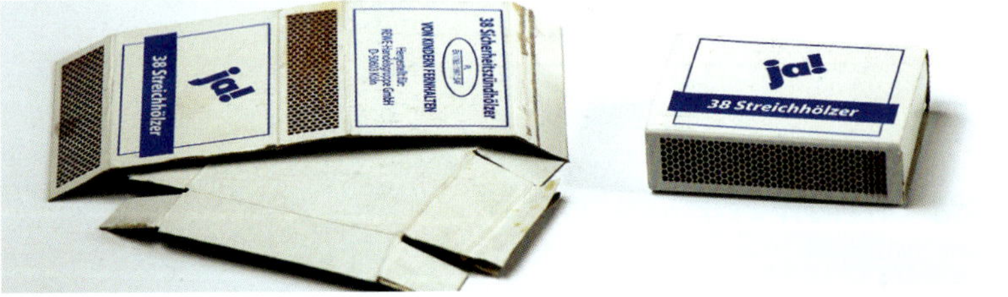

Wie sieht es aus, wenn ein Liter Milch verpackt wird? Könnte man Material einsparen, indem man Verpackungen mit anderen Maßen herstellt? Die Form des Quaders soll wegen der Stapelbarkeit beibehalten werden.

Das sind sowohl komplexe als auch offene Aufgabenstellungen. Und es ist von Vorteil, wenn auch der Lehrer zu Beginn keinen vollständigen Lösungsweg kennt.

Unwissenheit als Vorteil

Umsetzung im Unterricht

Die Schüler arbeiten in Gruppen zusammen. Der Lehrer stellt zwei oder drei Optimierungsprobleme z. B. anhand der Streichholzschachtel oder der Milchverpackung vor. Zur nächsten Stunde bringen die einzelnen Gruppen jeweils einen Gegenstand, den sie untersuchen möchten, und eine konkrete Fragestellung mit. Es kann die Menge an Verpackungsmaterial oder die Klebenaht untersucht werden. Auch die Größe der Werbefläche kann optimiert werden. Ebenso die Produktionskosten. Wichtig ist, dass die Schüler sich selbst die Aufgabe stellen bzw. die Parameter festlegen, die sie optimieren möchten.

Schüler stellen sich selbst die Aufgabe

Didaktische Bemerkungen

Rolle und Aufgabe des Lehrers

Da es sich um keine Aufgabe, sondern um einen Auftrag bzw. einen Forschungsauftrag handelt, kann beliebig viel Zeit gegeben werden. Genauer: „beliebig, aber fest". Die Aufgabe des Lehrers besteht darin, die Schüler in die Verantwortung zu nehmen, d. h., zu einem vereinbarten Zeitpunkt wird das Forschungsergebnis vor der Klasse präsentiert. Drei Unterrichtsstunden können ein gutes Zeitmaß sein. Die Schüler geben sich innerhalb ihrer Gruppe selbst Hausaufgaben. So müssen eventuell Gespräche mit Firmen geführt oder Daten recherchiert oder zumindest vernünftig geschätzt werden. Wieder besteht die Aufgabe des Lehrers darin, die Schüler in die Pflicht zu nehmen. Dies kann z. B. dadurch geschehen, dass die Gruppen notieren, wer welche Hausaufgabe übernimmt.

keine Aufgabe, sondern Forschungsauftrag

In dieser Unterrichtsform wird der Lehrer einerseits zum Strukturgeber (Produktionschef), andererseits zum mathematischen Berater. Da der Auftrag so komplex ist, kennt der Produktionschef die „beste" Lösung selbst nicht. Auf diese Weise finden interessante Gespräche im Klassenraum statt, der zu einer Forschungseinrichtung geworden ist.

Rollen des Lehrers

Motivation und die Lust am Spiel

Der Motor der Motivation ist einfach: Schüler dürfen selbst gestalten. Der Lehrer schafft den Rahmen, der das Spiel des Forschens ermöglicht. Mitunter braucht es ein bisschen Anlaufzeit, bis die Schüler merken, dass sie wirklich für ihr Schaffen verantwortlich sind. Wer zum ersten Mal seine Schüler modellieren lässt, wird verwundert da-

Motor der Motivation

rüber sein, wie viel Energie entstehen kann. Natürlich, es gibt auch Situationen, in denen diese Art von Unterricht nicht wirksam ist. Hier ist ein Lehrer gefragt, der Menschen und keine Fächer unterrichtet:

keine Musterlösungen

Musterlösungen gibt es nicht mehr. Die gibt es lediglich für Aufgaben, die auch Maschinen erledigen könnten.

Kompetenzorientierung

Auch wenn Sie keinen Blick auf Kompetenzen werfen, wird es Ihnen schlichtweg unmöglich sein, die Übung durchzuführen, ohne gleichzeitig eine Vielzahl an Kompetenzen zu trainieren. Die Stärke der

wirklichkeitsabhängig

Merkmalausprägungen ist wirklichkeitsabhängig. Andere Beobachter kommen zu anderen Ergebnissen. Die Kreuzchen in der Tabelle habe ich gesetzt. Sie würden Ihre vermutlich anders verteilen.

Sozialkompetenz			Methodenkompetenz				Personale Kompetenz				Kognitive Basiskompetenz			
Kommunikationsfähigkeit (auch nonverbal)	Kritik- und Konfliktfähigkeit	Teamfähigkeit	Planungsfähigkeit	Problemlösefähigkeit	Präsentationsfähigkeit	Informationstechnische Fähigkeit	Durchhaltevermögen	Selbstständigkeit	Ordentlichkeit	Verantwortungsfähigkeit	Konzentrationsfähigkeit	Räumliches Vorstellungsvermögen	Merkfähigkeit	Schlussfolgerndes Denken
xxx	xx	xx	xxx	xxx	xx	x	xx	xx	xx	xx	xx	xxx	x	xxx

x Merkmal vorhanden xx Merkmal ausgeprägt xxx Merkmal stark ausgeprägt

22.10 Lernen in Stationen – sieben Extremwertaufgaben

Lernzirkel

Wer es etwas geordneter haben möchte, kann die folgenden Aufgaben samt Lösungsvorschlägen unter www.unterricht-als-abenteuer.de kostenfrei für den Einsatz im Unterricht herunterladen. Sie sind hier etwas verkürzt dargestellt. Die Aufgaben 1, 2, 5 und 7 wurden bereits in den ersten beiden Abschnitten dieses Kapitels behandelt. Die Nummerierung ist willkürlich und die einzelnen Probleme können unabhängig voneinander bearbeitet werden.

1 Die größte Schachtel		Für seinen Umzug benötigt Fridolin Schachteln, in die möglichst viel hineinpasst. So soll aus einem DIN-A4-Blatt eine offene, quaderförmige Schachtel hergestellt werden und zwar so, dass das Volumen maximal wird. *Was ist zu tun?* Welches Volumen ist maximal möglich, ohne dass etwas aus der Schachtel herausragt? Schätzt, *bevor* ihr zu rechnen beginnt, das Ergebnis ab. Überlegt euch das Netz (die Faltvorlage) der Schachtel und stellt diese her.
2 Schweißnaht		Fridolin möchte Ananassaft in zylinderförmige Dosen verpacken. In jede Dose soll ein Liter Saft. Am schwierigsten gestaltet sich das Verschweißen der verschiedenen Blechstücke. *Was ist zu tun?* Wie lang muss die Schweißnaht mindestens sein? Schätzt zuerst, *bevor* ihr mit der Lösung beginnt. *Zusatz:* Lässt sich – unabhängig vom Volumen – ein ideales Verhältnis zwischen Höhe und Radius der Dose angeben?
3 Zelten	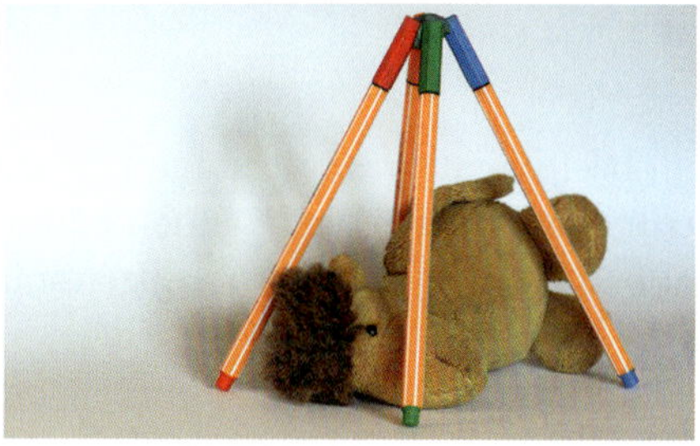	Fridolin möchte sich ein Zelt mit quadratischer Grundfläche bauen. Seine vier Stangen haben alle die Länge von 16,7 cm. Damit er nachts genug Luft bekommt, soll das Zelt maximales Volumen besitzen. *Was ist zu tun?* Schätzt zuerst und bestimmt dann durch eine geeignete Rechnung das maximale Luftvolumen im Zelt. Welche Höhe hat das Zelt?
4 Am Berg		Fridolin hat seinen Proviant erfolgreich in eine Dose verpackt (vgl. Aufgabe 2) und rollt diese von seiner Werkstatt, die im Tal liegt, zu seinem Haus auf dem Hügel. Der Landschaftsquerschnitt ist verkleinert im Bild eingezeichnet und wird durch die Funktion $f(x) = -x^4 - \frac{1}{2}x^3 + 2x^2 + x + \frac{1}{2}$ beschrieben. *Was ist zu tun?* An welcher Stelle benötigt Fridolin am meisten Kraft, um die Dose den Berg hinaufzurollen?
5 Geschlossene Schachtel		Bei seinem Umzug möchte Fridolin seine wertvollsten Dinge in einer geschlossenen Schachtel aufbewahren. Die quaderförmige Kiste soll aus einem DIN-A4-Blatt wie in der Abbildung gezeigt hergestellt werden. *Was ist zu tun?* Welches Volumen ist maximal möglich, ohne dass die Schachtel ausgebeult wird? Schätzt, *bevor* ihr zu rechnen beginnt, das Ergebnis ab. Überlegt euch das Netz (die Faltvorlage) der Schachtel und stellt diese her.

6 Wasserbecken		In seinem neuen Garten möchte Fridolin Regenwasser mit Hilfe eines Trichters sammeln. Dieser soll die Form eines Kegels haben und aus einem DIN-A4-Blatt entstehen. Gesucht ist der Kegelmantel, der eine maximale Wassermenge speichern kann. *Was ist zu tun?* Stellt einen solchen Kegelmantel her. Welche Größen müssen für den Bau bekannt sein?
7 Gläser und Fässer		Fridolin möchte ein Glas (0,2 l) als Wassertonne für seinen Garten verwenden. Es soll überall gleich dick sein und dabei möglichst wenig wiegen. *Was ist zu tun?* Welche Höhe und welcher Radius sind für Fridolins Glas ideal? *Zusatz:* Bei Trinkgläsern und Wasserfässern ist der Radius in der Regel kleiner als die Höhe. Gibt es stets – unabhängig von der Größe – ein bestimmtes optimales Verhältnis zwischen Radius und Höhe, so dass bei der Herstellung der Materialaufwand minimal wird?

Ausgelegte Materialien

Unser Denken wird von dem beeinflusst, was uns umgibt. So diskutiert es sich viel leichter, wenn man etwas in den Händen hält. Liegt den Aufgaben kein Material bei, handelt es sich streng genommen um andere Aufgaben.

Bei der Erstellung wurde versucht, mit Dingen auszukommen, die die Schüler in der Regel mitbringen, so dass die Stationen jederzeit einsetzbar sind. Gedacht wurde an folgende Materialien:

1 Die größte Schachtel	– DIN-A4-Blätter für Schachteln – Schere – Tesafilm
2 Schweißnaht	– Ein zylinderförmiger Gegenstand, z. B. eine Dose
3 Zelten	– Vier Stifte mit 16,7 cm Länge (Stabilo) – Etwas Knete als Verbindung an der Spitze der Zeltstangen
4 Am Berg	(nichts)
5 Geschlossene Schachtel	– DIN-A4-Blätter für Schachteln – Schere – Tesafilm
6 Wasserbecken	– Zirkel – DIN-A4-Blätter – Schere – Tesafilm
7 Gläser und Fässer	– Glas oder Becher

Teil VI

Analysis

Kapitel 23

Exponentialfunktionen und Wachstum

Exponentielles Wachstum gehört zu einem der zentralen Themen in der Mathematik. Allein schon deswegen, weil unsere Wahrnehmung (zumindest in mittleren Intensitätsbereichen) logarithmischer Natur ist. So können wir unterscheiden, ob eine Fliege oder zwei um uns herumsausen oder ob ein oder zwei Presslufthammer am Werke sind. Aber den Unterschied zwischen einer Fliege und einer Fliege auf einem Presslufthammer können wir nicht hören. Auch die Frequenz steigt in Halbtonschritten exponentiell. Mit unseren Augen können wir uns sowohl im grellen Tageslicht als auch im Sternenlicht orientieren. All dies gelingt durch eine logarithmische bzw. exponentielle Wahrnehmung.[38]

logarithmische Wahrnehmung

Auf der anderen Seite können wir exponentielles Wachstum sehr schlecht schätzen. Man könnte sagen: Wir denken und schätzen linear, aber fühlen und nehmen unsere Umwelt exponentiell wahr. Aus diesem Grund steht das exponentielle Wachstum im Mittelpunkt dieses Kapitels. Handlungsorientiert und alltagsbezogen soll an konkreten Beispielen eine mengenhafte Vorstellung gegeben werden. Am Schluss wird noch auf beschränktes und logistisches Wachstum eingegangen.

lineares Denken

Noch ein Wort zu linearem Wachstum: Wachstumsprozesse wie z. B. das Wachsen von Haaren oder Fingernägeln bieten sich *nach* der Behandlung des exponentiellen Wachstums an. Erstens ist das exponentielle das „normalere“ und zweitens ist der exponentielle Einstieg ein Einstieg mittendrin, was interessanter und überraschender für den Schüler ist.

Einstieg mittendrin

38 Vgl. Mathematik als Abenteuer, Band II, Abschnitt 15.1.

23.1 Potenzen schmecken

Homöopathie

Die Idee lehnt an das bekannte Potenzieren in der Homöopathie an. Allerdings wird in dieser Übung jeweils mit dem Faktor zwei und nicht mit dem Faktor zehn verdünnt.

Vorbereitung

roter Saft, Becher, Trinkwasser

Für den Versuch brauchen Sie einen Liter Kirsch- oder Traubensaft, möglichst durchsichtige Becher (0,2 Liter) und einen Wasserhahn (Trinkwasser) im Klassenzimmer. Der erste Becher wird mit Originalsaft aus der Packung genau bis zur 0,2-Liter-Markierung gefüllt. Der Saftanteil beträgt 100 %. Auf den Becher wird eine „0“ geschrieben, da sein Inhalt nullmal verdünnt worden ist.

Das Potenzieren

Die Hälfte des „0-Bechers“ wird in einen anderen geleert und anschließend mit Leitungswasser aufgefüllt. Der Saftanteil im „1-Becher“ enthält also nur noch 50 %. Entsprechend werden bis zum „10-Becher“ alle Folgebecher gefüllt. Man müsste unendlich lange weiter verdünnen, um schließlich reines Leitungswasser zu bekommen. Eine Reihe von Bechern ist entstanden, beschriftet mit den natürlichen Zahlen.

Da in endlicher Zeit mittels Verdünnung kein reines Leitungswasser erreicht werden kann, wird der ∞-Becher direkt am Wasserhahn abgefüllt und mit dem Unendlichkeitszeichen „∞ " versehen. Die Vorgehensweise, den „∞-Becher" zu füllen, unterscheidet sich von allen anderen. Das wundert nicht: ∞ ist keine Zahl.

∞ ist keine Zahl

Ein praktischer Tipp zur Abfüllung: Man kann zuerst alle Becher (bis auf den „0-Becher") halb mit Wasser füllen. Die Füllhöhe findet man, indem man den Inhalt von einem Becher genau auf zwei verteilt. Dann füllt man den „1-Becher" mit reinem Saft auf. Mit diesem verdünnten Saft wird der „2-Becher" aufgefüllt. Und so weiter. Auf diese Weise ist jeder Becher letztendlich halbvoll.

Gleichzeitiges Abfüllen von Saft und Zeichnen des Schaubildes

Parallel zur Abfüllung entsteht das zugehörige Schaubild an der Tafel. Mit n wird die Bechernummer bezeichnet, mit $B(n)$ der prozentuale Saftanteil im n-ten Becher. Ein Freiwilliger trägt während der Becherfüllung den zugehörigen Punkt im Schaubild ein.

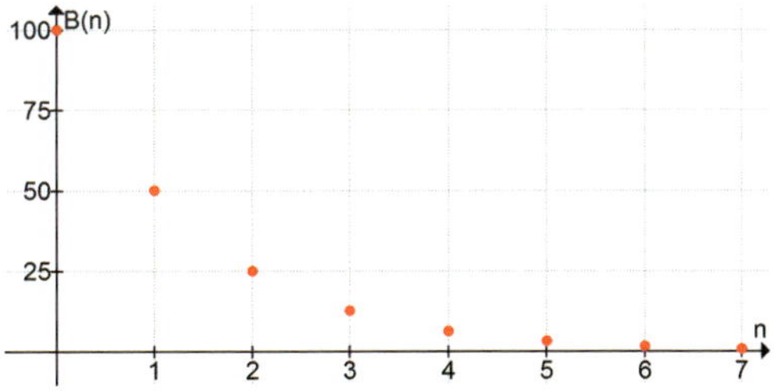

Bis zu welcher Potenz lässt sich der Saft herausschmecken?

Ein Freiwilliger wird gefragt, bis zu welcher Potenz bzw. Bechernummer er die Mischung von reinem Leitungswasser unterscheiden kann. Zur Überprüfung werden ihm die Augen verbunden und zwei Becher gereicht: Einer ist mit Leitungswasser, der andere mit entsprechend verdünntem Saft gefüllt. Der Becher mit Leitungswasser wird mit „∞" beschriftet.

Damit Zufallstreffer unwahrscheinlicher werden, können statt nur ein ∞-Becher mehrere gereicht werden. In meinem Unterricht wurden zwei ∞-Becher verwendet. Nach dem ersten Durchlauf kann ein zweiter Freiwilliger den ersten in einem weiteren Versuch überbieten.

Erste Aufgabe: Saftkonzentration im *n*-ten Becher
Die Saftkonzentration im Becher des besten Schmeckers soll in % berechnet werden. Ein typisches Beispiel ist $n = 8$. Es gilt: $B(n) = \left(\frac{1}{2}\right)^n$, da mit jedem Verdünnungsschritt die Konzentration um die Hälfte verringert wird. Für $n = 8$ erhält man $B(8) = \left(\frac{1}{2}\right)^8 = \frac{1}{256} \approx 0{,}0039 = 0{,}39\,\%$.

Zweite Aufgabe: Wie viel Originalsaft ist noch im Becher?
Als nächstes soll berechnet werden, wie viel vom unverdünnten Saft sich noch im Becher befindet. Eine Lösung: Statt 100 % = 1 ist der Anfangswert 0,2 Liter. Damit ergibt sich für $n = 8$: $B(8) = 0{,}2\,\text{l} \cdot \left(\frac{1}{2}\right)^8 \approx 0{,}000781\,\text{l} = 0{,}781\,\text{ml}$.
Anmerkung: Bisher wurde mit $B(n) = \left(\frac{1}{2}\right)^n$ die reine Exponentialfunktion beschrieben, also Funktionen der Bauart $B(n) = a^n$, wobei mit a der Wachstumsfaktor bezeichnet wird. Für allgemeines exponentielles Wachstum mit einem von 1 (= 100 %) verschiedenen Anfangswert wird die Form $B(n) = B(0) \cdot a^n$ benötigt.

Dritte Aufgabe: Wie viel von dem so verdünnten Saft könnte man mit einem Liter Saft herstellen?

Gespür für exponentielles Verhalten

Wieder dient die Aufgabe dazu, ein Gespür für exponentielles Verhalten zu entwickeln. Die Lösung kann über Verhältnisse gefunden werden:
0,781 ml (unverdünnter Saft) entsprechen 0,2 l (verdünntem Saft)
1000 ml entsprechen x l

$$\frac{x\,\text{l}}{0{,}2\,\text{l}} = \frac{1000\,\text{ml}}{0{,}781\,\text{ml}}$$

Damit gilt: $x\,\text{l} = \frac{1000\,\text{ml}}{0{,}781\,\text{ml}} \cdot 0{,}2\,\text{l} \approx 256\,\text{l}$.
Das entspricht ungefähr einer vollen Badewanne.

Didaktische Bemerkungen

Potenzieren in drei Ebenen

Stille im Klassenraum

Während des Potenzierens tritt fast immer Stille ein. Erstaunlich, wie ein simples Umschütten von Saft eine solch magische Wirkung erzielen kann!

Das Potenzieren findet auf zwei Repräsentationsebenen statt: handelnd durch Umschütten und bildlich am Schaubild. Es kann noch mit einem formalen Aufschrieb durch einen dritten Schüler ergänzt werden. Dieser schreibt gleichzeitig zum Abfüllen in eine Wertetabelle den entsprechenden Saftanteil. Die „1“ erhält die Farbe des Saftes. Jetzt arbeiten drei Schüler entsprechend dem EIS-Prinzip nach Bruner: enaktiv, ikonisch und symbolisch – bzw. handelnd im Umgießen, bildlich mit dem Schaubild und formal in der Tabelle.

mehrere Repräsentationsebenen

EIS-Prinzip

Becher-nummer	Berechnung des Saftanteils	Potenz-schreib-weise	als Bruch	in Prozent-schreibweise
0	1		1	100,0 %
1	$1 \cdot \frac{1}{2}$	$1 \cdot \left(\frac{1}{2}\right)^1$	$\frac{1}{2}$	50,0 %
2	$1 \cdot \frac{1}{2} \cdot \frac{1}{2}$	$1 \cdot \left(\frac{1}{2}\right)^2$	$\frac{1}{4}$	25,0 %
3	$1 \cdot \frac{1}{2} \cdot \frac{1}{2} \cdot \frac{1}{2}$	$1 \cdot \left(\frac{1}{2}\right)^3$	$\frac{1}{8}$	12,5 %
4	$1 \cdot \frac{1}{2} \cdot \frac{1}{2} \cdot \frac{1}{2} \cdot \frac{1}{2}$	$1 \cdot \left(\frac{1}{2}\right)^4$	$\frac{1}{16}$	6,25 %
5	$1 \cdot \frac{1}{2} \cdot \frac{1}{2} \cdot \frac{1}{2} \cdot \frac{1}{2} \cdot \frac{1}{2}$	$1 \cdot \left(\frac{1}{2}\right)^5$	$\frac{1}{32}$	≈ 3,13 %
6	$1 \cdot \frac{1}{2} \cdot \frac{1}{2} \cdot \frac{1}{2} \cdot \frac{1}{2} \cdot \frac{1}{2} \cdot \frac{1}{2}$	$1 \cdot \left(\frac{1}{2}\right)^6$	$\frac{1}{64}$	≈ 1,57 %
7	$1 \cdot \frac{1}{2} \cdot \frac{1}{2} \cdot \frac{1}{2} \cdot \frac{1}{2} \cdot \frac{1}{2} \cdot \frac{1}{2} \cdot \frac{1}{2}$	$1 \cdot \left(\frac{1}{2}\right)^7$	$\frac{1}{128}$	≈ 0,78 %
8	$1 \cdot \frac{1}{2} \cdot \frac{1}{2} \cdot \frac{1}{2} \cdot \frac{1}{2} \cdot \frac{1}{2} \cdot \frac{1}{2} \cdot \frac{1}{2} \cdot \frac{1}{2}$	$1 \cdot \left(\frac{1}{2}\right)^8$	$\frac{1}{256}$	≈ 0,39 %
9	$1 \cdot \frac{1}{2} \cdot \frac{1}{2} \cdot \frac{1}{2} \cdot \frac{1}{2} \cdot \frac{1}{2} \cdot \frac{1}{2} \cdot \frac{1}{2} \cdot \frac{1}{2} \cdot \frac{1}{2}$	$1 \cdot \left(\frac{1}{2}\right)^9$	$\frac{1}{512}$	≈ 0,20 %
...	...	...	...	...

Obige „erste Aufgabe“ ist damit erledigt. Die grauen Spalten sind wichtig, wenn Sie mit dieser Übung Potenzen überhaupt erst einführen möchten. $1 \cdot \left(\frac{1}{2}\right)^0$ ist bewusst vorerst weggelassen, das ist ein weiterer Erkenntnisschritt. Die dritte Spalte wird am besten von unten nach oben aufgefüllt: Der erste Eintrag erfolgt, wenn der Aufschrieb nicht mehr in der gewohnten multiplikativen Schreibweise in die Tabelle passt. Dann legt nicht der Lehrer, sondern die Platznot eine neue Schreibweise nahe.

Platznot führt Potenzschreibweise ein

Binnendifferenzierung des Materials

Die Übung eignet sich für die Grundschule[39], die Unterstufe, die Mittelstufe und die Sekundarstufe II – je nachdem, wie tief man einsteigen möchte. Auf der Folgeseite ein etwaiger Überblick.

39 Vgl. Martin Kramer, *Mit Erbsen und Zahnstochern zur Mathematik*, Beltz 2012.

Grundschule	Erste Erfahrung mit exponentiellem Wachstum und Unendlichkeit. Eine mengenhafte Vorstellung von Zerfall wird erzeugt.
Unterstufe	Saftanteil und Bruchrechnung. Größenvorstellung. Wie viel ist $\frac{1}{512}$? Analogie zu Zahlensystemen ist möglich. Exponentielle Wahrnehmung von Geschmack und Geruch.
Mittelstufe	Einführung der Exponentialfunktion, Wachstumsprozesse. Wie füllt man einen Becher mit Kommazahl ab, z. B. den „4,5-Becher"? Schaubild. Lässt sich die Kurve im Schaubild durchzeichnen?
Sekundarstufe II	Beschreibung des Versuches mittels einer *e*-Funktion. Vortragsthema als Beispiel für ein logarithmisches Modell im Zusammenhang Reizintensität-Wahrnehmungsintensität (E.H.L. Weber: Verhältnis von kleinstem noch wahrnehmbaren Reizunterschied und absoluter Reizgröße ist in einem mittleren Intensitätsbereich konstant.)

Persönlicher Bezug: der beste Schmecker

reales Erleben

Die Aufgaben werden erlebt. Den besten Schmecker in der Klasse herauszufinden, über seine Person Rechnungen anzustellen, das ist interessant. In einem Schulbuch unpersönliche Rechnungen abzuarbeiten, ist uninteressant. Die Mathematik hat hier etwas mit mir zu tun: Entweder direkt, weil ich die Erfahrung des Schmeckens selbst gemacht habe, oder weil ich den Schmecker kenne. Mit den meisten Schulbuchautoren habe ich noch keinen Saft getrunken …

Alltäglichkeit und Nachhaltigkeit

Mathefizierung

Wer schon einmal eine Apfelschorle bestellt hat, kennt das Verdünnen von Saft. Der Schüler weiß im Grunde, was da passiert, aber er sieht es jetzt aus einer neuen Perspektive. Die Apfelsaftschorle zu Hause ist „mathefiziert" worden. Der Unterricht knüpft unmittelbar an der Erfahrungswelt an und tatsächlich: Die Mathematik steht mittags zu Hause auf dem Esstisch.

Erweiterung durch Konzentrat

negative Hochzahlen

Das Experiment lässt sich mit „negativen" Bechern bzw. Hochzahlen erweitern. In der Industrie wird häufig mit Konzentraten gearbeitet. Auf vielen Säften steht, dass sie (leider) aus Fruchtsaftkonzentrat hergestellt sind. Ohne Wasseranteil ist der Transport leichter.

Hoch null ergibt eins

$\left(\frac{1}{2}\right)^0 = 1$

Bei dem Versuch ergibt sich auf natürliche Weise, dass $\left(\frac{1}{2}\right)^0 = 1$ gilt. Der Becher „0" wurde nullmal potenziert. Offensichtlich besteht sein Inhalt zu 100 % aus Saft.

Unendlich ist keine Zahl

Mit dieser Übung kann erlebbar gemacht werden, dass „unendlich" keine Zahl ist. Die Becher stellen die natürlichen Zahlen dar. Offensichtlich kann man mittels Umgießen jede Zahl bzw. jeden Becher in endlicher Zeit erreichen. Es dauert zwar etwas, bis der Becher mit der Nummer 54 156 826 358 162 784 abgefüllt ist, aber prinzipiell lässt er sich herstellen. Ein „Becher unendlich" jedoch lässt sich nicht auf diese Weise befüllen. Wir müssten den Zahlenraum bzw. die Becherreihe verlassen und zum Wasserhahn gehen, um dort die Unendlichkeit zu holen. Unendlich gehört nicht in die Reihe der Zahlen.
Versucht man, mit „unendlich" wie mit einer Zahl zu rechnen, entstehen unmittelbar Widersprüche; ein Beispiel: Widersprüche

Unendlich hat die Eigenschaft, größer zu sein als jede Zahl, sonst wäre unendlich ja nicht unendlich. Also muss $\infty + 1 = \infty$ gelten. Im Versuch bedeutet diese Gleichung, dass reines Wasser, gefüllt in einen mit reinem Wasser halbvollen Becher, wieder einen Becher reines Wasser ergibt.
Wenn ∞ eine Zahl wäre, dann müsste sie auch den Gesetzen der Arithmetik gehorchen und wir könnten auf beiden Seiten der Gleichung ∞ abziehen $\infty + 1 = \infty \quad | -\infty$
und erhalten $1 = 0$,
was offensichtlich ein Widerspruch ist.

Weitere Tipps und Alternativen zur Umsetzung

Welcher Saft?

In der Übung wurde bewusst roter Saft verwendet. Prinzipiell geht jede Art von Saft, aber wenn Sie Apfelsaft oder Orangensaft verwenden, erinnert das doch stark an einen Arztbesuch, bei dem man mit einem Becher bewaffnet die Toilette aufsucht. Das passiert nicht, wenn Sie sich für Trauben- oder Kirschsaft entscheiden. Ein hübsches Beispiel für das gestaltpsychologische *Gesetz der Ähnlichkeit*. Gesetz der Ähnlichkeit

Umsetzung in Gruppen – individuelle Erfahrung

Die Übung wurde hier so beschrieben, dass wenige Freiwillige stellvertretend ihren Geschmacks- und Geruchssinn testen. Alternativ kann jeder individuell seine eigenen Sinne testen und sein persönliches Geschmacksempfinden berechnen. Jede Gruppe benötigt ca. 15 Becher, einen dicken, wasserfesten Filzstift und einen Liter Saft. Wenn die Schüler das Material selbst mitbringen, findet die Übung eine höhe- eigenes Material

Wertschätzung

re Wertschätzung. Es ist paradox: Wenn Sie Ihre Schüler bedienen, haben Sie mehr zu tun und gleichzeitig sinkt die empfundene Qualität. Aber glücklicherweise Sie sind ja nicht die Bedienung, sondern gestalten „nur“ Lernumgebungen.

23.2 Zufall, radioaktiver und exponentieller Zerfall

Verknüpfung unterschiedlicher Disziplinen

Atomkerne altern nicht. Ob ein Kern im nächsten Moment explodiert, hängt nicht davon ab, wie lange er schon auf sein Ableben wartet. Er zerfällt zufällig! Die folgende Übung verknüpft zwei auf den ersten Blick unterschiedliche mathematische Disziplinen: Zufall und exponentielles Wachstum. Daher ist es eine gute Übung.

Phase 1: Einfühlen in den Alterungsprozess von Atomkernen

Menschliches Altern

Alle Schüler stehen auf und sollen sich dem vom Lehrer angesagten Alter entsprechend verhalten. Der Lehrer geht den Alterungsprozess im Zeitraffertempo durch. Im Augenblick sind alle zwischen 15 und 16 Jahren: also gewöhnliches Pausenverhalten, tuscheln, glücklich oder unglücklich verliebt sein, ... Zehn Jahre später heiraten die ersten, bekommen Kinder. Zwischen 35 und 45 Jahren sind sie berufstätig, sprechen mit dem Mathematiklehrer im Elterngespräch über ihre Kinder, ... und so weiter. Die Zeit läuft weiter, die Rente kommt, der Mensch schrumpft ein bisschen, geht mit einem Stock. Und spätestens nach hundert Jahren sind alle gestorben. Den Schülern macht das Theaterspielen Freude und mir gefällt die stillschweigend in der Übung enthaltene Aufforderung, den heutigen Tag zu genießen. Es lässt sich nichts verschieben.

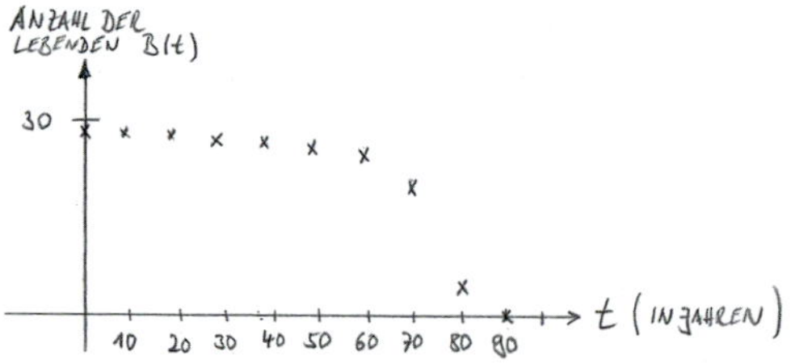

Der Prozess des Ablebens kann in einem Diagramm an der Tafel festgehalten werden. Dann wirkt die Vergänglichkeit noch stärker im Raum und weiter ist der Vergleich zum exponentiellen Zerfall deutlicher: Zu Beginn (aktueller Zeitpunkt) stehen alle. Wer „gestorben“ ist, setzt sich.

Die Kurve bleibt die ersten Jahrzehnte über recht konstant (ab und an „stirbt“ jemand bei einem Unfall) und fällt nach 60 Jahren – das entspricht in einer neunten Klasse einem Lebensalter von ungefähr 75 Jahren – recht schnell ab. Das Diagramm zeigt an, dass in 90 Jahren niemand mehr lebt. Carpe diem – nutze den Tag!

„Sterben" von Atomkernen

In der letzten Übung sind alle etwa im gleichen Alter gestorben. Nun schlüpfen die Schüler in die Rolle von Atomkernen. Während jeder einzelne von uns ein individuelles Aussehen besitzt, ist die atomare Welt sehr langweilig: Jeder Kern besteht lediglich aus Protonen und Neutronen und alle „Individuen" sehen so ziemlich gleich aus. Ausgeprägte Unterschiedlichkeit gibt es weder in der Welt des ganz Kleinen (der Atome) noch in der Welt des ganz Großen (der Galaxien, Galaxienhaufen).

Um das Leben der Kerne nachzuvollziehen, benötigt jeder einen Würfel. Glücklicherweise haben viele Stifte als Querschnitt ein Sechseck und können als Würfel verwendet werden:

Stift als Würfel

„Gewürfelt" wird wie im Bild links und zwar jede Minute einmal. Ein bestimmter Aufdruck auf einer Stiftseite (z. B. der Barcode) übernimmt die Rolle der „6". Sie sehen, jeder Schüler hat jeden Tag meist viele Würfel dabei, ohne dass er sich dessen bewusst ist.

Zu Beginn stehen alle auf. Wer eine „6" (den Barcode) gewürfelt hat, (zer-)fällt auf seinem Stuhl. Nach jedem Würfeln werden die noch Stehenden (die noch unzerfallenen Kerne) gezählt und das Ergebnis als Punkt in ein Schaubild eingezeichnet. Jeder Wurf entspricht einer Minute, zum Zeitpunkt Null ($t = 0$) existieren noch alle Kerne. Im hier beschriebenen Beispiel sind 23 Schüler anwesend und damit $B(0) = 23$. Dann wird „gewürfelt". Es bleiben $B(1) = 21$ Kerne ganz, was mit einem blauen Punkt im Schaubild notiert wird (siehe Foto). Nach einem weiteren Wurf sind es nur noch $B(2) = 16$ ganze Kerne. Nach sieben Würfen bzw. sieben Minuten sind nur noch wenige übrig.

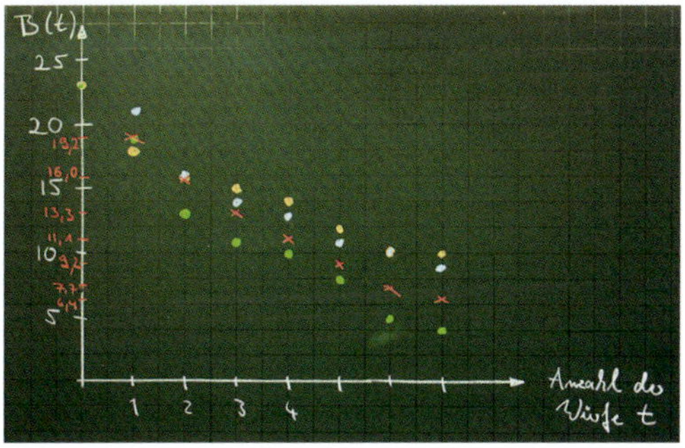

Das Spiel wird ein paarmal, jeweils farblich kodiert, wiederholt. Es ergeben sich immer ein bisschen andere Zerfallskurven. Wie würde der Zerfall wahrscheinlich aussehen, wenn man statt nur 23 Kerne 23 000 000 000 Kerne beobachten würde? Statt sich einer großen Anzahl zu bedienen (23 000 000 000 Kerne), kann auch theoretisch gefragt werden: Wie viele von uns müssten aufgrund der Wahrscheinlichkeit nach jedem Wurf noch stehen? Die berechneten bzw. theoretischen Werte werden als rote Kreuze eingetragen. Zuerst sind es 23. Nach einmal Würfeln bzw. nach einer Minute setzt sich ein Sechstel hin, also bleiben noch $23 \cdot \frac{5}{6} \approx 19{,}2$. Nach dem zweiten Wurf bzw. der zweiten Minute würden von den 19,2 Kernen rein rechnerisch wieder nur fünf Sechstel weiter bestehen: $23 \cdot \frac{5}{6} \cdot \frac{5}{6} \approx 16{,}0$. Auf diese Weise wird schrittweise die Wachstumsfunktion gefunden: $B(t) = 23 \cdot \left(\frac{5}{6}\right)^t$. Lässt man jetzt noch Minutenbruchteile zu, kann (statt einzelnen Punkten) der exponentielle Kurvenverlauf eingezeichnet werden.

exponentieller Kurvenverlauf

Halbwertszeit

Eine interessante Frage ist die nach der Halbwertszeit: Nach wie vielen Minuten (Würfen) existieren nur noch die Hälfte der Kerne? Zuerst schätzt jeder für sich und zeigt seinen Wert mit den Fingern an (es können mit Hilfe von eingeknickten Fingern auch Bruchteile angezeigt werden).

Im Grunde steht das Ergebnis bereits an der Tafel. Da das Schaubild in dieser Übung langsam und schrittweise aufgebaut wurde, fällt es den Schülern meist nicht schwer, die Halbwertszeit abzulesen und einzuzeichnen: Es ist die Zeit, wenn noch die Hälfte steht, in unserem Falle $\frac{23}{2}$ Schüler.

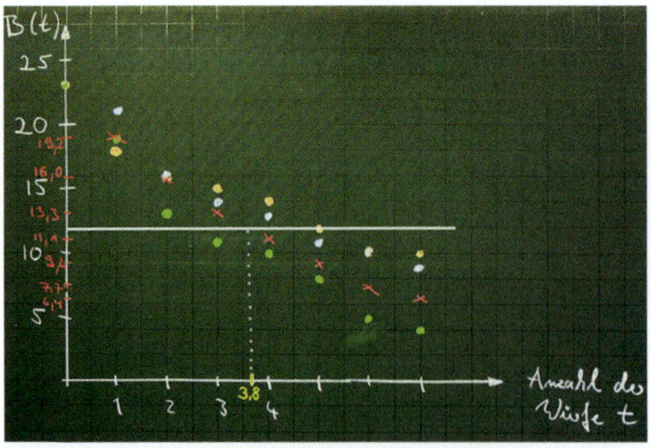

Wurde der Logarithmus schon behandelt, lässt sich eine rechnerische Lösung angeben:

$$23 \cdot \left(\frac{5}{6}\right)^n = \frac{23}{2}$$

$$\left(\frac{5}{6}\right)^n = \frac{1}{2}$$

$$n = \frac{\log\frac{1}{2}}{\log\frac{5}{6}} \approx 3{,}8$$

Nach 3,8 Minuten ist die Hälfte der Kerne zerfallen.

Phase 2: Modellierung eines radioaktiven Zerfalls mit Karamalz- bzw. Bierschaum

Im Folgenden wird der Zerfall von Karamalzschaum (alternativ Bierschaum) untersucht. Im Modell stehen die platzenden Schaumbläschen für die zerfallenden Kerne. Statt einzelne Bläschen abzuzählen, wird die Schaumhöhe gemessen. Eine Situation ähnlich der Untersuchung von radioaktiven Präparaten: Auch bei radioaktiven Präparaten lassen sich die Kerne nicht direkt bestimmen. In einem zylinderförmigen Glas ist die Höhe des Schaumes ein Maß für die Anzahl der Bläschen. Meist hat die Physik- oder Chemiesammlung solche Gläser, aber die Schüler können auch von zu Hause welche mitbringen.[40] Ein Würfel wird nicht benötigt. Jetzt „würfelt" die Natur.

die Natur würfelt

40 Vgl. die Bemerkung „Das eigene Glas" in Abschnitt 20.8.

Konkrete Umsetzung

Der Versuch ist im Prinzip einfach: Man schenkt das Karamalz zügig ein und misst dann in vernünftigen Abständen die Höhe des Schaumes. Gearbeitet wird in Vierergruppen. Jedes Gruppenmitglied bekommt eine Aufgabe:

vier verschiedene Rollen im Team

Der Mittelwertbilder (1) mittelt mit dem Geodreieck die aktuelle Schaumhöhe per Augenmaß. Dadurch kann der Höhenmesser (2) leichter die Höhe des Schaumes bestimmen. Achtung: mit zunehmendem Zerfall des Schaumes steigt auch die Flüssigkeitssäule im Glas.

Der Zeitmesser (3) behält die Uhr im Auge und gibt den Zeitpunkt der Messung bekannt. Unmittelbar nach dem Einschenken beginnt er im Sekundentakt mit dem Countdown der Messung: 3, 2, 1, los. Der Höhenmesser ruft dem Protokollanten (4) den Messwert zu. Das Ergebnis könnte in etwa wie auf dem Foto aussehen.

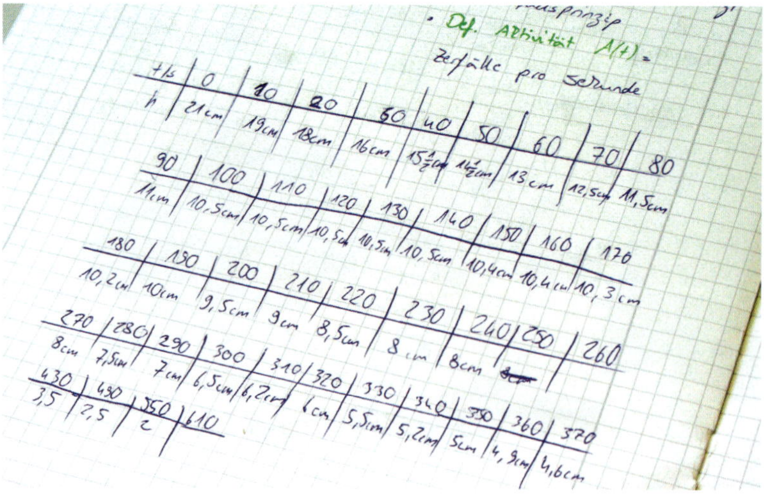

Damit die Messung klappt, wird der Ernstfall zuerst trocken geübt, also noch ohne Karamalz. Die Schüler sollen selbst entscheiden, welche Messwerte sinnvoll aufzunehmen sind. Es ergibt Sinn, am Anfang viele Messdaten aufzunehmen, während sich nach zwei Minuten nicht mehr viel ändert, dann können die Zeitabstände größer werden.

Wenn alles reibungsfrei klappt, wird eingeschenkt. Die Messung selbst dauert ca. fünf Minuten.

Phase 3: Aufbereiten der Daten

Nach dem Aufnehmen der Messdaten wird das Schaubild aufgezeichnet und die Halbwertszeit bestimmt. Je nach Klasse kann diese rechnerisch oder mit dem Schaubild bestimmt werden. Dieser Teil der Übung kann als Hausaufgabe erfolgen.

Hausaufgabe

Rechnerische Lösung der Halbwertszeit

Soll die Halbwertszeit rechnerisch gelöst werden, hilft es, wenn zuvor im Unterricht gemeinsam ein Beispiel exemplarisch durchgerechnet wurde. Da es in der Funktion $B(t) = c \cdot a^t$ nur die beiden Parameter c und a gibt, kann, zumindest bei einer einfachen Herangehensweise, mit nur zwei Messwerten ein Funktionsterm bestimmt werden. Aber welche beiden sollen genommen werden, um den Zerfall sinnvoll abzubilden? Ein zentrales Thema der Modellierung, welches einer ausführlichen Diskussion bedarf!

Modellierung

Didaktische Bemerkung und Erweiterung für die Sekundarstufe II

Die stimmige Lernumgebung: Wie viel soll Schülern vorgegeben werden?

In dieser Darstellung wurde den Schülern wenig vorgegeben. Sie übten die Messung zuerst trocken und konnten sich dabei überlegen, welche Messungen vernünftig sind. Sie hätten die Zeitintervalle für die einzelnen Messungen auch komplett vorgeben können, z. B.:

Zeit t (in Sekunden)	0	5	10	20	30	45	60	80	100	120	150	200	...
Schaumhöhe h (in cm)													

Falls diese Aufgabe noch immer zu offen gestellt ist, können weitere Hilfen gegeben werden:

- Zeichne das Schaubild.
- Glätte und idealisiere das Schaubild, indem du „Ausreißer" ignorierst.
- Wähle zwei typische Punkte aus und berechne daraus $B(0)$ und a.
- Berechne die Halbwertszeit.

Mit jeder Vorgabe verändern Sie die Lernumgebung: Geben Sie nichts vor, besteht die Gefahr, dass die Schüler überfordert sind und scheitern. Geben Sie zu viel vor, dann verhindern Sie das Abenteuer des Forschens und aus kreativem eigenen Gestalten wird ein Abarbeiten eines fremden bzw. Ihres Lösungsweges. Es ist ein Spagat und nur Sie können entscheiden, was bei welcher Klasse sinnvoll und gut ist. Es gibt nur die grobe Orientierung, dass Klassen mit jeder weiteren offenen Aufgabenstellung immer weniger an Vorgaben brauchen, um gute Resultate zu erzielen. Aber letztendlich gibt es kein starres Rezept zur Gestaltung einer Lernumgebung und das ist auch gut so: Erstens gäbe es dann kein Abenteuer mehr und zweitens könnten Sie durch eine Maschine ersetzt werden.

Rezept und Abenteuer schließen sich aus

Bierschaum und exponentieller Zerfall in der Sekundarstufe II

Die Schüler bringen verschiedene alkoholfreie Biersorten und zylinderförmige Gläser in den Unterricht mit. Es soll untersucht werden, ob Schaum unterschiedlicher Biersorten unterschiedlich schnell zerfällt.

Folgende Fragen werden gestellt, die in Kleingruppen beantwortet werden:

- Überlegen und begründen Sie, um welche Art von Wachstum es sich handelt.
- Ermitteln Sie aus geeigneten Messdaten die Zerfallsfunktion.

- Welche Bedeutung hat die Ableitung der Zerfallsfunktion? Wann wird sie extremal?
- Finden und berechnen Sie eine geeignete Größe, um die Geschwindigkeit des Zerfalls einem Laien verständlich zu machen.
- Welche anschauliche Bedeutung kommen den einzelnen Parametern in der Zerfallsfunktion zu? (Bei der *e*-Funktion $B(t) = c \cdot e^{kt}$ sollen konkret Werte für *k* und *c* bestimmt werden.)
- Welche Fragestellungen könnten in diesem Experiment interessant sein?

Ableitung der Zerfallsfunktion

Die Funktion $B(t) = c \cdot a^t$ lässt sich nicht direkt ableiten. Da die Ableitung der *e*-Funktion bekannt ist, hilft die Darstellung der Zerfallsfunktion mit der Basis *e*:

$$B(t) = c \cdot a^t = c \cdot e^{\ln(a^t)} = c \cdot e^{t \cdot \ln(a)} = c \cdot e^{kt}$$

$$B'(t) = c \cdot k \cdot e^{kt}$$

Hier lässt sich ein Grund für eine Beschreibung der Wachstumsfunktionen mit der weniger anschaulichen Basis „*e*" verstehen: In dieser Darstellung kann man die Ableitung und somit die Zerfallsgeschwindigkeit angeben.

Logarithmuspapier

Mit Logarithmuspapier kann exponentielles Wachstum als Gerade dargestellt werden. Für dieses Experiment eignet sich ein Papier mit zwei Dekaden.[41] Wird die „1" unten links auf der *y*-Achse als „1 cm" gedeutet, lautet die Skalenbeschriftung: 1 cm, 2 cm, …, 9 cm. Die neue „1" (in der Mitte) bedeutet 10 cm, entsprechend geht es weiter mit 10 cm, 20 cm …

Auf dem Bild liegen die Messdaten näherungsweise auf einer Geraden.

41 Kostenfreier Download unter www.unterricht-als-abenteuer.de.

23.3 Experimente filmen[42]

Fast jeder Schüler führt heutzutage eine Kamera mit sich. Mit was auch immer in zehn oder zwanzig Jahren gefilmt wird: Die Möglichkeit des Aufzeichnens eines Experimentes wird es auch künftig geben. Entscheidend ist weniger, mit welcher Technik aufgenommen wird, sondern dass ein Film gedreht wird.

Konkrete Umsetzung im Klassenzimmer

Film über 90 Sekunden

Jede Kleingruppe soll einen Film über 90 Sekunden von ihrem Experiment drehen. Die maximale Abweichung darf 10 Sekunden betragen. Es soll die Aufgabenstellung, die Durchführung und das Ergebnis sichtbar werden.
Als Hausaufgabe werden die Filme geschnitten, so dass sie in der folgenden Mathematikstunde präsentiert werden können. Entsprechend werden in der Folgestunde zwischen sechs bis acht Filme vorgeführt. Das ist einerseits eine Wiederholung des Stoffes, andererseits zeigt der Film auch, auf was die einzelnen Gruppen achten, auf was besonderer Wert gelegt wird.

Über die unterschiedlichen Filme kann in verschiedener Art und Weise nachgedacht und reflektiert werden:

Feedbackregeln

- Die Kurzfilme werden der Reihenfolge nach vorgeführt. Nach jedem Kurzfilm erhalten die Produzenten eine Rückmeldung vom Publikum. Folgende Regeln können vorgegeben werden:

42 Die Idee des Filmens von Experimenten habe ich in einem fachdidaktischen Vortrag von Dr. Pallack „Digitale Medien im Mathematikunterricht" im Januar 2015 an der Universität Freiburg kennengelernt.

1. Der Fokus wird auf das Positive gelegt. Was nicht gefällt, fällt unter den Tisch. Das Unpassende, Unglückliche soll keine Beachtung erfahren. Bei nachfolgenden Filmprojekten werden die Ergebnisse von Mal zu Mal erstaunlich schnell besser, ohne dass eine negative Kritik im Raum fällt. Das ist für das Klassenklima sehr wichtig.

Stärkenorientierung

2. Es werden nur ganz konkrete Dinge genannt. Allgemeine Äußerungen wie „Mir hat der Film insgesamt ganz gut gefallen" oder „Die Auswahl an Bildern war stimmig" sind schwammig und bringen nichts. Das Gehirn, die Produzenten brauchen konkrete Beispiele. Aufgabe des Lehrers ist, zu konkretisieren: „Welche Stelle im Film hat dir am besten gefallen?", „Kannst du sagen, warum?" Oft ist es ein Bauchgefühl des Zuschauers, was gefällt, und mitunter ist es schwer, in Worte zu fassen, was genau gefallen hat. So wird der Lehrer zur behutsamen Hebamme, der die konkrete Aussage zur Welt bringt: „Wenn du es in Worte fassen kannst – nicht immer finden sich die passenden Worte –, kannst du einen Grund angeben, warum dir genau diese Stelle gefallen hat?" Wenn pro Film nur ein oder zwei tolle Stellen erkannt werden und vielleicht sogar verstanden wurde, warum diese „toll" sind, reicht das völlig.

ganz konkret

Lehrer als Hebamme

3. Beim dritten oder vierten Filmprojekt kann zum Schluss von den Produzenten (wenn diese es wollen) nach Wünschen bzw. Verbesserungsvorschlägen der Zuschauer gefragt werden. Wichtig ist, dass der Lehrer zuvor klarstellt, dass jede Kritik stets wirklichkeitsabhängig ist: Was dem einen gefällt, missfällt dem anderen. Die Produzenten sollen die Kritik möglichst nicht auf dem Appellohr hören („Ihr sollt das nächstes Mal nicht mehr machen."), sondern vielmehr auf dem Selbstkundgabeohr. Es geht nicht darum, die Wünsche der Zuschauer zu erfüllen, sondern interessant ist, wie der Film aufgenommen wurde. Die Zuschauer haben nicht „Recht" mit ihren Äußerungen, sie geben lediglich preis, wie eine bestimmte Stelle auf sie gewirkt hat. Auch hier soll der Lehrer auf sehr konkrete Rückmeldungen achten. Allgemeine Kritik („Das war nichts!") führt lediglich zu einer Verunsicherung.

Kritik ist wirklichkeitsabhängig

4. Die Rückmeldung pro Film soll nicht viel länger als der Film sein. 1–2 Minuten genügen, ansonsten wird die Sache recht zäh.

- Die Klasse schaut alle Kurzfilme ohne Unterbrechung der Reihe nach an. Erst dann wird darüber gesprochen. Eine konkrete Aufgabenstellung für die Zuschauer hilft, z. B.: „An welcher Stelle wart ihr am aufmerksamsten?" – „Wenn ihr *einen* Film als Zusammenfassung speichern wolltet: Welcher wäre es? Und warum gerade die-

Schulhomepage

ser?" Im Anschluss kann aus allen Filmen ein gemeinsamer Lehrfilm geschnitten werden. Dieser kann auf der Homepage der Schule veröffentlicht oder in einem nur der Klasse zugänglichen Ort abgelegt werden. Auf diese Weise können zentrale Experimente zum Lernen auf die Klassenarbeit genutzt werden. Es kann auch so weit gehen, dass die Klasse zu allen zentralen Themen einen Film drehen möchte, so dass ein filmischer Überblick über den Stoff gegeben wird.

Konstruktivistische und didaktische Bemerkungen

Einblick in unterschiedliche Wirklichkeiten

Ein Film ist nie objektiv, sondern zeigt immer eine bestimmte Sichtweise, einen bestimmten Teil von der Realität. Auch wenn achtmal dasselbe Thema präsentiert wird: Jeder Film ist anders, weil die Schüler aus unterschiedlichen Perspektiven das Experiment wahrnehmen. Der Lehrer erhält einen Einblick in die Lebenswirklichkeit, das Verständnis seiner Schüler. Wo werden Schwerpunkte gelegt, was ist wichtig, was erhält den meisten Raum?

Einblick in die Lebenswirklichkeit

Vom Beobachten des Beobachters

Ohne Kamera beobachten die Schüler das Experiment. Mit der Kamera wird eine neue Sichtweise eingeführt: Das Experiment wird von außen, vom Standpunkt eines äußeren Beobachters gesehen. Es ist etwas völlig anderes, ob man für sich (in der Gruppe) alleine experimentiert oder ob einem dabei zugesehen wird. Beispielsweise ändert sich das Schülerverhalten deutlich durch die Nähe des Lehrers: Steht er bei den Schülern, schauen sie ihn an – ist er weg, schauen sie sich gegenseitig an. Interessant ist die Wirkung der Kamera: Hier schaut kein Lehrer zu und dennoch verändern sich die Verhaltensweisen: Plötzlich ist der Tisch aufgeräumt, es wird viel sauberer und klarer gearbeitet, es wird zuerst darüber gesprochen, wer was tut (Rollenklärung innerhalb der Gruppe).

eine neue Sichtweise

Strukturierende Wirkung der Kamera

Weiter muss sich die Gruppe einigen, was sie überhaupt abbilden möchte. Was ist wesentlich beim Versuch? Welcher Ausschnitt soll in den 90 Sekunden gezeigt werden? Beim ersten Mal wird vielleicht nur die Kamera daraufgehalten, aber schon nach der einen oder anderen Reflexion lernen die Schüler, bewusst eine bestimmte bzw. für ihr Vorhaben geschickte Perspektive zu wählen.

Der eigene Film
Der Unterricht wird zur eigenen Sache. Der Unterricht ist kein „Film, der vorne abläuft", vielmehr wird „Unterricht" zum eigenen Film. Er hat unmittelbar etwas mit mir selbst zu tun.

„Das hat etwas mit mir zu tun."

Fächerübergreifender Unterricht
Es geht um die Verknüpfung von Text und Bild. Dass ein ästhetisches und künstlerisches Verständnis dem Endprodukt gut tut, ist offensichtlich. Auch der Sprache kommt eine bestimmte Rolle zu. Es geht um Klarheit (das gilt sowohl für den Inhalt als auch für die Artikulation). Weiter sind Rhetorik und Humor mit von der Partie. Ebenfalls wird klar, dass man mit Ausschnitten stark manipulieren kann: Ein Film ist ein bestimmtes Abbild von der Realität. In diesem Zusammenhang kann über Bilder im Fernsehen und deren Bedeutung reflektiert werden.

Klarheit, Rhetorik und Humor

Welches Alter?
Ein Film ist eine Äußerung. Ein Fünftklässler wird einen Film in einer anderen Art als ein Zwölftklässler drehen. Beides hat seinen Charme, beides ist möglich. Unter www.unterricht-als-abenteuer.de finden Sie einen Film zum Bierschaumexperiment, der von Studenten der Universität Freiburg in meiner Vorlesung gedreht wurde.

23.4 Eine Tasse Tee und das beschränkte Wachstum

Es ist etwas völlig anderes, ob man darüber redet, dass sich der Temperaturverlauf einer Tasse Tee mit beschränktem Wachstum beschrei-

ben lässt, oder ob man tatsächlich Messwerte aufnimmt, mathematische Voraussagen macht und diese später im Experiment überprüft.

Fachliche Voraussetzung

Die Beschreibung von beschränktem Wachstum durch eine Funktion ($B(t) = S - c \cdot e^{-kt}$) ist in der folgenden Darstellung im Unterricht bereits eingeführt worden.

Konkrete Umsetzung

Bis zur Pause sind es noch 30 Minuten. In den folgenden 15 Minuten sollen Messwerte aufgenommen und grafisch visualisiert werden. Aus diesen Informationen soll die Wachstumsfunktion und die Temperatur des Tees im Moment des Pausengongs (oder einer anderen vereinbarten Zeit) ermittelt werden.

im Moment des Pausengongs

Die Schüler arbeiten bei dieser Übung in Gruppen zusammen. Jede Gruppe benötigt ein Thermometer und eine Teetasse. Ersteres findet sich beispielsweise in der Physiksammlung, letzteres sollen die Schüler selbst mitbringen.

Thermometer und Teetasse

Eine Hilfestellung: Zuerst sollte die Zimmertemperatur am Thermometer abgelesen werden und zwar, bevor es in die Teetasse getaucht wird. Mit der Messung sollte erst nach ca. einer Minute begonnen werden, da das Thermometer erst die Temperatur des Tees annehmen muss, um vernünftige Messdaten zu liefern.

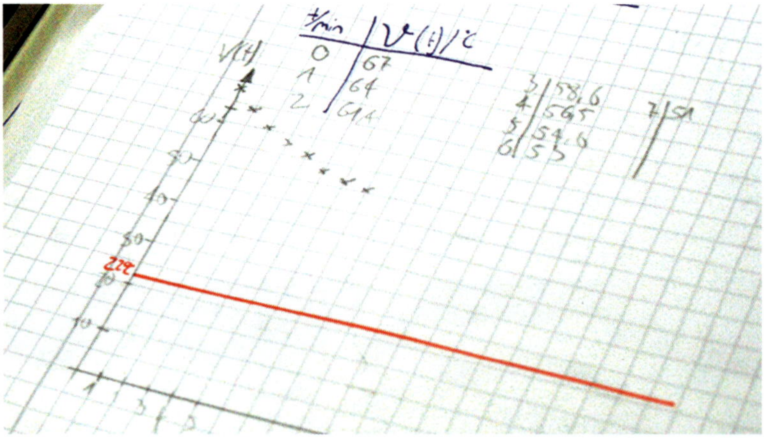

Mögliche Lösungsskizze an einem konkreten Beispiel

Im Beispiel hatte der Tee zu Beginn der Messung eine Temperatur von 80,5 °C. Nach zehn Minuten betrug seine Temperatur 62,0 °C. Die hohe Temperatur ist farblich rot, die tiefere blau kodiert.

Ansatz: Es handelt sich um beschränktes Wachstum.	$T(t) = S - c \cdot e^{-kt}$
Die Schranke S ist durch die Zimmertemperatur von 23 °C gegeben:	$T(t) = 23 - c \cdot e^{-kt}$
Temperatur zum Zeitpunkt $t = 0$ liefert:	$T(0) = 80{,}5$ $23 - c \cdot e^{-k \cdot 0} = 80{,}5 \Rightarrow c = -57{,}5$
Temperatur zum Zeitpunkt $t = 10$ liefert:	$T(10) = 62$ $23 + 57{,}5 \cdot e^{-k \cdot 10} = 62 \Rightarrow k \approx 0{,}03882$
Damit lautet die Zerfallsfunktion:	$T(t) = 23 + 57{,}5 \cdot e^{-0{,}03882 \cdot t}$
Temperatur des Tees zum Pausengong in 30 Minuten:	$T(30) = 23 + 57{,}5 \cdot e^{-0{,}03882 \cdot 30} \approx 40{,}9$ Die Temperatur zum Pausengong wird ca. 40,9 °C betragen.
Schaubild	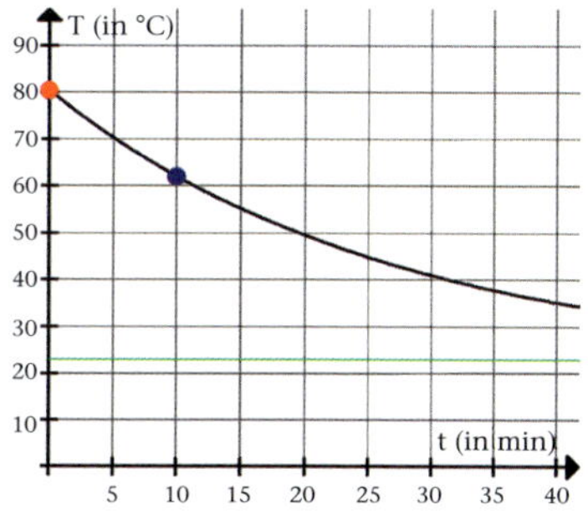

Didaktisch-pädagogische Bemerkungen

Die eigene Tasse

Wenn Schüler selbst ihre eigene Teetasse mitbringen, wird die Übung erstens persönlicher, als wenn der Lehrer Tassen stellt, und zweitens nimmt der Schüler Anteil an der Vorbereitung. Das Experiment wird vom Schüler mehr wertgeschätzt, wenn er etwas dafür tut (eine Teetasse von zuhause mitbringen), als wenn er vom Lehrer bedient wird. Aber die eigene Tasse hat auch einen ganz pragmatischen Vorteil: Sie müssen nicht dahinter her sein, dass abgespült wird.

Anteil an der Vorbereitung

Verknüpfung mit dem Alltag

Der Alltag wird mit dem Lehrstoff auf eine geschmackliche Art und Weise verknüpft. Wenn man dazu bedenkt, dass der Löwenanteil des Unterrichts aus Beziehungsarbeit besteht, ist es hübsch, wenn man seine Klasse zum Tee einlädt. So wird beschränktes Wachstum der Anlass zum Teetrinken und die Funktion $B(t) = S - c \cdot e^{-kt}$ mit der Erfahrung der möglichen Vorhersagbarkeit (oder der Grenze der Vorhersagbarkeit) verknüpft.

geschmacklicher Lehrstoff

23.5 Logistisches Wachstum

Viele rekursive Formeln können erspielt werden. Beispielsweise das logistische Wachstum in der Form $B(t + 1) = B(t) + k \cdot B(t) \cdot (S - B(t))$.

Ein Grippevirus im Klassenzimmer

Ein Grippevirus breitet sich aus: In einem kleinen Dorf (Klassenzimmer) ist einer der 30 Einwohner (Schüler) infiziert und es besteht die Gefahr einer Ansteckung.

Die Anzahl der Kranken beträgt $K(t)$, wobei t für die Anzahl der bereits vergangenen Tage steht. Zu Beginn, am Tag null also, ist $K(0) = 1$, da nur eine Person krank ist. Die Anzahl der Gesunden am Tag t beträgt $30 - K(t)$. In der Abbildung sind bereits zwei erkrankt. Um die Krankheit zu übertragen, müssen sich Gesunde und Kranke begegnen. Nun gibt es $K(t) \cdot (30 - K(t))$ solcher möglicher Begegnungen. Wir nehmen an, dass an einem Tag 10% dieser möglichen Begegnungen stattfinden und dass in 10% der stattgefundenen Begegnungen der Virus tatsächlich übertragen wird. Insgesamt ergibt sich eine Übertragungsrate von einem Prozent ($0{,}1 \cdot 0{,}1 = 0{,}01$). Die Anzahl der tatsächlich Infizierten beträgt demnach $0{,}01 \cdot K(t) \cdot (30 - K(t))$.

Umsetzung im Klassenzimmer[43]

Alle Schüler gehen durcheinander durch den Raum. Als Begegnung zählt, wenn man in geringem Abstand aneinander vorbeiläuft und Blickkontakt aufnimmt. Die Kranken husten bei jeder zehnten Begegnung in ihre Armbeuge[44], was Ansteckung bedeutet. In regelmäßigen Abständen, die als jeweils ein Tag gelten sollen (z. B. je 1 Minute), unterbricht der Lehrer das Geschehen durch Klatschen und schreibt die momentane Anzahl der Kranken auf. Im Klassenzimmer hört man ein ständig zunehmendes Husten, gesprochen wird nicht.

43 Diese Modellierung soll lediglich das Prinzip des logistischen Wachstums verdeutlichen und legt nicht die gleichen Zahlen wie in obigem Beispiel zugrunde.

44 Die Verbreitungsmechanismen von Krankheitserregern (in der Schule) können thematisiert werden. So ist gründliches Händewaschen mit Seife eine der besten Vorbeugemaßnahmen, da viele Erreger von Hand zu Hand weitergereicht werden (Türklinke, in die Hand husten) und der Weg von der Hand in den Mund ein kurzer ist.

Um den Krankenstand für den Morgen des Folgetages $K(t + 1)$ zu erhalten, zählt man die Neuerkrankungen des Tages $(0{,}01 \cdot K(t) \cdot (30 - K(t))$ und die Krankmeldungen vom Beginn des Tages $(K(t))$ zusammen: $K(t + 1) = K(t) + 0{,}01 \cdot K(t) \cdot (30 - K(t))$ – die Rekursionsformel für logistisches Wachstum.

Für $k = 0{,}01$ und $S = 30$ ergibt sich folgende Ausbreitung der Krankheit:

Tag	Anzahl der Kranken
0	1,00
1	1,29
2	1,66
3	2,13
4	2,72
5	3,47
6	4,39
7	5,51
8	6,86
9	8,45
10	10,27
11	12,30
12	14,47
13	16,72
14	18,94
15	21,04
16	22,92
17	24,54
18	25,88
19	26,95
20	27,77
21	28,39
22	28,85
23	29,18
24	29,42
25	29,59
26	29,71

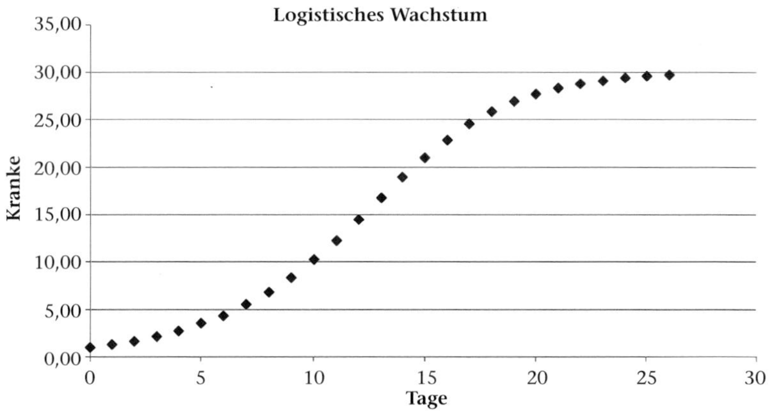

Das Nachspielen klärt die Bedeutung der Schranke S und des Parameters k. Weiter wird der *Modellierungsgedanke* hervorgehoben, also die Beschreibung von realen Vorgängen mit Hilfe von mathematischen Modellen. Im Falle des logistischen Wachstums wird beispielsweise keine eventuelle Genesung berücksichtigt. Ein Tag wird mit der Zeitdauer von 1 Minute realisiert. All das sind natürlich geschätzte Annahmen. Die Einsicht, dass jeder Versuch, eine reale Entwicklung mathematisch zu beschreiben, immer ein Modell bleibt, ist ungeheuer wichtig.

realer Vorgang – mathematisches Modell

Modellierung von Kressewachstum

Das Wachstum von Kresse in Abschnitt 20.2 lässt sich weder durch exponentielles noch beschränktes Wachstum beschreiben. Es handelt sich um eine Kombination aus beiden Wachstumsarten: Der anfängliche exponentielle Verlauf wird mit der Zeit zu einem beschränkten Wachstum. In erster Näherung handelt es sich um ein logistisches Wachstum.

Das Beispiel mit der Kresse zeigt sehr gut die Binnendifferenzierung des Materials. In einer fünften Klasse kann mit Wachstum von Kresse Schaubild und Funktion behandelt bzw. untersucht werden. In der Sekundarstufe II kann ein Schülervortrag in der mathematischen Modellierung einer konkret aufgezeichneten Wachstumskurve bestehen.

Teil VI

Analysis

Kapitel 24

Projektion einer Drehung: Sinus- und Kosinusfunktion

Das gesamte Kapitel 24 besteht im Wesentlichen nur aus einer Idee: Man betrachtet den Schatten einer Drehbewegung. Das ist etwas sehr Einfaches wie auch Wichtiges, man kann beliebig tief in dieses Thema eintauchen. Deswegen eignet sich das Thema sowohl für jüngere als auch für ältere Schüler. Es ist gut, wenn der junge Geist dem Grundgedanken bereits begegnen darf, noch ohne eine differenzierte mathematische Beschreibung. Die Drehbewegung des eigenen Schattens (vgl. 24.2) und das Daumenkino (vgl. 24.3) eignen sich für die Unterstufe ebenso wie für die Sekundarstufe II.

Schatten einer Drehbewegung

Mich hat es stets verwundert, dass Abiturienten zwar mit trigonometrischen Funktionen umgehen können, aber dass das Wesentliche, Einfache und Faszinierende seltsamerweise verloren ging. Oder dass die Schüler damit vielleicht nie berührt wurden.

Aufbau des Kapitels

Bis einschließlich Abschnitt 24.3 richten sich die Themen auch an Schüler der Unterstufe. Das soll allerdings nicht heißen, dass ein Daumenkino in höheren Klassen keinen Sinn ergeben würde. Im Gegenteil: Was im Handeln und mit Bildern erfahren wird, kann gerne und ganz im Sinne des EIS-Prinzips[45] formal erfasst werden.

Der Leser, der in der Mittelstufe unterrichtet und nach einer Lehrgangsskizze sucht, kann mit Abschnitt 24.4 beginnen und in den folgenden Abschnitten die Sinus- bzw. Kosinusfunktion mit Wäscheklammern oder dem Fahrrad konstruieren.

Die Abschnitte ab 24.10 richten sich an höhere Klassen.

Passende Lernumgebungen

Die ungefähren Altersangaben sollen jedoch nicht suggerieren, dass es den „richtigen" Zeitpunkt für einen bestimmten Inhalt geben wür-

Altersangaben

45 Vgl. zum EIS-Prinzip z. B. die didaktischen Bemerkungen im Abschnitt 20.6.

de. Unterricht ist kein maschineller Prozess. Wissen wächst! Und so kann kein anderer als Sie besser entscheiden, welche Ideen, welche Lernumgebungen für das Wachstum aller Beteiligten passend sind.

Unterricht ist kein Programm

Wer nach einem „Programm“ sucht, was wann, wie und in welcher Zeit vom Lehrer behandelt werden sollte, sucht hier vergebens. Das Thema „Schatten einer Drehbewegung“ lässt sich in jeder Altersstufe angehen. Es ist von Vorteil, wenn bereits in den unteren Klassen Staunen und Lust geschaffen werden. Die Beziehungsarbeit zwischen Mathematik und Mensch darf früh beginnen. Sicherlich wird man in höheren Klassen der formalen Behandlung einen größeren Raum geben. Ein sehr schönes Beispiel für die Anwendung in unterschiedlichen Altersstufen zeigt der letzte Abschnitt „Ästhetik einer Formel“. Ich habe diese Übung in der Grundschule, in der Sek I, in der Sek II, an der Uni mit Studierenden und in Lehrerfortbildungen durchgeführt – und jede Altersstufe war auf ihre Art begeistert.

24.1 Die Idee der Projektion

Projektionen in der Mathematik

Die Idee der Projektion kehrt in der Mathematik immer wieder. Zum Beispiel wird die Addition zweier Vektoren koordinatenweise ausgeführt. Man projiziert die neue Addition auf die einzelnen Achsen im Koordinatensystem und rechnet dann wieder eindimensional:

$$\begin{pmatrix} a_1 \\ a_2 \\ a_3 \end{pmatrix} + \begin{pmatrix} b_1 \\ b_2 \\ b_3 \end{pmatrix} := \begin{pmatrix} a_1 + b_1 \\ a_2 + b_2 \\ a_3 + b_3 \end{pmatrix}$$

Das rote Pluszeichen links steht für die (neue) Addition von Vektoren. Mit der Idee, die Addition auf die einzelnen Raumrichtungen zu projizieren, lassen sich bereits Geraden und Ebenen im Raum (mittels Parameterform) beschreiben. Auch Schnitte können berechnet werden.[46]

Projektion eines Zeigers

In der Analysis taucht die Projektion bei Winkelfunktionen auf. So lässt sich beispielsweise die Sinusfunktion $\alpha \mapsto \sin(\alpha)$ als Projektion eines rotierenden Zeigers verstehen. Diese Idee ist wegführend für dieses Kapitel.

46 Zusammen mit der Idee des Skalarproduktes können Winkel und Längen berechnet werden. Eine hübsche Betrachtungsweise: Lediglich zwei Ideen (Projektion und Skalarprojekt) ergeben bereits die Vektorrechnung bis hin zum Abitur!

Das Thema ermöglicht einen wunderbaren Unterricht: Einerseits wegen des mathematischen Inhalts, aber noch mehr, weil es aufzeigt, dass die Idee von Projektion und Drehung in der Unterstufe, Mittelstufe und gymnasialen Oberstufe unterrichtet werden kann. Es ist ein gutes Beispiel dafür, dass Material (bzw. das konkrete Erleben mit dem eigenen Körper) stets binnendifferenzierend ist. Die ganze Mathematik steckt schon in der ersten Übung, und je weiter man darüber nachdenkt, desto tiefer dringt man ein, desto exakter werden die Beschreibungen. Das ist das Tolle am Konkreten: Man kann beliebig tief darüber nachdenken, es hört nie auf!

beliebig tief darüber nachdenken

Das Höhlengleichnis von Platon

Noch eine Bemerkung: Wir sprechen hier von einer „Idee". Der Begriff passt zur Mathematik, die als Ideenlehre verstanden werden will. Sie werden beim Lesen dieses Kapitels vermutlich mehr Freude haben, wenn Sie sich Platons Höhlengleichnis in Erinnerung rufen:

„Idee"

> *Das Höhlengleichnis*
> Wir Menschen sitzen in einer Höhle mit dem Rücken zum Ausgang. Gefesselt sehen wir an der Höhlenwand nur Schatten von Dingen, die draußen vorbeiziehen. Die Dinge, welche die Schatten werfen, können wir nicht sehen. Jeder einzelne bleibt (in seiner Wirklichkeit) gefangen bzw. gefesselt und kann nur Projektionen von Ideen erkennen.

Die Projektion einer Drehung zeigt einen platonischen Gedanken: Der rotierende Zeiger wird zur Idee, die Sinus- bzw. Kosinusfunktion zu deren Projektion. Anders formuliert: Wir Menschen sehen in unserer Wirklichkeit beispielsweise eine Wasserwelle, die als Projektion einer Idee (viele Zeiger) verstanden werden kann. Mathematik steigt so in die Welt der Ideen auf. Verständlicherweise ist die Mathematik bei Platon in einem erkenntnistheoretischen Sinn recht hoch angesiedelt.

Mit den Winkelfunktionen klingt ein grundlegendes philosophisches Thema an. Und weil es so grundlegend ist, können das Sechstklässler ebenso wie Schüler der gymnasialen Oberstufe spüren bzw. erfahren.

ein grundlegendes philosophisches Thema

24.2 Informationsverlust durch Projektion

Kommen Mutter und Kind auf Sie zu oder laufen sie von Ihnen weg?

zwei Wirklichkeiten

Ein Teil der Welt interpretiert dieses Schild so, dass Mutter und Kind auf den Betrachter zugehen. Die Mutter hält das Kind dabei mit ihrer linken Hand, beide zeigen uns ihr Gesicht. Der andere Teil der Welt sieht Mutter und Kind von sich fortgehen. Die Mutter hält das Kind dabei mit ihrer rechten Hand, beide zeigen dem Betrachter den Rücken.[47]

Je nachdem, in welcher Wirklichkeit man sich als Beobachter befindet, sind die Personen einem zu- oder abgewendet. Dabei macht sich fast niemand darüber Gedanken, dass die eigene Wahrnehmung nur eine mögliche Interpretationsmöglichkeit darstellt. Stillschweigend gehen wir davon aus, dass der Rest der Menschheit das Schild genauso wie wir selbst interpretiert. Wenn man allerdings weiß, dass es zwei Sichtweisen gibt, kann man beide – interessanterweise niemals gleichzeitig – wahrnehmen.

Ebenso kann man den Schattenriss einer realen Person betrachten: Kommt die Person auf Sie zu oder zeigt sie Ihnen den Rücken?

47 Man kann das Bild auch so betrachten, dass die Mutter weggeht und das Kind entgegenkommt – und anders herum.

Beide Interpretationen sind möglich. Hier zeigt der Schattenriss eine Schülerin, deren Rücken zur Lichtquelle zeigt.

Man kann den Schatten als Doppelung der Schülerin (Bild links) oder als Spiegelung (Bild rechts) interpretieren:

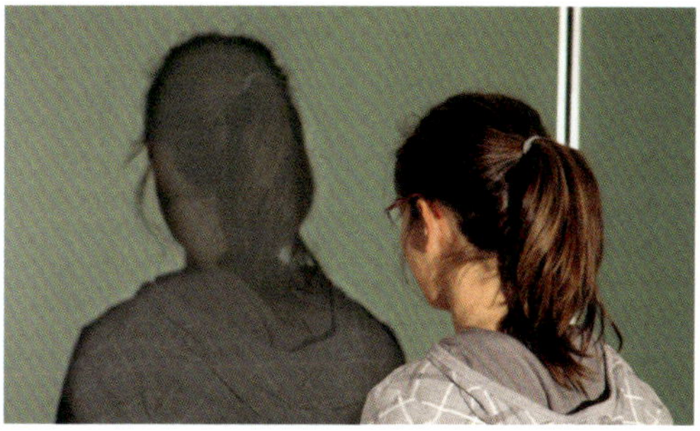

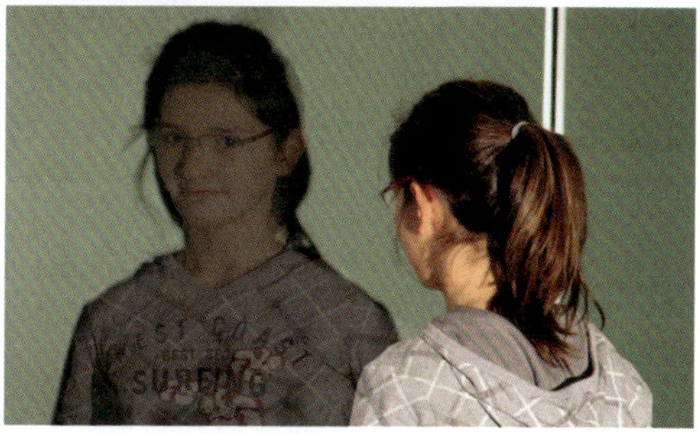

Umsetzung im Unterricht

Der Tageslichtprojektor wird ins „Unendliche" gestellt, also so weit wie möglich von der Schülerin und der Projektionsfläche entfernt. Zuerst stellt sich die Schülerin mit dem Rücken zur Klasse vor die Tafel und vermeidet jede Bewegung. Jeder in der Klasse soll beide Interpretationsmöglichkeiten des Schattenrisses sehen können. Man kann den Schattenriss nachzeichnen, um zu zeigen, dass es umgekehrt zwei Möglichkeiten gibt, denselben Schatten zu werfen. Auf den nächsten Fotos steht die Schülerin während des Abzeichnens schräg zur Klasse, um ca. 45° vom Frontalblick auf die Klasse abgewandt. Auf dem rechten Bild versucht eine Helferin, die andere Möglichkeit für denselben Schattenwurf zu finden.

Drehung

Es ist ein magischer Moment, wenn die Person sich langsam zu drehen beginnt. Ein Freiwilliger steht zu Beginn mit dem Gesicht zur Projektionsfläche und zeigt der Klasse seinen Rücken. Nun beginnt er sich ganz langsam in eine Richtung zu drehen, z. B. links herum.

Wer den Schatten als Doppelung betrachtet, sieht den Schatten in dieselbe Richtung (hier links herum) drehen. Wer allerdings den Schatten wie ein Spiegelbild betrachtet, also so, dass ihm das Schattengesicht zugewandt ist, der sieht den Schatten in die entgegengesetzte Richtung (rechts herum) drehen.

Mögliche Erklärung

Durch Projektion lässt sich ein dreidimensionales Objekt auf eine zweidimensionale Fläche abbilden. Dabei gehen die Informationen „Vorne" und „Hinten" verloren, was sich an einem einfachen Gegenstand wie z. B. einem Bleistift leichter verstehen lässt: Für denselben Schattenwurf gibt es zwei Möglichkeiten: Einmal zeigt die Spitze in Richtung Wand, einmal in die entgegengesetzte Richtung.

Man kann eine scheinbar vollständige Drehbewegung des Schattens mit zwei Halbdrehungen simulieren. Der Junge wechselt dabei die Drehrichtung, wenn der Schatten maximale Länge besitzt. (Vergleiche auch die Erklärung des Daumenkinos im folgenden Abschnitt.)

Bemerkung: Projektion einer Drehung zur Einführung der Sinusfunktion

Bleistift als rotierenderZeiger

Bei konstanter Drehung ändert sich der Schatten (die Projektion) sinusförmig. Der Bleistift kann als Zeiger betrachtet werden. Da sich die Sinusfunktion als Projektion einer gleichmäßigen Kreisbewegung beschreiben lässt, lässt sich diese Übung auch zur Einführung in Winkelfunktionen verwenden (vgl. Abschnitt 24.4).

Pädagogische Erweiterung: Mathematik und Gewaltprävention

Der Mensch sieht das, was er sehen will oder was er bereit ist zu sehen. Die einen sehen einen Schatten, der sich nach links dreht, die anderen einen, der sich nach rechts dreht. Jeder hält seine Interpretation für die Realität, aber es gibt offensichtlich zwei Interpretationen, die beide „richtig" sind. Der Witz ist, dass man sich beim Betrachten „wirklich" (d. h. in seiner Wirklichkeit) sicher ist, dass der Schatten sich in die selbst beobachtete Richtung dreht, man hat es ja schließlich selbst gesehen. Vergleiche hierzu das Daumenkino in 24.3.

Gewaltprävention

Die Übung lässt sich gut im Bereich der Gewaltprävention verwenden. Wenn zum Beispiel ein Schüler ein Lachen hört, kann er – je nach seiner Interpretation – ein Auslachen wahrnehmen, obwohl der Lacher selbst das ganz anders interpretiert und ganz anderes gemeint hat. Der „Ausgelachte" ist sich seiner Sache sicher, weil er das Auslachen schließlich selbst gehört hat. Ebenso sicher ist sich der Lacher über die Harmlosigkeit seines Lachens. Wieder treffen zwei Wirklichkeiten aufeinander.

verschiedene Wirklichkeiten

Der Leser findet leicht eigene Beispiele aus dem Unterricht: Mutmaßungen, die zu verschiedenen Wirklichkeiten werden. Wer sehen will, dass jemand ein „schuldiges Gesicht" macht, wird ein schuldiges Gesicht sehen. Der Mensch sieht eben das, was er sehen will oder zu sehen bereit ist oder was er zu sehen imstande ist. Projektion bekommt eine menschliche Dimension: Wir projizieren unser Denken, unsere Vorurteile auf das, was wir sehen. Hier lässt sich nicht genügend sensibilisieren!

Anhand der Übung kann sehr gut allgemein über das einzelne Urteilsvermögen reflektiert werden. Vor allem im Bereich der Prävention, wenn man (noch) Abstand zu einem eventuellen Streit hat. In einem konkreten Streitfall, wenn der Konflikt heiß ist, dann wird man sicherlich nicht mit dem Betrachten von Schattenbildern beginnen.

24.3 Jeder sieht, was er sehen will: Daumenkino einer Drehbewegung

Die Faszination von den beiden Interpretationsmöglichkeiten im letzten Abschnitt lässt sich durch ein Daumenkino verstärken. Zweimal wird Bild für Bild derselbe Film abgespielt, und trotzdem dreht sich die Person in die Richtung, die man sehen möchte.

Praktische Herstellung des Damenkinos

Der eilige Leser findet auf der übernächsten Doppelseite eine Kopiervorlage, jedoch ist es viel persönlicher und nachhaltiger, wenn sich nicht „fremde“ Schüler im Daumenkino drehen, sondern jemand aus der eigenen Klasse im Schattenriss steht.[48]

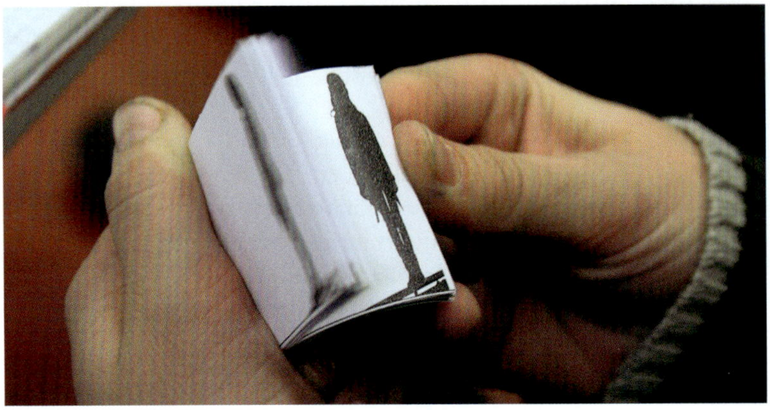

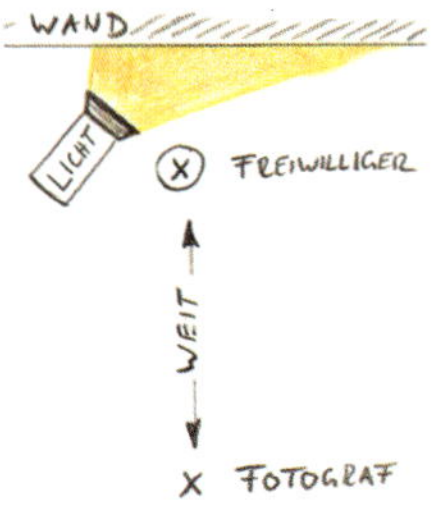

Dazu steht ein Freiwilliger auf einem Tisch, das Klassenzimmer wird abgedunkelt. Nur der Tageslichtprojektor strahlt die Wand hinter dem Freiwilligen an, um einen möglichst großen Kontrast zu erzeugen. Ich stehe mit der Kamera weit entfernt, quasi im Unendlichen, und mache Fotos, während sich der Schüler langsam in eine Richtung dreht:

Wichtig ist die Benutzung eines Stativs, ansonsten erhalten Sie einen unerwünschten Handkameraeffekt. Die Bilder oben wurden mit einem selbstgebauten Stativ aufgenommen: Die Kamera lag auf einem Stuhl, der auf einem Tisch stand. Fünfzehn Aufnahmen haben sich als praktisch erwiesen. Eine ganze Drehung ist nicht nötig, eine Weiterdrehung um ca. 5° bis 10° pro Bild ergibt einen guten Film.

Irfan View

Mit dem (kostenfreien) Programm *Irfan View* können Sie mehrere Bilder gleichzeitig bearbeiten. Der Kontrast der Fotos wurde so stark erhöht, dass nur noch ein „Schattenriss“ übrig blieb.
Im Schreibwarenhandel gibt es relativ günstig weiße DIN-A4-Karteikarten, auf die Sie das Daumenkino kopieren können, ohne dass es gleich Papierstau gibt.

48 Die Vorlage kann auch kostenfrei unter www.unterricht-als-abenteuer.de heruntergeladen werden.

Beim Ausschneiden sollen die Schüler darauf achten, dass die senkrechten Kanten exakt geschnitten werden, da hier später der Daumen entlangläuft. Schließlich werden die Karten eins bis fünfzehn zu einem Stapel sortiert geheftet. Ein üblicher Tacker schafft gerade noch die Blattzahl. Achten Sie darauf, dass alle Kanten, an denen der Daumen entlangläuft, in einer Ebene liegen.

Betrachtung des Daumenkinos

Die nummernlose Karte mit den zwei Schatten (in der Vorlage unten rechts) wird vor dem Abspielen auf das fertige Daumenkino gelegt. Je nachdem, ob der Junge dem Betrachter das Gesicht oder den Rücken zuwendet, dreht sich der Schatten in die andere Richtung. In beiden Filmstreifen sind die Bilder 2 bis 5 identisch.

Scheinbare Linksdrehung des Schattens:	
Scheinbare Rechtsdrehung des Schattens:	

1		2	
5		6	
9		10	
13		14	

3		4	
7		8	
11		12	
15			 

Beim Betrachten ist man meist in einer Wirklichkeit „gefangen" (vgl. vorherigen Abschnitt). Die andere Sichtweise muss erst gelernt werden. Klappt es nicht sofort, kann zuerst der Film ganz langsam, also Bild für Bild, betrachtet werden.

Erklärung:

Der Tageslichtprojektor wird ins Unendliche geschoben und zwei Freiwillige stehen hintereinander dicht vor einer Wand. Wenn man die Nase durch einen Bleistift verlängert, sieht man die Ähnlichkeit der Schatten deutlicher. Außerdem wird dadurch die Projektion eines rotierenden Zeigers eingeführt.

Zuerst sind die Schatten identisch. Jetzt beginnen sich synchron beide Schüler zu drehen: Der eine im mathematisch positiven Sinne (gegen den Uhrzeigersinn), der andere entgegengesetzt. In beiden Fällen sehen die Beobachter gleiche Schattenbilder.

Schließlich zeigt uns einer das Gesicht, der andere den Rücken. Wir können anhand des Schattens nicht sagen, wer sich uns zugewendet und wer sich abgewendet hat, da beide Schattenbilder identisch sind. Jetzt sind wir wieder am Anfang von 24.2 angelangt. Auch bei diesen Bildern konnten wir „Vorne" von „Hinten" nicht unterscheiden:

Der Schatten einer Drehbewegung ist grundlegend für das Verständnis von Winkelfunktionen. Folgendes Kapitel zeigt eine Hinführung zur Sinusfunktion.

24.4 Der Bleistift wird zum Zeiger

Der Tageslichtprojektor wird ins „Unendliche“ geschoben. Ein Freiwilliger steht im Profil zu den Lichtstrahlen, so dass die Nase deutlich im Schattenriss zu sehen ist.

Jetzt dreht er sich ganz langsam in eine Richtung, z. B. gegen den Uhrzeigersinn. Für den Schatten gibt es (wie im letzten Abschnitt) zwei mögliche Interpretationen: Entweder wendet sich die Schattennase zu uns hin oder von uns ab.

Illusion einer vollständigen Drehbewegung

eine halbe Drehung genügt

Für die Illusion einer ganzen Drehung genügt jeweils eine halbe Drehung hin und zurück[49]: Ist eine halbe Drehung erreicht, hält der Freiwillige kurz inne und dreht sich dann in entgegengesetzter Drehrichtung wieder zurück. Die Zuschauer sollen sich vorstellen, dass der Schatten eine vollständige Umdrehung macht, obwohl tatsächlich die Drehrichtung auf halbem Weg gewechselt wurde. Da der Freiwillige die Täuschung selbst nicht sehen kann, wird mindestens einmal gewechselt.

Im nächsten Schritt reduzieren wir den Dreher auf einen Bleistift und ändern die Drehachse: In der Startposition zeigt die Stiftspitze zum Licht (zum Tageslichtprojektor). Dann wird der Stift langsam in die Senkrechte gedreht und darüber hinaus, bis eine vollständige Drehung durchgeführt wurde. Wenn man weiß, wie eine vollständige Drehung in der Projektion verlaufen müsste, versucht man die Schattendrehbewegung mit Halbdrehungen wie zuvor zu simulieren. Nach

49 Vgl. in Abschnitt 24.6 (Exkurs für höhere Klassen) eine tiefergehende mathematische Behandlung.

etwas Übung klappt es: Während der Stift sich nur hin und her bewegt, rotiert der Schatten des Zeigers scheinbar an der Wand.

Didaktisch-philosophische Bemerkung

Drehung und Projektion

Die Projektion eines Bleistiftes (Zeigers) lässt eine Sinusfunktion entstehen. So einfach ist das: Drehung und Projektion, das ist schon alles. Zeichnet und rechnet man mit der Sinusfunktion, dann zeichnet und rechnet man gewissermaßen in der Welt der Projektion. Der Zeiger, der Ursprung des Ganzen, quasi der Ideengeber für Sinusschwingungen und Wellen, bleibt unsichtbar. Wenn ich in der Natur Wasserwellen oder die sinusförmigen Druckschwankungen eines Tones am Oszilloskop betrachte, dann sehe ich „nur" die Projektion.

Schwingungen und Wellen

Platons Höhlengleichnis

Die Zeiger, mit denen sich Schwingungen und Wellen in eleganter und einfacher Weise erklären lassen, bleiben für mich im Verborgenen. Wie zu Beginn des Kapitels erwähnt, werden wir an Platons Höhlengleichnis erinnert: Schwingungen und Wellen stellen nur die Schatten bzw. die Projektionen einer Idee dar. So betrachtet, gelingt es der Mathematik, ein klein wenig in die Welt der Ideen zu schlüpfen. Und tatsächlich ist es so, dass viele Eigenschaften der Sinusfunktion mit Hilfe des Zeigers sehr leicht erfahren und bewiesen werden können.

24.5 Materielle Konstruktion der Sinus- bzw. Kosinusfunktion

Wer eine Sinusfunktion einmal „konstruiert“ hat, besitzt ein viel tieferes Verständnis von Projektion und Drehung. Falls noch nicht geschehen, kann bei dieser Übung das Bogenmaß eingeführt werden. Die Übung eignet sich gut für die Mittel- wie auch für die Sekundarstufe II. Auch in der Unterstufe kann auf diese Weise das Zusammenspiel von Projektion und Drehung verdeutlicht werden, dann wird man natürlich Begriffe wie Sinus und Kosinus weglassen und schlichtweg die Ästhetik genießen. Wenn man viel mit Sinus- und Kosinusfunktionen umgeht und rechnet, verliert man mitunter den Blick für die Einfachheit, dass das Grundlegende der Trigonometrie bereits in der Unterstufe oder sogar bereits in der Grundschule erfahren werden kann: der Schatten einer Drehung.

Bogenmaß

Ästhetik genießen

Trigonometrie in der Grundschule

Konkrete Umsetzung

Die Schüler arbeiten in Gruppen zusammen. Der Zeiger wird bei dieser Übung statt mit einem rotierenden Bleistift durch viele Wäscheklammern dargestellt. Insgesamt werden pro Gruppe 25 Zeiger bzw. Wäscheklammern benötigt. Mit einem breiten Kreppband werden Stifte zu einer Drehachse zusammengeklebt, deren spätere Projektion die x-Achse ergibt.

Aufgabenstellung

Mittels Projektion soll eine Sinusfunktion im Bogenmaß konstruiert werden. Dabei ist auf die Drehrichtung des Zeigers (mathematisch positiv, also dreht sich der Zeiger nach links) und auf die Richtung der Achse (positive Richtung entspricht der Leserichtung, also nach rechts) zu achten. Weiter soll darauf geachtet werden, welche Klammern man geschickterweise zuerst setzt. Es kommt nicht nur auf den fertigen Bau an, ebenso ist das Zusammensetzen sehr lehrreich.

Es hilft, wenn der Lehrer einen möglichen Anfang zeigt: Zuerst wird auf die Vorderseite einer Klammer das Gradmaß „0°", auf deren Rückseite das Bogenmaß „0π" geschrieben, anschließend wird sie auf der linken Seite der Achse befestigt. Eine zweite Klammer wird mit „360°" bzw. mit „2π" beschriftet. Zwei Fragen schließen sich an: Welchen Abstand soll sie zur ersten haben und in welche Richtung soll sie zeigen? Da der Zeiger per Konstruktion die Länge eins besitzt, entspricht einer vollständigen Drehung um $2\pi \approx 6{,}28$ ein Vorwärtsschreiten auf der Drehachse um ca. 6,3 Zeigerlängen. Man beachte, dass die Zeigerlänge nicht der Länge der Wäscheklammer entspricht, sondern dem Abstand Drehachse – Wäscheklammerende. Als zweites wird man die Wäscheklammer für π (bzw. 180°) genau zwischen die bereits befestigten setzen, diesmal in entgegengesetzter Ausrichtung. Die Konstruktion geschieht in der Art und Weise, wie eine Sinusfunktion skizziert wird: Zuerst wird die Periode festgelegt, dann die Nullstellen, dann die Extrema … Praxis und Theorie entsprechen einander.

Abstand der Wäscheklammern

Eine Hilfe bei der Ausrichtung ist der Blick von der Seite, wenn die ersten Klammern im $\frac{\pi}{4}$-Abstand gesetzt wurden:

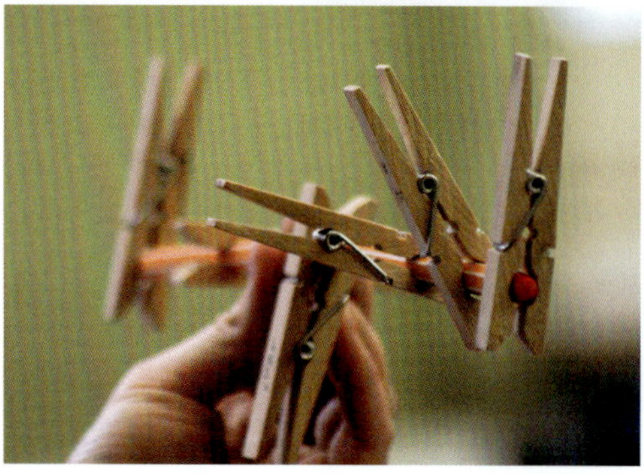

Beobachtung der Projektion

Nachdem alle Klammern justiert sind, wird das Schattenbild der Schraubenlinie betrachtet. Hierzu wird der Tageslichtprojektor ins „Unendliche“ gestellt, also möglichst weit von der Projektionsebene entfernt, so dass das einfallende Licht möglichst parallel einstrahlt.

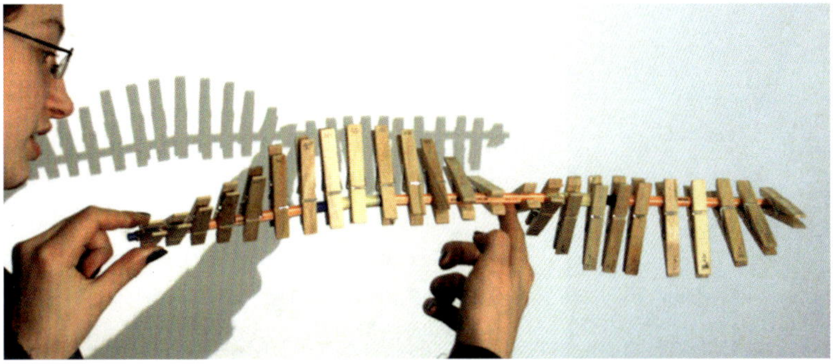

Im Folgenden geht es vor allem um das Wechselspiel zwischen der analytischen Darstellung (z. B. $\sin\left(x + \frac{\pi}{2}\right) = \cos(x)$) und der modellhaften Entsprechung im Zeigerbild. Es geht um die Vernetzung einer analytischen und einer kreativen Denkweise, um gehirngerechtes Lernen.

Zeigermodell

$\sin(x) = \sin(x + 2\pi)$ Das fertige Objekt wird so gehalten, dass die 0π-Wäscheklammer in Richtung Licht zeigt. Als Projektion erhält man die Sinusfunktion: $\pi \mapsto \sin(x)$ Dreht man um 2π weiter, ergibt sich das gleiche Schattenbild, also: $\sin(x) = \sin(x + 2\pi)$	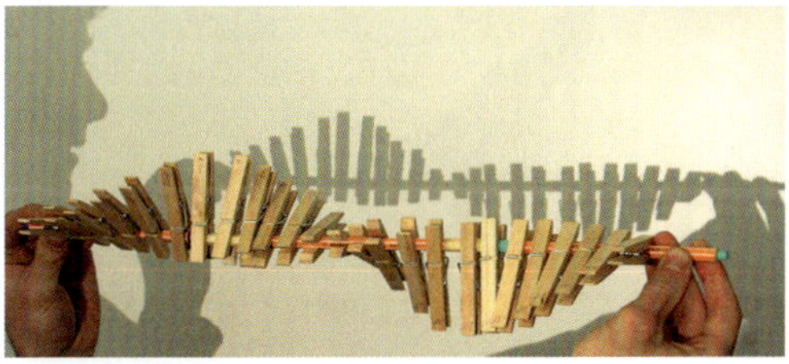
$\sin\left(x + \frac{\pi}{2}\right) = \cos(x)$ Dreht man die erste Klammer (und damit alle Zeiger) um den Winkel $+\frac{\pi}{2}$, erhält man die Funktion $x \mapsto \sin\left(x + \frac{\pi}{2}\right)$. Das ist nichts anderes als die Kosinusfunktion, es gilt: $\sin\left(x + \frac{\pi}{2}\right) = \cos(x)$	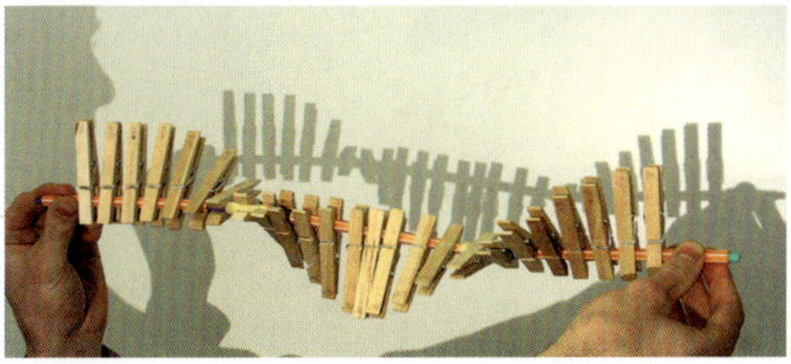
$\sin(x + \pi) = -\sin(x)$ Dreht man noch einmal um $+\frac{\pi}{2}$ weiter, so dass man insgesamt um π gedreht hat, ergibt sich der Zusammenhang $\sin(x + \pi) = -\sin(x)$.	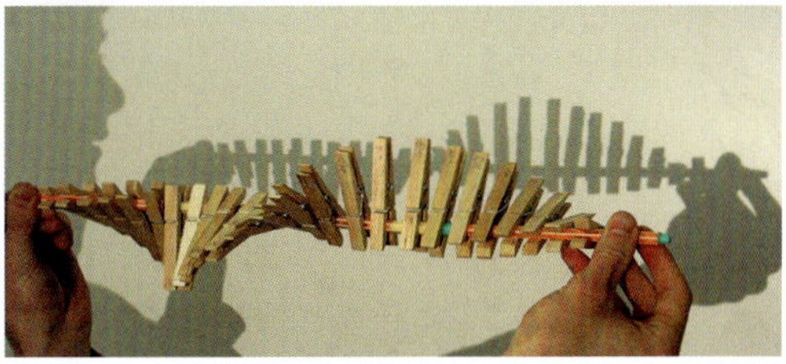

Bei allen gezeigten Beispielen geht es um die Verschiebung des Schaubildes in x-Richtung: Dreht man die Zeiger gegen den Uhrzeigersinn um den Winkel (bzw. für Physiker: die Phase) $+\Delta x$, verschiebt sich das Schaubild nach links, also um $-\Delta x$.

Didaktische Bemerkungen

Materielle Einheit von Grad- und Bogenmaß
Auf die eine Seite der Wäscheklammer wird z. B. „π" geschrieben, auf die andere „180°". Beide Notationen beschreiben dieselbe Winkeldrehung eines Zeigers, Gradmaß und Bogenmaß finden auf diese Weise gewissermaßen eine materielle Einheit. Gewissermaßen hält die Wäscheklammer beide Notationen zusammen.
Auch die Tatsache, dass die Klammern *beschrieben* werden, erklärt ohne Worte, dass es sich um unterschiedliche *Beschreibungen* der gleichen Sache, hier einer Winkel*weite,* handelt.

Formale, bildhafte und handelnde Lernebene (EIS-Prinzip)[50]
Bei dieser Übung geschieht wesentlich mehr, als wenn man lediglich eine Tabelle wie die

Gradmaß	180°	30°		120°	45°		15°	
Bogenmaß			$\frac{\pi}{2}$			$\frac{\pi}{4}$		$\frac{3\pi}{2}$

folgende ausfüllen würde.
Der unterrichtliche Gegenstand ist zwar ein und derselbe, jedoch verwendet die Tabelle lediglich die formale Repräsentationsebene. Es existiert kein handelndes oder bildhaftes Vorgehen. Das Verstehen findet dann nur analytisch, man könnte auch sagen eindimensional, statt.
Auf der anderen Seite wird ein Schüler, der eine Sinusfunktion auf die beschriebene Weise „gebaut" hat, keine Schwierigkeiten mit dem Ausfüllen einer solchen Tabelle haben.

50 Vgl. z. B. 20.6, didaktische Bemerkung „Erweiterung um eine Repräsentationsebene".

Verwandtschaft zwischen Sinus und Kosinus
Die Sinus- und die Kosinusfunktion entstehen aus ein und derselben Sache. Lediglich die Blickrichtung ändert sich um 90°. Es muss nicht erklärt werden, dass aus der Sinusfunktion die Kosinusfunktion abgeleitet werden kann, es ist unmittelbar einleuchtend. Direkter kann ein Zusammenhang nicht hergestellt werden.

Gleiche Mathematik – anderes Erscheinungsbild
Für manchen Schüler hat der Einstieg aus Abschnitt 24.4 (das Drehen einer Person) wenig oder nichts mit einer Wäscheklammer zu tun.

Der Übergang kann mit Mitteln der Gestaltpsychologie sehr behutsam gestaltet werden:

Gestaltpsychologisches Gesetz	Anwendung
Gesetz der Ähnlichkeit: Zwei Dinge, die einander ähnlich sind, werden als zusammengehörig wahrgenommen. Farbkodierung ist ein bekanntes Beispiel.	Es wird ein Stift in der Kleiderfarbe des freiwilligen Drehers verwendet.
Gesetz der Nähe: Zwei Dinge, die räumlich nahe sind, werden als zusammengehörig wahrgenommen.	Der Stift wird senkrecht an den Dreher gehalten, die Wäscheklammer an die Nase.
Gesetz der gemeinsamen Bewegung: Zwei Dinge, die sich gemeinsam bewegen, bilden eine Einheit.	Der Lehrer dreht langsam den Stift, der Dreher dreht sich entsprechend synchron mit. Der Freiwillige lässt sich quasi „fernsteuern“.

Nachdem der Bezug zwischen Körper und Bleistift, Nase und Wäscheklammer geschaffen ist, kann die Ausrichtung der Achse geändert werden. Wenn Sie langsam den Bleistift in die Horizontale bringen, kann es mitunter vorkommen, dass der Freiwillige das Spiel noch weiter mitspielt und sich hinlegt. Jetzt bewegt sich die Projektion des Zeigers gemäß dem Schaubild der Sinusfunktion auf und ab (vgl. Abschnitt 24.7).

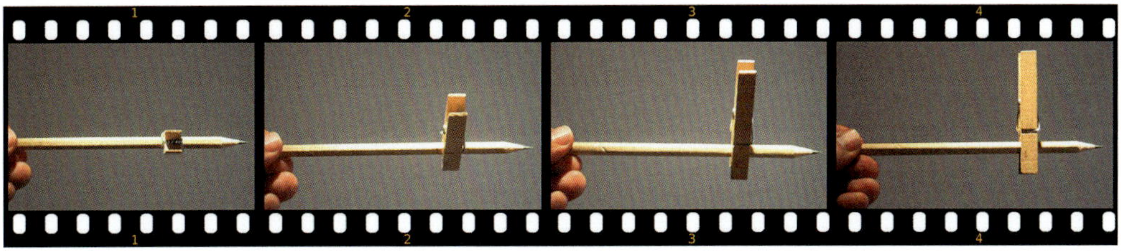

Fächerübergreifender Unterricht erfährt materielle Unterstützung – eine physikalische Erweiterung

Beschreibung von Wellen

Wäscheklammern an der Drehachse eignen sich hervorragend zur Beschreibung von Wellen. Daher wird an dieser Stelle ein kurzer Blick über den Tellerrand gegeben, um die Möglichkeit zu fächerübergreifendem Unterricht und die Bedeutung der Mathematik in anderen Disziplinen aufzuzeigen. Wenn Sie das Wäscheklammermodell direkt an den Physiklehrer weitergeben, wird nicht nur durch das Thema, sondern auch über das Material ein Bezug zwischen den Fächern geschaffen. Die Wäscheklammer liegt dann sozusagen nicht nur in der „Schublade Mathematik", sondern auch im „Fach Physik".

Eine Schwingung lässt sich mittels einer Projektion eines Zeigers beschreiben. Als Projektion ergibt sich eine Sinusschwingung. Um eine Welle zu beschreiben, werden viele Zeiger benötigt, da sich die Welle sowohl zeitlich als auch räumlich ändert.

Wellenlänge

Man kann das Wäscheklammermodell als Welle deuten: Solange es nicht gedreht wird, erhalten wir in der Projektion eine Momentaufnahme von der Welle, ein Foto, das dem Schaubild der Funktion $x \mapsto \sin(x)$ entspricht. Genauer $x \mapsto \sin(\frac{2\pi}{\lambda}x)$, wobei λ der Wellenlänge entspricht, die in diesem Fall die 2π-fache Länge des Zeigers, hier ca. 6 cm, beträgt.

Schwingungsdauer

Wenn wir jetzt die Zeiger (gegen den Uhrzeigersinn) drehen, ändert sich die Zeigerposition nicht nur mit dem Ort x, sondern auch mit der Zeit t. Wir erhalten eine zweidimensionale Funktion $(x,t) \mapsto \sin(\frac{2\pi}{\lambda}x + \frac{2\pi}{T}t)$, wobei T die Schwingungsdauer bezeichnet.

Wenn wir in 2π Sekunden die Zeiger einmal gegen den Uhrzeigersinn (also im mathematisch positiven Sinne) umlaufen lassen, erhalten wir eine rücklaufende Welle. Nach der Umlaufzeit (Schwingungsdauer) von 2π Sekunden hat sich die Welle um die Wellenlänge λ nach links verschoben. Damit ergibt sich für die Ausbreitungsgeschwindigkeit c der Welle: $c = \frac{-\Delta s}{\Delta t} = \frac{-\lambda}{T} = \frac{-2\pi \cdot 6 \cdot \text{cm}}{2\pi \cdot \text{s}} = -\frac{6\text{ cm}}{\text{s}} = -1\,\frac{\textit{Zeigerlänge}}{\textit{Sekunde}}$.

Modell und formales Denken

Das Wesentliche bei der hier dargestellten mathematischen Beschreibung einer Welle liegt in dem konkreten Zusammenspiel zwischen Modell und formalem Denken. Das Vorzeichen, die räumliche und zeitliche Periode (Wellenlänge λ, Schwingungsdauer T) und die Amplitude sollen erfahren werden. Es mag Menschen geben, die abstrakt und ohne Beispiel Dinge begreifen können, aber die Mehrzahl durchdringt die Sache erst durch das unmittelbare Erleben und Begreifen. Aber davon brauche ich Sie ja nicht überzeugen, sonst würden Sie vermutlich ein anderes Buch lesen.

24.6 Exkurs für höhere Klassen: die Gleichungen cos(–x) = cos(x) und sin(–x) = – sin(x)

Dass der Schattenwurf einer Drehung auf zwei unterschiedliche Weisen gedeutet werden kann (vgl. Abschnitt 24.3), entspricht formal der Gleichheit $\cos(-x) = \cos(x)$. Dieser Abschnitt zeigt entsprechend die Mathematisierung dieses Phänomens für höhere Klassen. In Abschnitt 24.5 wurde dieselbe Mathematik mit aufgereihten Wäscheklammern nachvollzogen.[51]

Mit „Δx“ wird ein Drehwinkel bzw. eine Winkelweite im mathematisch positiven Sinne bezeichnet, also gegen den Uhrzeigersinn. Entsprechend bezeichnet ein negativer Winkel („$-\Delta x$“) die Drehung im Uhrzeigersinn.

Exkurs 1: Visualisierung von sin(–x) = –sin(x)

Zwei Freiwillige formen ihre Hände zu Zeigern, die in eine „unendlich weit“ entfernte Lichtquelle gerichtet sind.

In der Praxis wird der Tageslichtprojektor oder eine Kerze möglichst weit entfernt positioniert. Die Schatten der Zeiger entsprechen dem Sinus des jeweiligen Drehwinkels. Das Beispiel ist selbsterklärend:

	In der Ausgangsstellung ist die Drehung 0°. Natürlich gleicht ein Schatten dem anderen. Die Zeiger (Hände) besitzen in der Projektion (= Anwendung des Sinus) keine Länge. Somit gilt: $\sin(-0°) = -\sin(0°)$ bzw. im Bogenmaß $\sin(-0) = -\sin(+0)$.
	Links wurde um –45° bzw. $-\frac{\pi}{4}$ gedreht, der Schatten des Zeigers entspricht dem Sinuswert $\sin(-45°)$ bzw. $\sin\left(-\frac{\pi}{4}\right)$. Rechts wurde um +45° bzw. $+\frac{\pi}{4}$ gedreht. Der erste Schatten zeigt im Vergleich mit dem zweiten (was dem grünem Gleichheitszeichen entspricht) in die umgekehrte (negative) Richtung: $\sin(-45°) = -\sin(+45°)$ bzw. $\sin\left(-\frac{\pi}{4}\right) = -\sin\left(+\frac{\pi}{4}\right)$.

51 Die Übung in diesem Abschnitt möchte keine Alternative darstellen, vielmehr seien beide Übungen empfohlen. Zwar ist es für den Eingeweihten egal, ob sich eine Wäscheklammer auf einem Stift oder eine Person dreht, für den Lernenden macht es jedoch einen großen Unterschied. Wer verstanden hat, dass beide Übungen dieselbe Mathematik behandeln, hat abstrahiert bzw. das Wesentliche erfasst.

	Hier wird der Schatten des Zeigers maximal. Es gilt: $\sin(-90°) = -\sin(+90°)$ bzw. $\sin\left(-\frac{\pi}{2}\right) = -\sin\left(+\frac{\pi}{2}\right)$.
	Nach einer halben Umdrehung gleicht das Schattenbild dem der Anfangsposition. Die Zeigerlängen der Schatten (bzw. die Sinuswerte) sind wie zu Beginn null. Es gilt: $\sin(-180°) = -\sin(+180°)$ bzw. $\sin(-\pi) = -\sin(+\pi)$.
	Offensichtlich gilt $\sin(-x) = -\sin(x)$ für beliebige Winkel x.

Erweiterung: Periodizität

An dieser Stelle lässt sich die Periodizität der Sinusfunktion erfahren: Beide Figuren drehen sich zu Beginn um denselben beliebigen Winkel Δx.

Dreht sich die rechte Figur um eine oder mehrere volle Umdrehungen gegen den Uhrzeigersinn weiter, erhält man wieder denselben Schattenwurf. In formaler Schreibweise sieht das so aus:

$$\sin(x) = \sin(x + n \cdot 360°) \text{ bzw.}$$
$$\sin(x) = \sin(x + n \cdot 2\pi).$$

Dreht sich die rechte Figur im Uhrzeigersinn, gilt entsprechend die Gleichheit

$$\sin(x) = \sin(x - n \cdot 360°) \text{ bzw.}$$
$$\sin(x) = \sin(x - n \cdot 2\pi).$$

Exkurs 2: Visualisierung von $\cos(-x) = -\cos(x)$

Um den Kosinus darzustellen, müsste man die Projektionsrichtung um 90° drehen. Alternativ kann man die Ausgangsposition der Figuren um 90° drehen.

	In der Ausgangsstellung gleicht offensichtlich ein Schatten dem anderen. Begonnen wird mit der maximalen Schattenlänge. Es gilt: $\cos(-0°) = -\cos(0°)$ bzw. im Bogenmaß $\cos(-0) = -\cos(+0)$.

	Links wurde um $-45°$ bzw. $-\frac{\pi}{4}$ gedreht, der Schatten des Zeigers entspricht dem Sinuswert $\cos(-45°)$ bzw. $\cos\left(-\frac{\pi}{4}\right)$. Rechts wurde um $+45°$ bzw. $+\frac{\pi}{4}$ gedreht. Die Schatten gleichen sich auch nach der Drehung. Es gilt: $\cos(-45°) = -\cos(+45°)$ bzw. $\cos\left(-\frac{\pi}{4}\right) = -\cos\left(+\frac{\pi}{4}\right)$.
	Nach einer halben Umdrehung sind beide Schattenzeiger auf die Länge null geschrumpft. Es gilt: $\cos(-90°) = -\cos(+90°)$ bzw. $\cos\left(-\frac{\pi}{2}\right) = -\cos\left(+\frac{\pi}{2}\right)$.
	Natürlich gilt die Gleichheit für alle Winkelbeträge: $\cos(-x) = \cos(x)$ für beliebige Winkel x.

Erweiterung: Periodizität

Wie beim Sinus lässt sich auch beim Kosinus die Periodizität zeigen. Volle Umdrehungen, egal wie viele, ob gegen oder im Uhrzeigersinn, ergeben denselben Schattenwurf: $\cos(x \pm n \cdot 2\pi) = \cos(x)$.

Didaktische Bemerkungen

Beziehung zwischen Sinus und Kosinus: Eine Winkelfunktion genügt

Die zweite Übung ist der ersten sehr ähnlich. Man betrachtet die Projektionen lediglich aus einer um 90° verschobenen Richtung. Besser lässt sich eine Verwandtschaft gar nicht zeigen bzw. erleben. Aus didaktischer Sicht findet keine Wiederholung, sondern Vernetzung statt.

Für die Ausgangsstellung der Kosinus-Übung wurden die Figuren (Zeiger) der Sinus-Übung um 90° bzw. $\frac{\pi}{2}$ gegen den Uhrzeigersinn gedreht. Der um 90° gedrehte Sinus ist also nichts anderes als die Kosinusfunktion. In Zeichen sieht das so aus:

$\sin(x + 90°) = \cos(x)$ bzw. $\sin\left(x + \frac{\pi}{2}\right) = \cos(x)$.

Natürlich hätte man auch den Kosinus „zurückdrehen" können:

$\cos(x - 90°) = \sin(x)$ bzw. $\cos\left(x - \frac{\pi}{2}\right) = \sin(x)$.

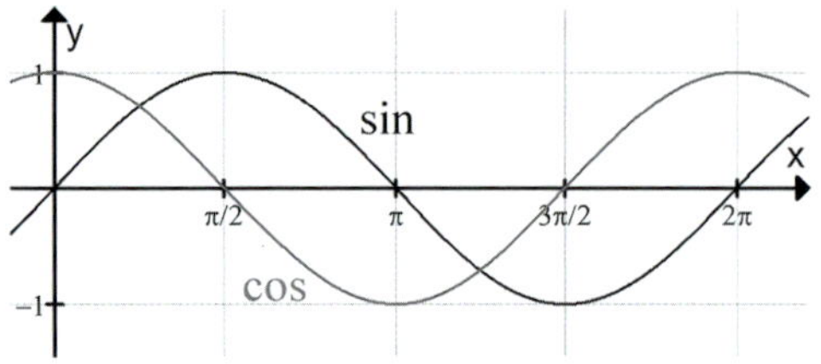

Direkte und projizierte Argumentation
Häufig werden diese gerade hergeleiteten Beziehungen mit dem Verschieben von Schaubildern erklärt. So lässt sich die Kosinuskurve als das um $-\frac{\pi}{2}$ in x-Richtung verschobene Schaubild der Sinusfunktion verstehen.
Da bei negativen Verschiebungen in x-Richtung (im Schaubild nach links) zur Stelle x etwas Positives hinzugezählt werden muss, ergibt sich ebenfalls $\sin\left(x + \frac{\pi}{2}\right) = \cos(x)$.

Diese Methode ist vielleicht bekannter, aber nicht unmittelbarer. Argumentiert man mit Schaubildern, so argumentiert man auf der Projektionsebene. Die Drehung selbst findet allerdings real statt und ist – im wörtlichen Sinne – offensichtlich.

Exkurs 3: Eine halbe Drehung genügt
Im Folgenden übernimmt die Nase die Rolle des Zeigers. Zu Beginn ist der Drehwinkel gleich null, die Nasenspitze zeigt nach rechts. Das folgende Schaubild zeigt die Länge des Nasenschattens in Abhängigkeit vom Drehwinkel.

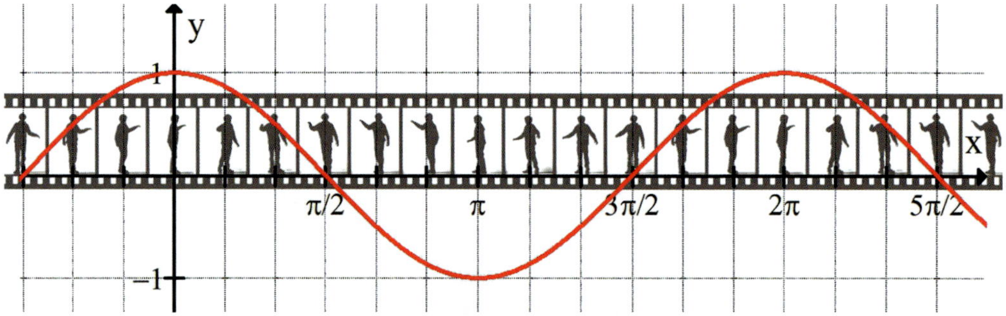

Der Schattenwurf kann auf zwei unterschiedliche Weisen interpretiert werden (vgl. die Exkurse 1 und 2 in diesem Abschnitt und das Daumenkino in Abschnitt 24.3):

- Wir nehmen an, dass die Person bei Winkel $x = -\frac{\pi}{2}$ (Bild ganz links) uns zugewendet ist. Wenn wir die Bilder des Films verfolgen, dann muss sie sich jetzt gegen den Uhrzeigersinn drehen. Bei $x = +\frac{\pi}{2}$ zeigt sie uns den Rücken.
- Wir können ebenso annehmen, dass die Person uns zu Beginn den Rücken zeigt. Dann aber muss die Drehung im Uhrzeigersinn erfolgen. Bei $x = +\frac{\pi}{2}$ schaut sie uns an.

An der Stelle $x = 0$ und $x = \pi$ kann man die Drehrichtung ändern, ohne dass es ein Beobachter des Schattens merkt. Damit genügt das Hin und Her einer Halbdrehung, um die Illusion einer vollständigen Drehung zu erzeugen. Wir benötigen nur das halbe Bildmaterial.

Zu Beginn (Stelle $x = 0$) zeigt die Nase nach rechts. Der Schatten der Nase (des Zeigers) ist entsprechend dem Wert der Kosinusfunktion maximal ($\cos(0) = 1$). Nach einer halben Drehung gegen den Uhrzeigersinn bzw. bis zu der Stelle $x = +\pi$ ist die Schattenlänge erneut maximal, diesmal zeigt er allerdings in die entgegengesetzte Richtung ($\cos(\pi) = -1$). Dreht man jetzt um die Winkelweite $+\Delta x$ weiter, ergibt sich eine Schattenlänge von $\cos(\pi + \Delta x)$.

Der Trick ist nun, genau an der Stelle $x = +\pi$, d. h., wenn der Schattenzeiger die maximale Länge hat, die Drehrichtung zu ändern: Aus der Drehrichtung $+\Delta x$ wird die Drehrichtung $-\Delta x$. Statt in dieselbe Richtung weiterzudrehen, dreht man um $-\Delta x$ wieder zurück und erhält eine Schattenlänge von $\cos(\pi - \Delta x)$.

Offensichtlich erhält man den identischen Schatten, egal, ob man sich im oder gegen den Uhrzeigersinn um denselben Betrag weiterdreht, was formal durch die Gleichung $\cos(\pi + \Delta x) = \cos(\pi - \Delta x)$ ausgedrückt werden kann. Der Beobachter kann anhand des Schattens die aktuelle Drehrichtung nicht unterscheiden.

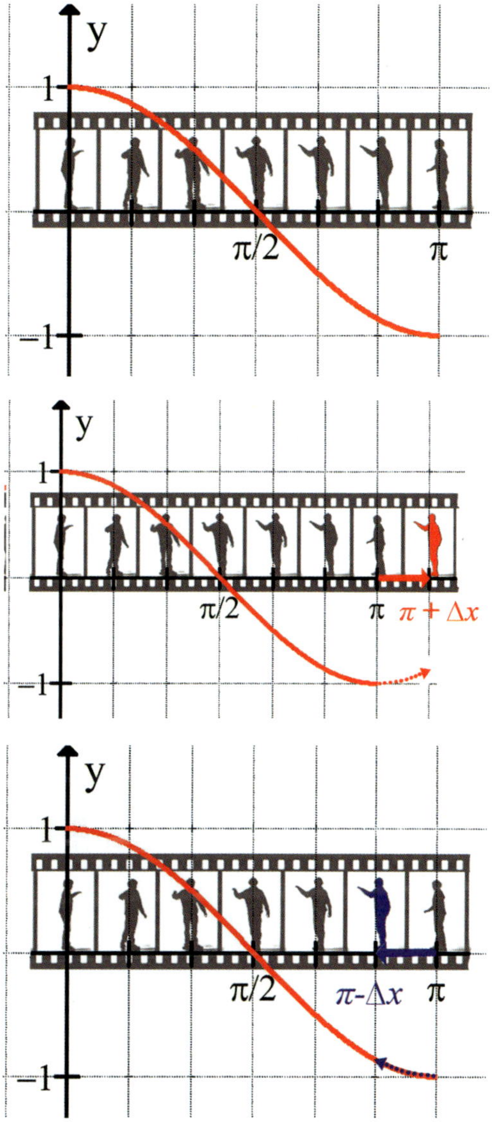

Bemerkung: Zwei Lösungen für denselben Schatten

Trigonometrische Gleichungen wie etwa $\cos(x) = \frac{1}{2}$ oder $\sin(x + 1{,}2) = -\frac{2}{3}$ besitzen innerhalb einer Periode (einer Umdrehung) zwei unterschiedliche Lösungen, genauso wie es zu einem Schatten zwei mögliche Stellungen gibt. Bereits zu Beginn des Kapitels bzw. in der ersten Begegnung des Schülers mit dem Schatten einer Drehbewegung spielte das eine Rolle, auch wenn es dort noch nicht algebraisch interpretiert wurde.

Wechsel der Drehrichtung

Innerhalb einer ganzen Umdrehung gibt es genau zwei mögliche Punkte, um die Drehrichtung unauffällig zu wechseln. Würde man beispielsweise an der Stelle $x = +\frac{\pi}{6}$ die Drehrichtung ändern, sähe ein Beobachter eine nicht differenzierbare Änderung der Schattenlänge:

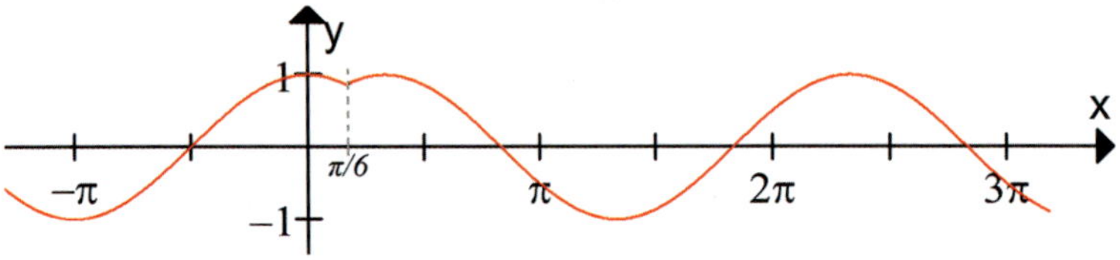

24.7 Die Sinusfunktion in Kürze

ohne Wäscheklammern

Mit Hilfe eines Bleistiftes wird zuerst an der Tafel das Schaubild der Sinusfunktion konstruiert, anschließend im Schulheft. Die Übung zeigt eine alternative Einführung der Sinusfunktion ohne Wäscheklammern, ebenso kann sie als Wiederholung oder Vertiefung genutzt werden.

Demonstration an der Tafel

Der Lehrer zeichnet ein Koordinatensystem an die Tafel und lässt sich anschließend einen Bleistift von einem Schüler geben. Der Bleistift besitzt die Länge „1", also wird im entsprechenden Abstand auf der y-Achse die Einheit markiert. Auch die x-Achse wird in Bleistiftlängen beschriftet, 2π sind ca. 6,3 Stiftlängen.

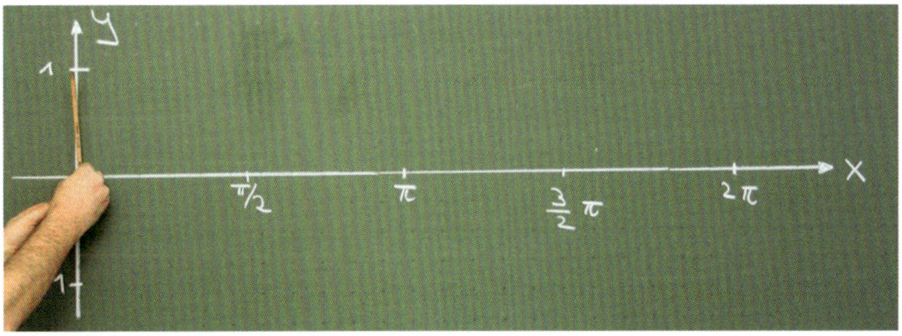

Jetzt wird der Tageslichtprojektor ins „Unendliche" gestellt und eingeschaltet. Der Zeiger bzw. der Bleistift steht zu Beginn senkrecht von der Tafel ab und zeigt zu den Schülern. Die Hand des Lehrers führt nun zwei Bewegungen gleichzeitig durch: Während sie an der x-Achse entlang fährt, dreht sie gleichzeitig den Stift gegen den Uhrzeigersinn, so dass er an der Stelle 2π eine vollständige Drehung ausgeführt hat. Anschließend wird die Projektion der Bleistiftspitze, also das Schaubild der Sinusfunktion, eingezeichnet. Die Projektion einer Schraubenlinie ist entstanden.

Projektion einer Schraubenlinie

Bemerkung
Für die Idee der Projektion wird nicht unbedingt ein Tageslichtprojektor benötigt. Die Schüler sehen ja aus ihrer Perspektive bereits die Projektion.

Das eigene Zeichnen
Für eine kurze Illustration oder eine Wiederholung ist der Lehrervortrag oben sicherlich geeignet, aber um wirklich zu begreifen, muss man die Sache zumindest einmal selbst aufs Papier gebracht haben. Die hier gezeigte Übung wurde in der Mittelstufe durchgeführt, deswegen wurden Winkelweiten im Gradmaß gemessen.

selbst aufs Papier bringen

Konkrete Umsetzung
Das Heft wird quer genommen und ein blattfüllendes Koordinatensystem gezeichnet. Die x-Achse wird mittig gewählt, die y-Achse liegt

kurzer Bleistift

am linken Heftrand (vgl. folgende Abbildungen). Jetzt wird ein kurzer Bleistift gesucht, der höchstens so groß ist wie die positive y-Achse, ansonsten geht die anschließende Zeigerprojektion über den Heftrand. Die y-Achse wird mit „gesehene Stiftlänge in %" beschriftet, für die Einteilung der x-Achse empfiehlt sich 15° pro Zentimeter.[52]
Zu Beginn wird der Zeiger (Bleistift) senkrecht auf den Ursprung gestellt. Die Deckenbeleuchtung gibt die gedachte Projektionsrichtung senkrecht nach unten an. Offensichtlich liegt die Projektion der Bleistiftspitze ebenfalls auf dem Ursprung. Also wird mit dem Zeigerbleistift an dieser Stelle ein Kreuzchen markiert. Jetzt wandert der Bleistift entlang der x-Achse bis zu der 15°-Marke und wird gleichzeitig um den entsprechenden Winkel gedreht. Wieder wird senkrecht projiziert bzw. das Lot genommen und wieder ein Kreuzchen gesetzt. Im Bild wird gerade der Sinus von 55° ermittelt.

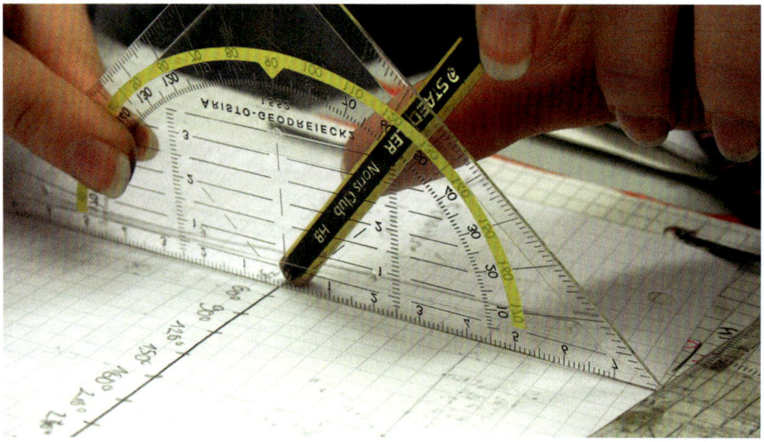

Das Geodreieck hilft sowohl beim Abmessen der jeweiligen Winkelweite als auch bei der Projektion.

52 Während im Bogenmaß die Winkelweite 2π ihre Entsprechung im Umfang des Einheitskreises findet und dadurch implizit das Verhältnis von x- und y-Achse vorgibt, ist im Falle des Gradmaßes die Skalierung der x-Achse frei wählbar.

Nicht jeder Punkt des Schaubildes muss auf diese Weise gewonnen werden. Im Grunde sind es nur die Sinuswerte von 15°, 30°, 45°, 60° und 75°. Alle anderen lassen sich durch Symmetrieüberlegungen gewinnen. Durch das Zeichnen wird also mehr gelernt, als im ersten Moment ersichtlich ist. Der Schüler wendet, ohne dass es bereits thematisiert wurde, im Grunde Gleichungen dieser Art an:

$\sin(90° - \alpha) = \sin(90° + \alpha)$

(Achsensymmetrie bzgl. der Gerade $\alpha = 90°$)

$\sin(180° + \alpha) = -\sin(180° - \alpha)$

(Punktsymmetrie bzgl. des Punktes $(180°|0)$)

24.8 Die Sinusfunktion mit dem Fahrrad

Konkrete Umsetzung

Die Schüler arbeiten in Gruppen. Es werden Zollstöcke oder Maßbänder, genügend Kreide, Kreppband und ein Fahrrad für jede Gruppe benötigt.

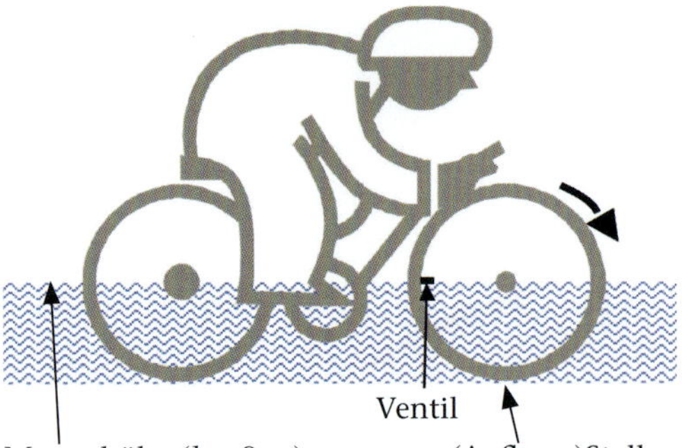

Mithilfe des Fahrrades wird die Sinusfunktion in Anlehnung an das Zeigerdiagramm[53] konstruiert. Stets wird die Höhe bzw. die Tiefe des Ventils über oder unter der Nabe gemessen. Um auch die negativen Werte zu veranschaulichen, ist die Vorstellung hilfreich, dass der Radfahrer durchs Meer fährt und zwar so, dass die Nabe stets genau das Wasser berührt.

Oberhalb des Wassers wird die Höhe des Ventils positiv, unterhalb negativ gezählt. Zu Beginn wird ein Achsenkreuz mit langer x-Achse auf den Boden gezeichnet oder einfacher mit Kreppband abgespannt.

Das Vorderrad wird zu Beginn auf die *Stelle* des Ursprungs *gestellt*. Die Position des Ventils ist wie in der Abbildung oben, also Höhe null und gegen die Fahrtrichtung weisend. Nun wird das Fahrrad wenige Zentimeter nach vorne geschoben. Infolgedessen wandert das Ventil ein Stück nach oben. Diese Höhendifferenz wird genau über der *Stelle* des Vorderrades aufgezeichnet. Auf diese Weise rollt das Rad Stück für Stück die x-Achse ab. Hier das Ergebnis einer Gruppe:

53 Vgl. z. B. die Konstruktion mit den Wäscheklammern in Abschnitt 24.5.

Ankathete, Gegenkathete und Hypotenuse

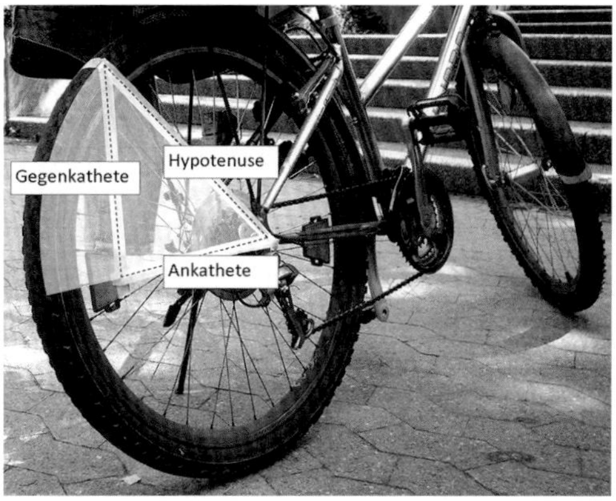

Wieder ist das Schaubild der Sinusfunktion aus einer Projektion entstanden (vgl. die vorangehenden Abschnitte). Im Unterricht wird häufig der Sinus bzw. der Kosinus als Verhältnis bestimmter Seiten im rechtwinkligen Dreieck eingeführt. Man kann den Zusammenhang mit etwas Kreppband direkt am Fahrrad zeigen:

Auf dem Foto ist das zentrale Dreieck mit Kreppband markiert. Das Rad hat sich gegenüber der Anfangsposition bereits um ein Achtel weitergedreht. Der Abstand Nabe – Ventil (genauer Nabe – Mantel) beträgt eine Längeneinheit. Der Sinus des überstrichenen Winkels entspricht somit genau der Ventilhöhe bzw. der Länge der Gegenkathete:

$$\sin(x) = \frac{\text{Gegenkathete}}{\text{Hypotenuse}} = \frac{\text{Gegenkathete}}{1}\,.$$

Bogenmaß

Bei der Konstruktion denkt der Schüler aufgrund des Abrollvorgangs „von sich aus" im Bogenmaß, ohne dass es konkret formuliert wird. Man kann somit unmittelbar im Anschluss das Bogenmaß einführen.

Abrollvorgang und Bogenmaß

Kosinusfunktion

Die Kosinusfunktion erhält man, wenn man statt der Gegenkathete die Ankathete misst und diese dann im Diagramm über x aufträgt. Genauso gut kann man analog zur Konstruktion der Sinusfunktion vorgehen, allerdings muss dann das Ventil zu Beginn oben sein. Da in beiden Fällen dasselbe Schaubild entsteht, erhält man als Ergebnis folgende Gleichung: $\sin\left(x + \frac{\pi}{2}\right) = \cos(x)$ bzw. im Gradmaß $\sin(x + 90°) = \cos(x)$.

Periode

Dass die Periode einer vollständigen Radumdrehung entspricht, versteht sich von selbst. Lautet der Arbeitsauftrag, dass die Gruppen über zwei Radumdrehungen hinweg die Sinusfunktion aufzeichnen sollen, hören sie trotzdem fast immer nach einer auf, da „es ja wieder auf genau dasselbe hinausläuft". Die Notation $\sin(x + 2\pi) = \sin(x)$ lässt sich somit einfach deuten: Befindet sich das Rad an einer beliebigen Stelle x und dreht man es genau um eine Umdrehung weiter $(x + 2\pi)$, so hat das Ventil wieder dieselbe Höhe, demnach gilt: $\sin(x) = \sin(x + 2\pi)$.

mehrere Radumdrehungen

Streckung in y-Richtung

Statt das Ventil zur Abstandsbestimmung zu verwenden, kann an einer Speiche ein kleines Stück Kreppband oder Knete befestigt werden. Verfolgt man die Höhe dieses Punktes, der beispielsweise genau mittig zwischen Nabe und Mantel liegt, erhält man eine Funktion mit nur halber Amplitude. In diesem Fall erhält man eine Streckung mit dem Faktor $\frac{1}{2}$. Die Periode ändert sich offensichtlich nicht. Es ergibt sich das Schaubild der Funktion f mit $f(x) = \frac{1}{2} \cdot \sin(x)$.

Punkt auf Speiche

Streckung in x-Richtung

Die Streckung in x-Richtung kann mithilfe eines Fahrrades mit Gangschaltung ebenfalls demonstriert werden, allerdings mit Pedalumdrehungen: Je nach eingestelltem Gang legt man mit einer Pedalumdrehung eine andere Strecke zurück. Aufzuzeichnen ist jetzt die Höhe eines Pedals über dem Tretlager.

Gangschaltung

Verschiebung in x-Richtung und Phase[54]

Die Phase entspricht einer Verschiebung in x-Richtung. Ohne es zu benennen, ist bei der Behandlung der Kosinusfunktion die Phase bereits aufgetaucht. So gilt $\sin\left(x + \frac{\pi}{2}\right) = \cos(x)$; mit anderen Worten: Die Sinusfunktion unterscheidet sich von der Kosinusfunktion durch die Phase $\frac{\pi}{2}$. Allgemein kann die Stellung des Ventils um jeden Winkel Δx vor Beginn der Konstruktion des Schaubildes weitergedreht werden. Demnach entspricht das Schaubild der Funktion $x \mapsto \sin(x + \Delta x)$ der um Δx Einheiten (Bogenmaß) nach links verschobenen Sinusfunktion. Das Ventil war bereits an der Stelle $-\Delta x$ auf Meereshöhe.

Verschiebung in y-Richtung

Der Vollständigkeit halber noch die Verschiebung in y-Richtung: Dazu müsste das gesamte Rad hochgehoben werden.

das Rad hochheben

54 Hinweis für Nichtphysiker: Mit der Phase wird die aktuelle Position eines periodischen Vorgangs bezeichnet. Die Änderung der Phase bedeutet die Änderung der Anfangsstellung des Ventils.

24.9 Trigonometrie mit dem Bleistift

Es ist erstaunlich, wie viele Eigenschaften der Sinus- und Kosinusfunktion sich nur mit Hilfe eines Bleistiftes ableiten lassen. Der Bleistift stellt im Folgenden einen umlaufenden Zeiger dar, der im mathematisch positiven Sinne, also gegen den Uhrzeigersinn, rotiert.

Übung 1: Schätzen von Sinus- und Kosinuswerten

Jeder Schüler legt einen Stift mit der Spitze nach rechts (in Leserichtung) vor sich auf den Tisch. Nun überstreicht der Zeiger (Stift) einen Winkel von +30° (bzw. $+\frac{\pi}{6}$). Welche Höhe erreicht seine Spitze im Vergleich zur Stiftlänge?

Es sind 50 %: Die Spitze ist halb so hoch, wie die Länge des Stiftes beträgt. Man kann auf diese Weise recht anschaulich den Sinus als die prozentuale Höhe der Stiftspitze in Abhängigkeit der Winkelweite einführen: $\sin(30°) = \frac{1}{2}$. Einige weitere Werte sind einfach zu ermitteln: $\sin(0°) = 0$, $\sin(90°) = 1$, $\sin(180°) = 0$, $\sin(270°) = -1$. Auch $\sin(210°) = -\frac{1}{2}$ oder $\sin(150°) = \frac{1}{2}$ lassen sich exakt angeben. Bei Winkelweiten zwischen 180° und 360° „taucht" die Bleistiftspitze unter Null.

Schätzübung mit Taschenrechnerkontrolle

Zwei Schüler fragen sich mithilfe eines Taschenrechners und eines Stiftes abwechselnd ab: Der Prüfer erhält den Taschenrechner und berechnet mit dessen Hilfe den Sinuswert eines bestimmten Winkels, z. B. $\sin(70°)$. Der Prüfling soll mit Hilfe eines Stiftes möglichst genau den Wert bestimmen bzw. abschätzen, mindestens auf eine Nachkommastelle genau.

Schätzen von Kosinuswerten

Wir stellen uns vor, dass das Licht der Deckenbeleuchtung senkrecht nach unten fällt. Die prozentuale Schattenlänge des Stiftes ergibt den Kosinus. Dieser kann ebenfalls in einer Partnerübung geschätzt werden.

Der Schatten ist nie länger als der Stift

Der Schatten kann nicht länger als der Stift selbst, d.h. nicht länger als 100% (= 1) werden. Auch im Fall der prozentualen Höhe war das der Fall: Die prozentuale Höhe kann nicht größer werden als 100% (= 1). Wenn noch die Richtung berücksichtigt wird (negative prozentuale Höhe), erhält man: $-1 \leq \sin(x) \leq 1$ bzw. $-1 \leq \cos(x) \leq 1$.

Übung 2: Vom Sinuswert zum Winkel

Der Prüfer gibt einen Sinuswert vor, z.B. $\sin(x) = \frac{1}{2}$, und der Prüfling soll den zugehörigen Winkel herausfinden. Hier gibt es zwei Möglichkeiten:

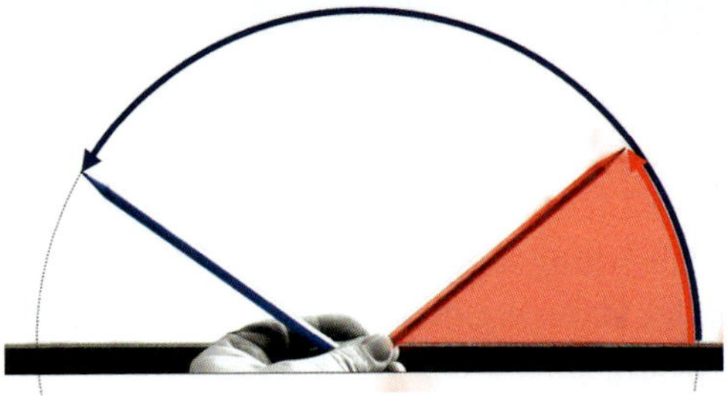

Sowohl die rote Stiftspitze als auch die blaue erreichen dieselbe Höhe. Es gibt also zwei unterschiedliche Winkel, die zu der gleichen Höhe führen: 30° wie auch 180° – 30° = 150°.

Ähnlich verhält es sich beim Kosinus. Die Gleichung $\cos(x) = 0{,}85$ besitzt zwei unterschiedliche Lösungen. Hierzu kann der Zeiger an der Tischoberfläche gespiegelt werden. Als Lösung ergibt sich näherungsweise 30° und 360° – 30° = 330°.
Die Fragerichtung vom Sinus- bzw. Kosinuswert zum Winkel ist schwieriger als in der ersten Übung. Wieder soll möglichst genau geschätzt werden.

Didaktische Zwischenbemerkungen

Abfragen über das Material
Die letzten beiden Übungen können auch lehrerzentriert durchgeführt werden. Hierzu bewaffnet sich jeder Schüler mit zwei gleichlangen Stiften. Der Lehrer (oder ein Schüler) stellt eine Frage, z. B. *„Gib zwei unterschiedliche Lösungen der Gleichung* $\sin(x) = \frac{1}{2}$ *an!"* Jeder beantwortet für sich die Frage schweigend, indem er zwei Stifte wie in der Abbildung auf voriger Seite in der Hand hält.

Alle werden abgefragt, niemand vorgeführt
Eine geniale Sache: Eine verbale Frage wird materiell beantwortet. Der Lehrer sieht unmittelbar, wer sich am Unterricht beteiligt und wer nicht. Sie sehen auch, wer von wem das Ergebnis übernimmt. Interessanterweise wird durch das Material (das hier ja lediglich ein Bleistift ist) die Bereitschaft zum Nachfragen erhöht.

Antwort über das Material

Bereitschaft, nachzufragen

Man vergleiche die Vorgehensweise: Für gewöhnlich stellt der Lehrer eine Frage und ruft einen Schüler auf. Auf diese Weise kann nur ein Schüler antworten, auf den jetzt alle schauen. Wenn er sich gemeldet hat, wird er es ertragen und vielleicht sogar genießen, wenn er im Rampenlicht steht. Aber der stille und scheue Schüler wird sich vermutlich nicht freiwillig melden.

Gehirngerechtes Lernen

Das Visualisieren mit dem Bleistift ist ein gehirngerechtes Lernen. Denn das haptische und anschauliche Erleben (Höhe und Schatten) auf der einen Seite und der abstrakte, formale Aufschrieb (sin(x), cos(x)) auf der anderen Seite ermöglicht ein sehr nachhaltiges Lernen, was in der dritten Übung noch vertieft wird.

Übung 3: Sinus mit Bleistift und Bruner

Mit Hilfe der Drehbewegung eines Bleistiftes (Zeigerdiagramm) lassen sich sehr viele Eigenschaften ablesen. Man beachte wieder das Zusammenspiel von handelnder, bildhafter und formaler Betrachtung, welche den Repräsentationsebenen von Bruner entsprechen (EIS-Prinzip).

EIS-Prinzip

Formale Ebene (symbolisch) Formale Aussage	**Handelnde Ebene (enaktiv)** Erklärung mit Bleistift bzw. Zeiger	**Bildhafte Ebene (ikonisch)** Bedeutung für das Schaubild
$\sin(x) = \sin(x + 2\pi)$	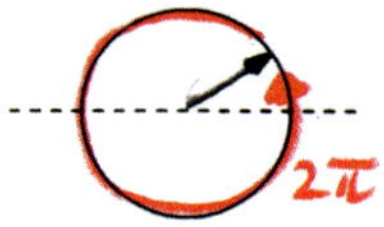 Eine vollständige Umdrehung	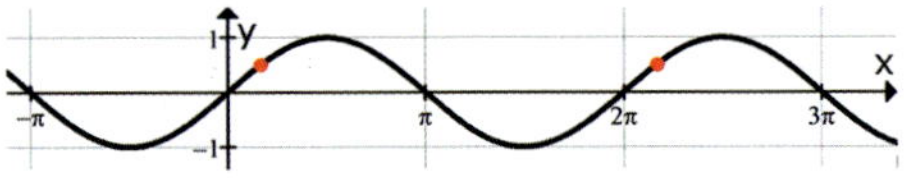
$\sin(x) = 0{,}5$	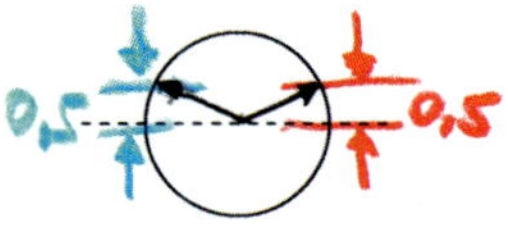 Zeiger besitzt dieselbe Höhe	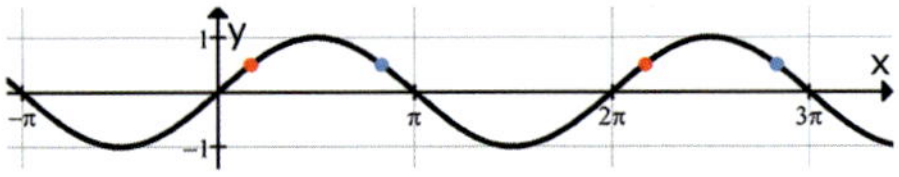
$\cos\left(\frac{\pi}{6}\right) = \cos\left(-\frac{\pi}{6}\right)$	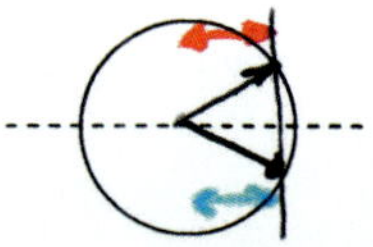	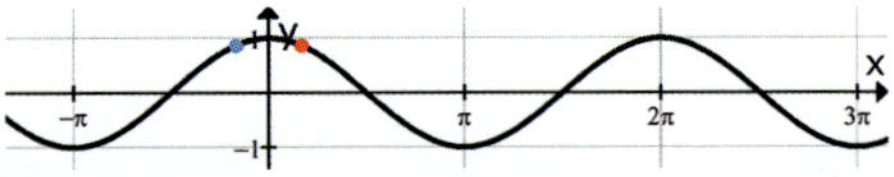
…	…	…

Das zugehörige Arbeitsblatt (vgl. nächste Seite) kann kostenfrei unter www.unterricht-als-abenteuer.de heruntergeladen werden.

Trigonometrie mit dem Bleistift		
Mathematische Aussage	Erklärung mit Bleistift bzw. Zeiger am Einheitskreis	Bedeutung für das Schaubild
$\sin(x) = \sin(x + 2\pi)$	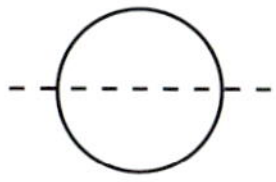	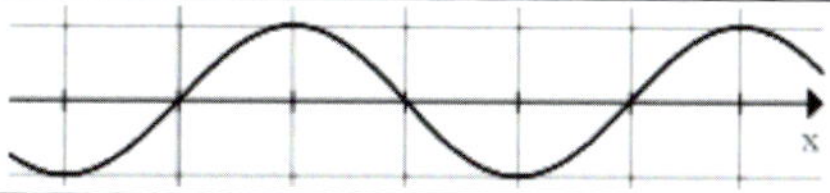
$\sin\left(\frac{\pi}{4}\right)$	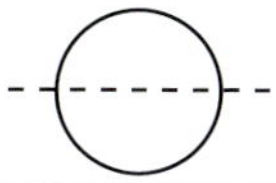	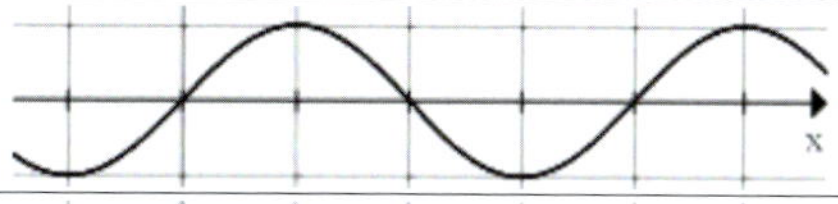
$\sin(x) = 0{,}5$	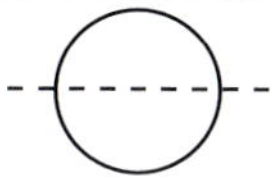	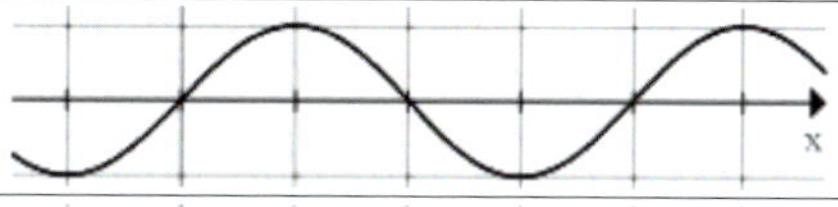
$\cos(x) = 0{,}7$	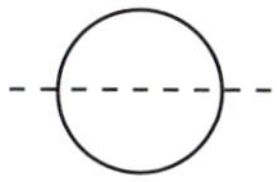	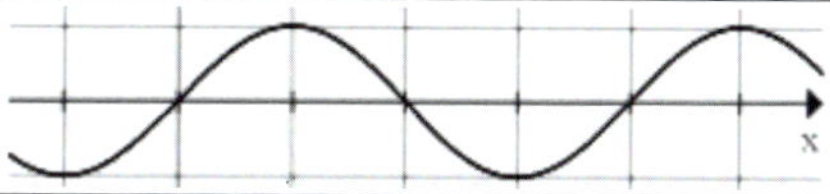
$\cos(x) = \cos(-x)$	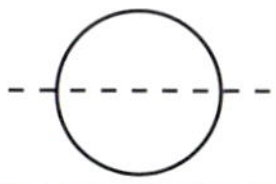	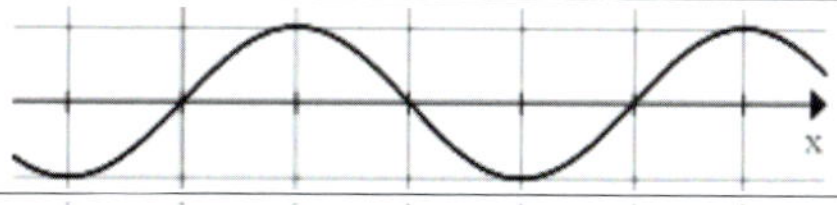
$\sin(x) = -\sin(-x)$	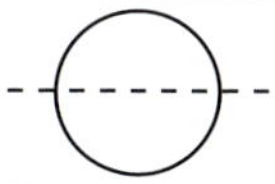	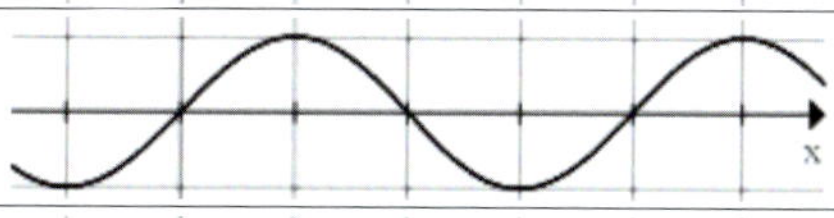
$\sin\left(x + \frac{\pi}{2}\right) = \cos(x)$	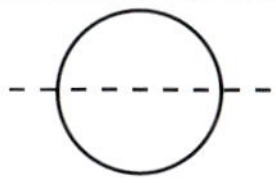	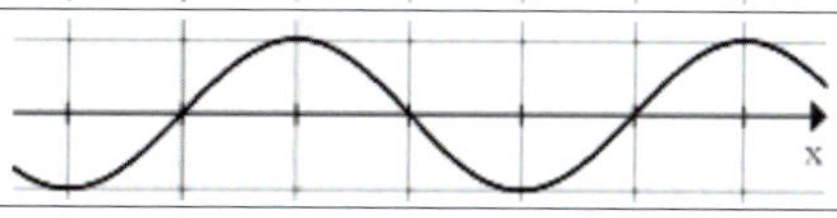
$\sin(x) = -\sin(x + \pi)$	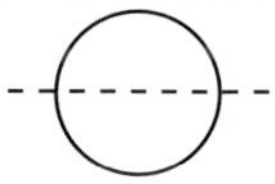	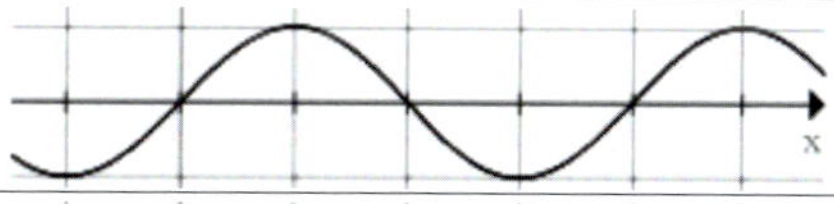
$\cos(x) = -\cos(x + \pi)$	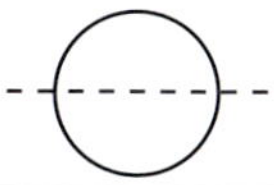	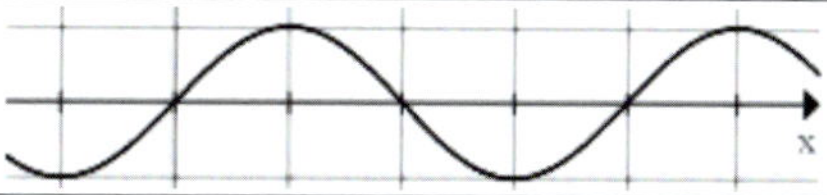
$\sin(x) \approx x$ für kleine $\lvert x\rvert$	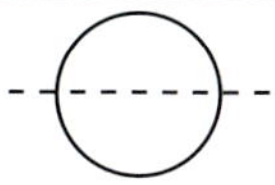	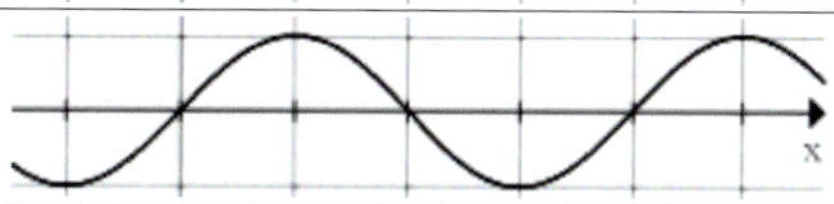
$\cos(x) \approx 1$ für kleine $\lvert x\rvert$	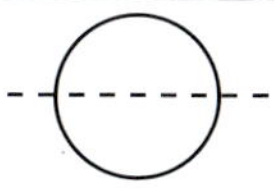	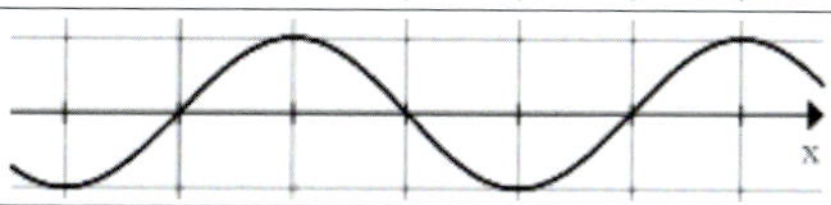
	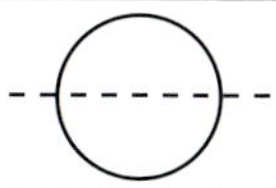	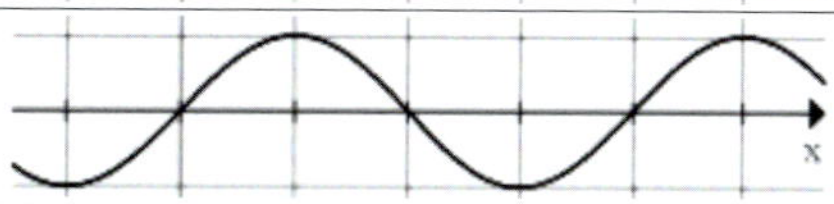
	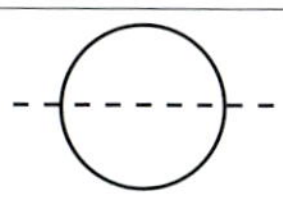	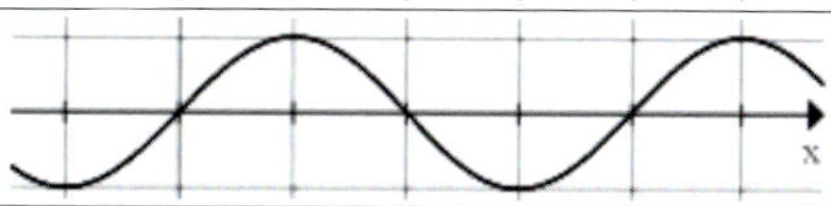

Die Abschätzung $\cos(x) \approx 1$ bzw. $\sin\left(x + \frac{\pi}{2}\right) \approx 1$ gilt für kleine $|x|$ und lässt sich durch einen senkrecht stehenden Stift verdeutlichen, der um kleine $|x|$ ausgelenkt wird: Die Stifthöhe bleibt nahezu auf 100 %. Ähnlich lässt sich $\sin(x) \approx x$ für kleine $|x|$ demonstrieren: Ein waagrecht liegender Stift wird an der Spitze leicht angehoben. Eigentlich geht die Spitze in einem Kreisbogen und nicht senkrecht bzw. linear nach oben, aber für kleine $|x|$ spielt das keine Rolle.

24.10 Überlagerung von Sinusschwingungen

Die Sinusfunktion entsteht durch die Projektion eines umlaufenden Zeigers:

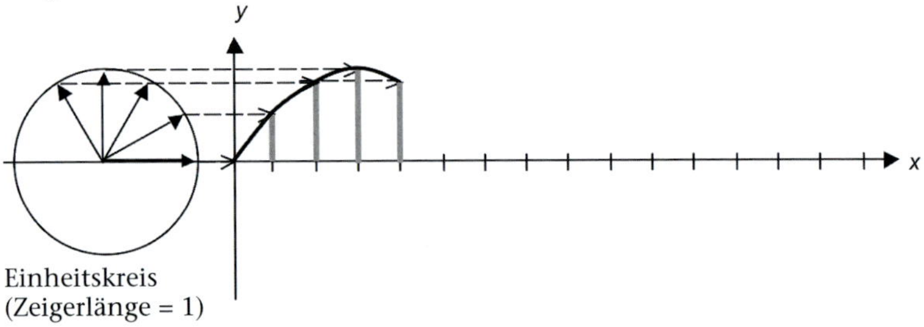

Zeigeraddition

Zeigerdiagramm

Man kann jetzt durch Zeigeraddition mehrere solcher Zeiger miteinander verknüpfen. Zeigerdiagramme sind eine weitreichende Methode[55]. Man denke an oszillierende Ströme oder Felder, selbst Amplitude und Phase von Licht kann geschickt im Zeigerdiagramm dargestellt werden. Ist das Zeigerdiagramm eingeführt, lassen sich komplexe trigonometrische Zusammenhänge einfacher verstehen. So lässt sich mit Hilfe der Zeigeraddition das Entstehen von Schwebungen und Modulationen einfach mit Stiften demonstrieren. Als Beispiel soll die Funktion $f(x) = 2 \cdot \sin(x) + \sin(5x)$ dienen.

Modulation
An der Spitze des roten Stiftes ist ein weiterer blauer mit halber Länge angebracht, der an diesem Punkt mit der fünffachen Winkelgeschwindigkeit des roten rotieren soll.

55 Hinweis für Nichtphysiker: Mit Hilfe von Zeigerdiagrammen können periodische Vorgänge als Rotation eines Zeigers betrachtet werden. Viele Probleme können mit der Methode durch einfache geometrische Überlegungen gelöst werden (Vektoraddition). Anwendungen gibt es in der Schwingungs- und Wechselstromlehre (hier werden Strom und Spannung als rotierende Zeiger dargestellt), ebenso in der Wellenoptik (hier lassen sich beispielsweise Interferenzen und stehende Wellen verstehen, ebenso lässt sich die Wellenfunktion in der Quantenoptik mittels Zeigerdiagrammen darstellen.

Die Schüler sollen herausfinden, welche Kurve sich bei der Projektion auf die y-Achse ergibt.

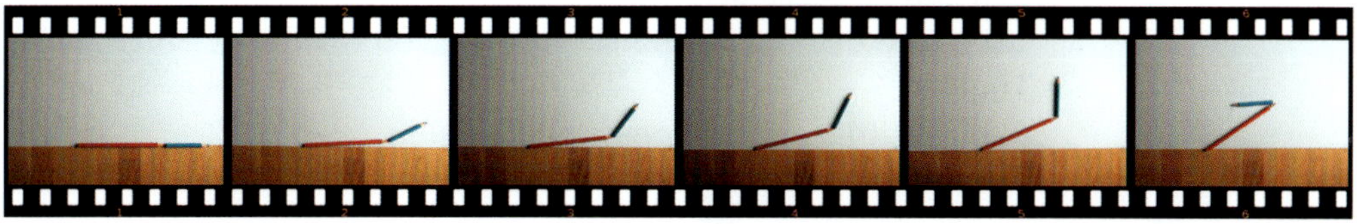

An dieser Stelle kann die Zeigeraddition gezeigt werden: Die Zeiger werden hintereinander gelegt und unter der Zeigersumme versteht man den Zeiger, der den Anfang des ersten Zeigers mit der Spitze des zweiten verbindet. Das ist nichts anderes als die Addition von Vektoren. Auf einer Trägerfrequenz $t(x) = 2 \cdot \sin(x)$ oszilliert eine Modulation[56] $m(x) = \sin(5x)$. Als Ergebnis ergibt sich das nebenstehende Schaubild.

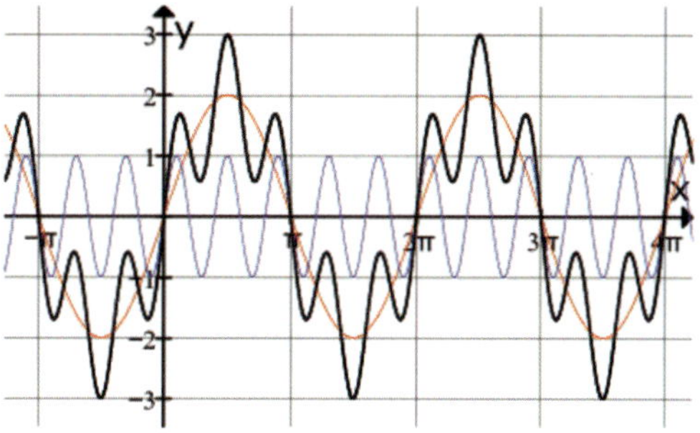

Schwebung

Mit zwei gleich langen Stiften, die eine geringfügig andere Winkelgeschwindigkeit besitzen, kann leicht eine Schwebung demonstriert werden. Voraussetzung ist auch hier die Zeigeraddition. Dargestellt ist die Funktion $f(x) = \sin(10x) + \sin(11x)$.

Bemerkung: Eine Schwebung (bzw. die Einhüllende) kann man hören. Bei der Stimmung von Musikinstrumenten (z. B. von Gitarren) kann mit Hilfe der Schwebung eine Genauigkeit von Bruchteilen eines Hertz erreicht werden. Ich kann Sie in diesem Buch das nicht hören lassen, aber eine Gitarre im Unterricht lässt die Schwebung real werden.

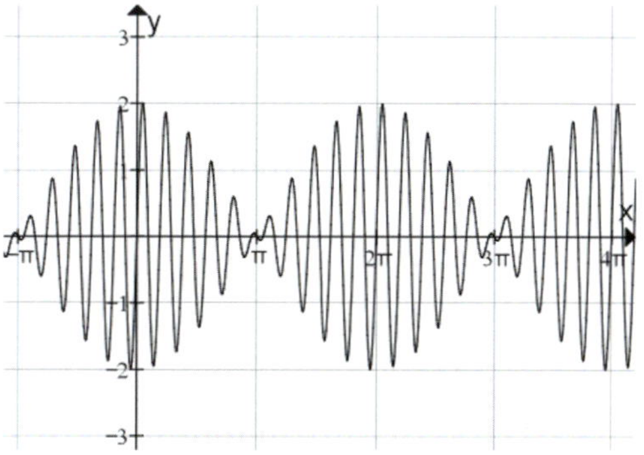

56 Modulation findet in der Nachrichtentechnik Verwendung, dadurch wird beispielsweise eine hochfrequente Übertragung eines niederfrequenten Nutzsignals ermöglicht. In der Praxis ist im Gegensatz zu dieser Übung der Träger meist hochfrequent.

24.11 Die Ableitung der Sinusfunktion

Auch die Ableitung der Sinusfunktion kann über das Zeigermodell gewonnen werden[57]. Wir lassen einen Bleistift (Zeiger) in 2π Sekunden einmal gegen den Uhrzeigersinn rotieren. Die Bleistiftspitze hat dabei stets den Geschwindigkeitsbetrag von einer Zeigerlänge pro Sekunde ($v = \frac{Umfang}{Umlaufdauer} = \frac{2\pi \cdot r}{T} = \frac{2\pi \cdot 17\,\text{cm}}{2\pi\,\text{s}} = 17\,\frac{\text{cm}}{\text{s}}$, wobei $r = 17\,\text{cm}$ für die Bleistiftlänge angenommen wurde).

Wir definieren eine *Höhengeschwindigkeit* als die Änderungsrate der Höhe der Bleistiftspitze. Das entspricht bei seitlicher Projektion der Geschwindigkeit, mit der sich die Schattenlänge ändert.

Während bisher untersucht wurde, wie die Höhe vom Winkel abhängt, lautet jetzt die Schlüsselfrage: Wie hängt die Höhen*geschwindigkeit* vom Winkel ab? Man darf bei dieser Frage den Schülern Zeit lassen und sollte nicht vorwärtsdrängen. Überhaupt einzusehen, dass die Frage nach der zeitlichen Veränderung der Bleistiftspitze der Frage nach der Ableitung entspricht, muss nicht jedem klar sein, auch wenn man bereits an anderer Stelle im Unterricht Zeit-Weg-Diagramme behandelt hat.

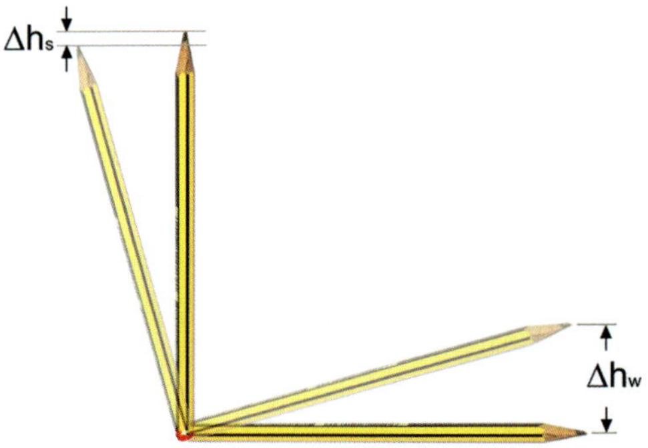

Um den Fokus auf die Höhen*änderung* zu legen, betrachten wir eine Ameise mit Höhenangst auf der Spitze des Stiftes. Innerhalb einer bestimmten Zeitspanne Δt erfährt sie je nach aktueller Ausrichtung des Bleistiftes einen unterschiedlichen Höhenunterschied. Ist er senkrecht ausgerichtet (nach oben bzw. unten), ändert sich die Höhe nur minimal (Δh_s), während der Höhenverlust bzw. -zuwachs in der Waagrechten maximal ist (Δh_w).

Die Höhe entspricht der Projektion des Zeigers (Lichtquelle steht seitlich) und wir können die Änderung der Schattenlänge bzw. die Höhengeschwindigkeit in Abhängigkeit des Drehwinkels beobachten. Auf dem Bild kann ich Ihnen leider „nur" die Abhängigkeit der Schattenlänge vom Winkel zeigen, da sich eine Geschwindigkeit nicht

57 Auch wenn die Ableitung der Sinusfunktion schon bekannt ist, ist das interessant.

fotografieren lässt. Es fehlt die Bewegung bzw. die Dimension der Zeit.[58]

Konkrete Umsetzung

Wir gehen langsam voran. Die Schüler sollen in Kleingruppen ein Schaubild der Funktion skizzieren, welche die Schattengeschwindigkeit in Abhängigkeit des Winkels aufzeigt. Zuerst stellen Sie fest, dass sich für den Winkel $x = 0$ der Schatten in maximaler Geschwindigkeit bewegt, für $x = \frac{\pi}{2}$ am langsamsten. Hier hat der Schatten die Geschwindigkeit null, weil es der Umkehrpunkt des Schattens ist.

Schatten-
geschwindigkeit

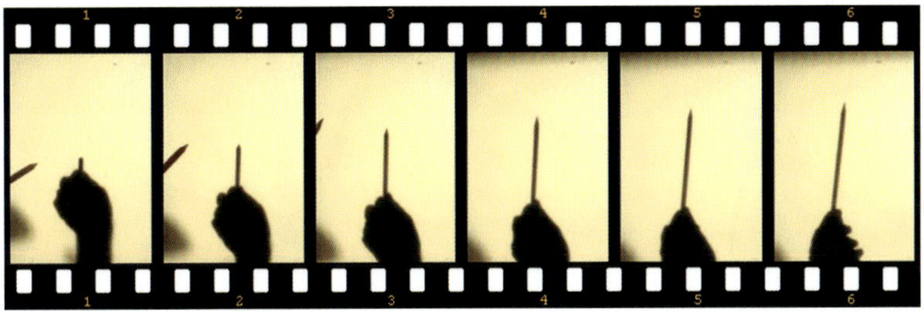

Der Lehrer sollte zur Langsamkeit und Gründlichkeit auffordern, Zeit lassen und nicht etwa durch Mitteilung des Ergebnisses abkürzen. Die bloße Mitteilung, dass die Kosinusfunktion schließlich die Bewegung des Schattens beschreibt, beraubt den Schüler um das Wesentliche: die eigene Erkenntnis.

„Mut zur
Gründlichkeit“

Auf der anderen Seite muss nicht jeder Schüler von selbst auf das Ergebnis kommen. Aber jeder braucht Zeit, sich auf die Fragestellung einzulassen. Erst dann kann der Schüler die Lösung aufnehmen und verstehen, weil er die Problematik kennt. Hier eine Möglichkeit, die Schattengeschwindigkeit als Ableitung der Sinusfunktion zu verstehen:

Wie ändert sich die Zeigerhöhe mit der Zeit?

Durch das Kreisen des Bleistiftes wird die Zeit eingeführt. Bisher wurde lediglich jeder Winkelweite eine Höhe zugeordnet, unabhängig von der Zeit. Neu ist also, dass die Bewegung des Zeigers gemessen wird. Aus der rein statischen Betrachtung wird eine dynamische. Würde sich der Zeigerwinkel nicht zeitlich verändern, wäre die Ableitung konstant null. Die Idee aus Abschnitt 22.4, wo die Geschwin-

58 Die Bildersequenz auf dieser Seite kann als „Film“ immerhin einen Teilaspekt eines zeitlichen Ablaufes darstellen, aber nicht die Geschwindigkeit.

digkeit als Veranschaulichung der Ableitung Verwendung findet, wird hier weiter ausgebaut.

Erklärung der Ableitung der Sinusfunktion
Wir lassen einen roten Stift gegen den Uhrzeigersinn kreisen und stellen uns vor, dass eine Ameise auf der Spitze sitzt. Bei gleichmäßiger Drehung erlebt die karussellfahrende Ameise stets denselben Geschwindigkeitsbetrag, allerdings ändert sich ständig die Richtung.

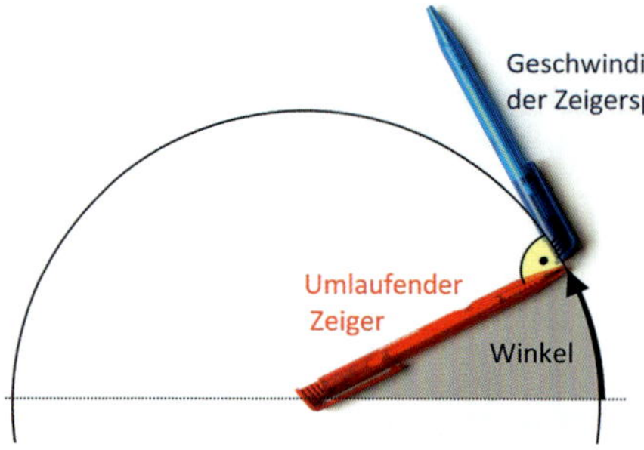

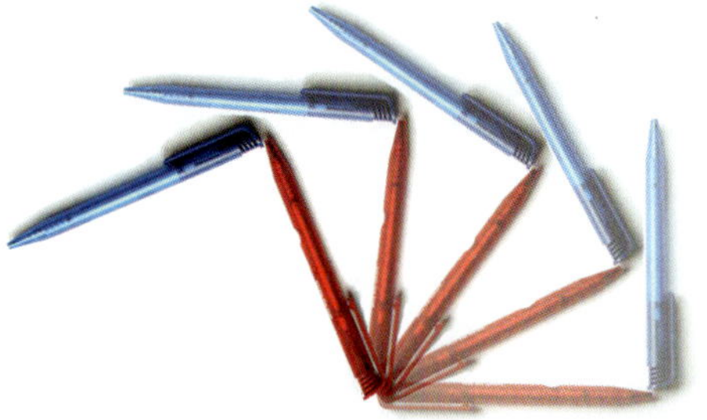

Zu Beginn ($x = 0$) geht es senkrecht nach oben, bei $x = \frac{\pi}{2}$ nach links, bei $x = \pi$ senkrecht nach unten und so weiter. Die aktuelle Geschwindigkeit der Ameise markieren wir durch einen blauen Stift. Es ist ein Vektor, der genau senkrecht zu dem umlaufenden roten Zeiger steht. Würde die Ameise die rote Stiftspitze loslassen, würde sie tangential in der blauen Richtung wegfliegen.
Wir untersuchen diese Bewegung an der Stelle, wo der rote Zeiger die Winkelweite x überstrichen hat. Die Ameise befindet sich zu diesem Zeitpunkt in der Höhe $\sin(x)$, was der waagrechten Projektion entspricht. Die waagrechte Projektion des Geschwindigkeitsvektors, also des blauen Stiftes, liefert zu diesem Zeitpunkt einen größeren Wert. Die Schattenlänge ist in der folgenden Grafik als senkrechter grüner Pfeil dargestellt.

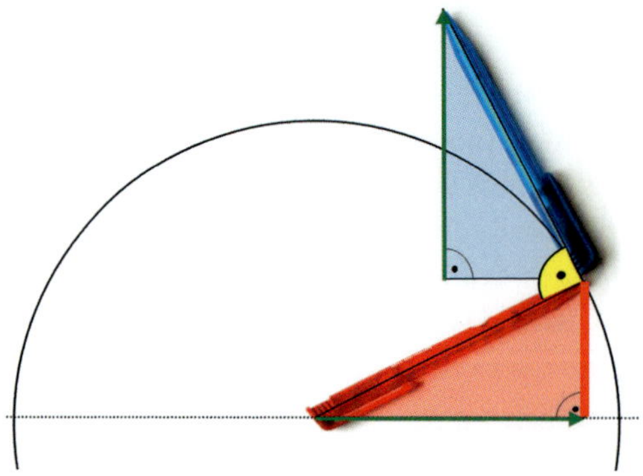

Wegen der festen 90°-Beziehung zwischen Zeiger und Geschwindigkeitsvektor ist die Länge des senkrechten Pfeiles identisch mit der des waagrechten Pfeiles, welcher wiederum einer senkrechten Projektion des Zeigers entspricht und daher durch $\cos(x)$ beschrieben wird. Wir wissen jetzt also, dass die Ameise, die sich im Augenblick auf der Höhe $\sin(x)$ befindet, die senkrechte Geschwindigkeitskomponente $\cos(x)$ erlebt.

Damit sind wir fertig, da wir aus Abschnitt 22.4 wissen, dass die Geschwindigkeit der Ableitung entspricht.

Man kann die Sache noch ein bisschen weitertreiben: Durch die senkrechte Projektion des roten Zeigers (also in y-Richtung) erhält man die Kosinusfunktion. Auch hier kann man den Geschwindigkeitsvektor in dieselbe Richtung projizieren, man erhält mit denselben Argumenten wie oben für die Geschwindigkeitskomponente in x-Richtung: $-\sin(x)$. Die Projektion zeigt in die umgekehrte Richtung wie die x-Achse, daher das negative Vorzeichen.

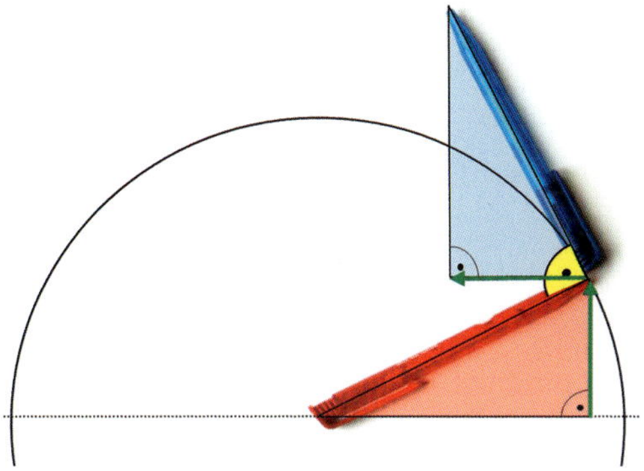

Noch eine letzte Betrachtungsweise

Man kann die Ableitung der Sinusfunktion auch so verstehen, dass der Geschwindigkeitsvektor um $\frac{\pi}{2}$ dem Zeiger vorauseilt. Würde man alle Geschwindigkeitsvektoren ebenfalls auf einer Stange auffädeln, dann entstünde in der Projektion die Kosinusfunktion. Die Abbildungen sind nach Zeigerhöhe und Geschwindigkeitsprojektion eingefärbt.

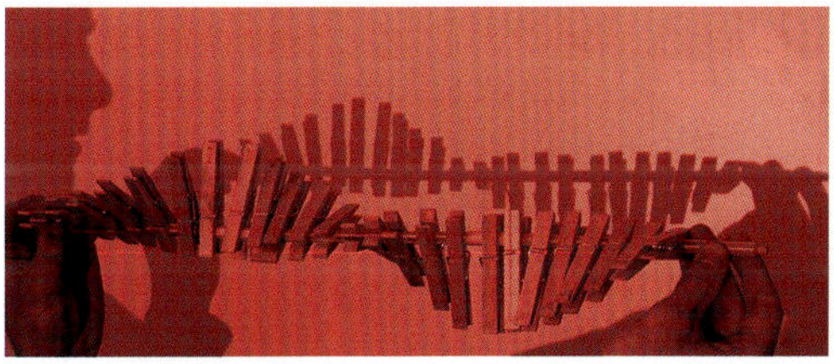

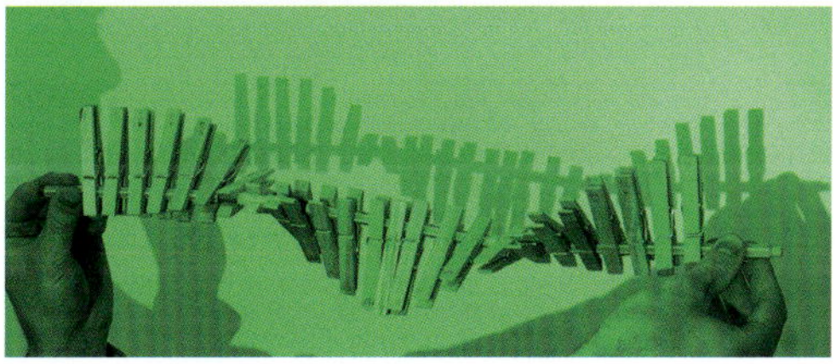

Es sind die gleichen Abbildungen wie im letzten Abschnitt, in dem es darum ging, dass $\sin\left(x + \frac{\pi}{2}\right) = \cos(x)$ gilt. Statt um $+\frac{\pi}{2}$ zu drehen, kann auch die Projektionsrichtung um $-\frac{\pi}{2}$ geändert werden. Etwas salopp formuliert: Die Ableitung der Sinusfunktion ist nichts anderes als die Änderung der Projektionsrichtung um $-\frac{\pi}{2}$.

Zusatz

Statt den Stift in 2π Sekunden einmal kreisen zu lassen, könnte man die Geschwindigkeit verdoppeln. Wir betrachten entsprechend die Funktion $x \mapsto \sin(2x)$, wobei x nur noch die Rolle der Zeit übernimmt[59]. Natürlich kann man mit der Kettenregel die Ableitung $x \mapsto 2 \cdot \cos(2x)$

Geschwindigkeit verdoppeln

59 Zuvor entsprach die Zeit in direkter Weise dem Winkel.

angeben, aber man kann den Faktor 2 auch anschaulich verstehen: Verdoppeln wir die Geschwindigkeit des Zeigers, verdoppelt sich auch der Geschwindigkeitsvektor und damit auch die Projektion. In dem obigen grün eingefärbten Bild müssten die Wäscheklammern entsprechend die doppelte Länge haben. Und in beiden Bildern müssten sie näher zusammenrücken, weil ein vollständiger Umlauf bereits nach π Sekunden erfolgt ist.

24.12 Ästhetik einer Formel

Knetkugeln werden an immer längeren Fäden aufgehängt und gleichzeitig in Schwingung versetzt. Mit der Zeit entsteht eine Sinuskurve.

Aufbau

Für das Experiment benötigen Sie Knete und Fäden, Stativmaterial oder ersatzweise einen Türrahmen. Ein Stativstab (wie im nächsten Bild), ein Zollstock oder eine dicke Schnur gibt die sanfte Neigung vor. Jeweils zwei Schüler formen eine Knetkugel und hängen diese mit einem Faden senkrecht auf. Sowohl das Material der Kugel als auch deren Aufhängung besteht aus Knete. Wichtig ist die exakte

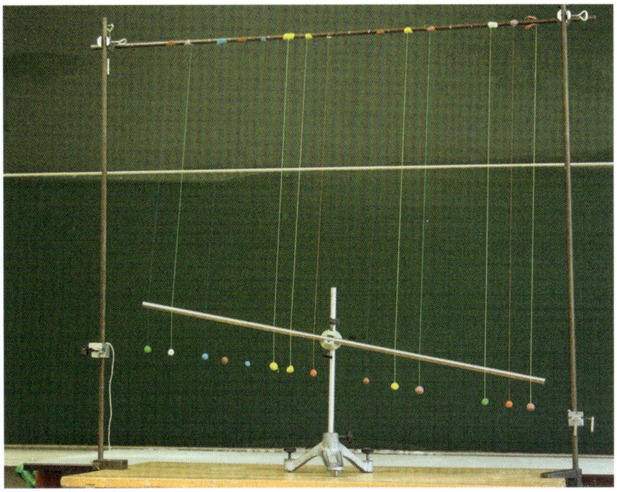

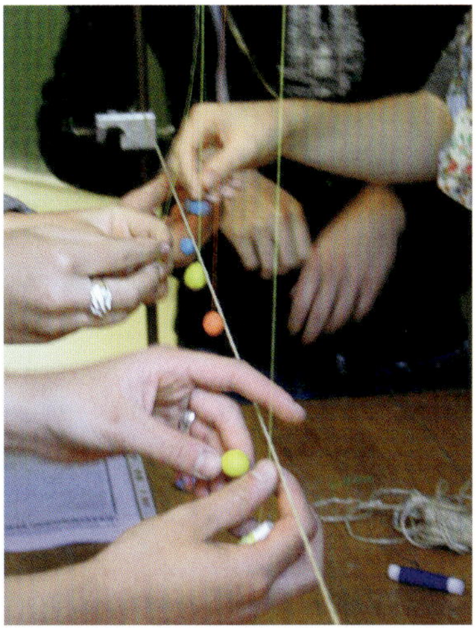

Ausrichtung des Experiments: Alle Kugeln müssen in einer Geraden[60] angeordnet sein. Ästhetik fordert Genauigkeit. Die Aufhängungspunkte sollten nicht zu dicht aneinander liegen, da es ansonsten zu Verwicklungen kommt. Am besten geben sie einen Abstand von ca. 5 cm mit kleinen Knetstückchen vor.

60 Exakt handelt es sich um den Ausschnitt einer Parabel. Die Gerade beschreibt lediglich eine Näherung (siehe weiter unten).

Wenn die Pendel wie in der letzten Abbildung ausgeschwungen sind, wird die Stativstange (bzw. der Zollstock oder die dicke Schnur) weggezogen: Wie von geheimnisvoller Hand entsteht ein Sinus im Raum.

ein magischer Moment

Es ist ein magischer Moment, der sich mit den Abbildungen hier in diesem Buch vielleicht ein bisschen erahnen lässt. Zuerst schwingt alles gleichmäßig, nach und nach bildet sich ein Sinus heraus. Irgendwann laufen die einzelnen Schwinger gegeneinander, genauer gegenphasig, um schließlich wieder vereint zu schwingen, bevor erneut die Schwingungsphasen auseinander laufen.

Aufgabenstellung

Die Schwingungsdauer eines Fadenpendels lässt sich für kleine Auslenkungen mittels der Formel $T = 2\pi \cdot \sqrt{\frac{l}{g}}$ berechnen. Dabei bezeichnet l die Länge des Fadens und g die Gravitationskonstante. Mit diesem Hinweis sollen die Schüler in kleinen Gruppen eine Erklärung für das Experiment finden.

Eine mögliche Erklärung

unterschiedliche Frequenzen

Die kürzeren Pendel schwingen schneller, genauer: Sie haben eine höhere Schwingungsfrequenz. Dadurch schwingt jedes Pendel in einer anderen Phase, es ist „später dran" als sein kürzerer Vorgänger und so ergibt sich eine räumliche Sinuskurve, deren Periodenlänge anfangs mit der Zeit immer weiter abnimmt. Wir betrachten die Sache genauer:

$$T = 2\pi \cdot \sqrt{\frac{l}{g}} = \underbrace{2\pi \cdot \sqrt{\frac{1}{g}}}_{konst.} \cdot \sqrt{l}$$

Da 2π und $\sqrt{\frac{1}{g}}$ lediglich Konstanten sind, ist die Schwingungsdauer T proportional zur Wurzel der Fadenlänge:

$$T \sim \sqrt{l} \text{ bzw. } T(l) = k \cdot \sqrt{l}$$

Wenn die Wurzel nicht wäre bzw. die Schwingungsdauer proportional zur Länge, würden nach einer gewissen Zeit, sagen wir z. B. nach fünf Sekunden, alle Schwinger proportional zur Fadenlänge hinterherhinken. Um die Wurzel auszugleichen, müssten wir ihre Umkehrfunktion verwenden: Wir lassen die Fadenlängen nicht linear, sondern wie im linken Bild auf der nächsten Seite quadratisch anwachsen.

Fadenlänge

Im Experiment wurden die Fäden nicht quadratisch verlängert. Tatsächlich ist unser Aufbau eine Näherung, allerdings für diesen Ausschnitt eine recht gute.

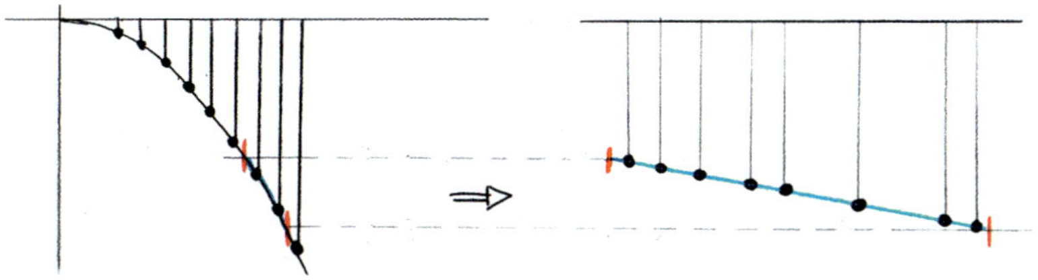

Didaktische Bemerkungen

Ein Gruppenexperiment
Jeder Schüler nimmt materiell am Experiment teil. Es schwingt seine Kugel. Nicht eine vom Lehrer aufgebaute Konstruktion ermöglicht das Experiment – das wäre etwas völlig anderes –, sondern alle Schüler zusammen ermöglichen als Gruppe die gemeinsame Schwingung.[61]

Zeitliche und räumliche Schwingung – eine Welle
Es gibt zwei Sinusschwingungen: Jedes Fadenpendel bzw. jede Knetkugel für sich genommen schwingt *zeitlich* (zumindest näherungsweise für kleine Auslenkungen[62]) in einem Sinus, alle zusammen ergeben einen *räumlichen* Sinus. Man sieht also eine fortschreitende Welle. Die Übung eignet sich somit ebenso für den Physikunterricht beim Thema „Schwingungen und Wellen“.

Fadenpendel schwingt im Sinus

Ästhetik einer Formel
Ohne das Experiment fehlt die Ästhetik im Raum und dadurch auch die Motivation, das Experiment zu verstehen. Wenn es kein ästhetisches Geheimnis (das magische Entstehen der Sinusfunktion) gäbe, dann wäre die Übung langweilig. Die meisten Menschen finden Dinge schöner, wenn sie sie (oder zumindest einen Teil davon) begreifen. Schönheit und Erkenntnis geht Hand in Hand. Hier blickt der Schüler zweimal auf das Experiment: Zuerst naiv, schließlich als „Erkennender“. Wer mehr weiß, sieht auch mehr. Das ist ein Grund, der für Bildung spricht. Allerdings lässt sich ein „Erkennenwollen“ nicht erzwingen. Aber man kann Lernumgebungen schaffen, die den Wunsch danach fördern. Mit den Worten von Antoine de Saint-Exupéry: *„Wenn du ein Schiff bauen willst, so trommle nicht Männer zusam-*

Schönheit und Erkenntnis

Antoine de Saint-Exupéry

61 Vgl. hierzu das Kommunikationsmodell „Riemann-Thomann“, beschrieben in: Martin Kramer: Didaktik für Abenteurer (Arbeitstitel; erscheint 2018 bei Klett Kallmeyer, Seelze).

62 Bemerkung für Nichtphysiker: Das Fadenpendel schwingt nur für kleine Auslenkungen harmonisch (sinusförmig), genauer: solange die Näherung akzeptiert wird.

men, um Holz zu beschaffen, Werkzeuge vorzubereiten, Aufgaben zu vergeben und die Arbeit einzuteilen, sondern lehre die Männer die Sehnsucht nach dem weiten, endlosen Meer.“

Die zentrale Aufgabe eines Lehrers besteht nicht darin, einen Bildungsplan einzuhalten oder ein Mathematikbuch abzuarbeiten, sondern den Wunsch nach Erkenntnis wachsen zu lassen.

Wahrscheinlichkeitsrechnung

Teil VII

Wahrscheinlichkeitsrechnung

Kapitel 25

Zufall und Wahrscheinlichkeit

Die ersten Abschnitte dieses Kapitels *(Das Spiel „Catan“, Geheime Botschaften, Lotto, Das Klassenzimmer als Spielcasino)* eignen sich alle als Einstieg in die Wahrscheinlichkeitsrechnung. Alle Einstiege haben zwei Gemeinsamkeiten:

Einstieg „mittendrin“

- Sie beginnen „mittendrin“. Die Schüler begegnen einem interessanten Phänomen mitten im Stoffgebiet. Anstatt erst Grundlagen zu lernen, werden sie unmittelbar mit einem komplexen Problem konfrontiert. Das entspricht einerseits der Didaktik von Martin Wagenschein, andererseits der Begegnung von Mathematik im Alltag. Dort werden auch nicht erst häppchenweise Grundlagen gelehrt, bevor es dann „richtig“ losgeht.

kultureller Hintergrund

- Sie beziehen den kulturellen Hintergrund mit ein. Es geht nicht nur um Mathematik, vielmehr spiegeln sich die mathematischen Inhalte in der Kultur wider.

Grundrechenarten reichen

Beide Punkte ergeben Sinn für alle Unterrichtseinstiege, auch bei anderen Themen. Die Wahrscheinlichkeitsrechnung jedoch ist für einen „Einstieg mittendrin“ besonders geeignet, da zur Lösung an Rechentechnik die Grundrechenarten zumindest vorerst völlig ausreichen. Im Vordergrund steht nicht das Rechnen, sondern das Modellieren eines Prozesses. Daher sei ganz im Sinne von Martin Wagenschein zur Langsamkeit aufgerufen. Nicht zu schnell sollten Ergebnisse hingenommen werden. Wenn eine Lösung von einem Schüler ausgesprochen wurde, darf nachgefragt werden: „Bist du dir sicher?“ oder zur Klasse gewandt: „Seid ihr alle dieser Meinung? Gibt es andere Vermutungen?“ oder „Was wäre, wenn ...?“ oder „Geht das immer so?“ oder „Es könnte doch sein, dass ...!“

langsamer ist besser

Wissen wächst langsam. Entscheidend ist nicht die konkrete Rechnung, die lediglich aus den Grundrechenarten besteht, vielmehr geht es um das Strukturieren, um den Aufbau von Verständnis: Warum rechnet man das so und nicht anders? Könnte man das auch so sehen? Zu schnell könnte ohne Verständnis etwas akzeptiert werden.

Also: Mut zur Langsamkeit! Mut zur Gründlichkeit! Nachfragen! Hinterfragen!

25.1 Ungerechtigkeit mit Gummibärchen oder das Spiel „Catan"

Fast jeder kennt „Die Siedler von Catan" bzw. „Catan – Das Spiel", bei dem man aus Rohstoffen Straßen, Häuser und Städte baut. Die Rohstoffe werden mit Hilfe zweier Würfel verteilt. Auf dem Spielfeld gibt es bestimmte Zonen, die von 2 bis 12 durchnummeriert sind. Wird z. B. die Augensumme 5 geworfen, erhalten alle Spieler Rohstoffe, die dort ein Häuschen gebaut haben. Die Ausnahme ist die Zahl 7: Bei dieser Würfelsumme wechselt ein Räuber seine Position. Dem Kenner ist klar, dass die Zahlen 6 und 8 sehr gut sind, um an Rohstoffe zu kommen, 2 und 12 haben hingegen kaum eine Chance.

Ein hübscher Einstieg: Zufall, Ergebnis, Ereignis, Wahrscheinlichkeit, Wahrscheinlichkeitsverteilung, Zufallsvariable – all das ist enthalten, auch wenn es vorerst nicht namentlich erwähnt und definiert werden muss. Und offensichtlich ist klar, warum man sich mit mathematischen Wahrscheinlichkeiten auseinandersetzen sollte: Man wird nicht so leicht übers Ohr gehauen.

Ereignis, Wahrscheinlichkeitsverteilung, Zufallsvariable

Konkrete Umsetzung

Das Spiel wird im Klassenzimmer nachempfunden. Um die Würfel im Nachhinein unterscheiden zu können, wird z. B. mit einem grü-

nen und einem schwarzen geworfen. Es geht wie bei „Catan“ um die Augensumme X.

Benötigt wird außerdem eine Tüte Gummibärchen oder irgendeine andere Süßigkeit, die sich leicht verteilen lässt. Die Schüler versprechen, dass vorerst noch kein einziges Gummibärchen gegessen wird.

Bevor es losgeht, wird die Klasse in 11 möglichst gleich große Untergruppen eingeteilt, jede erhält eine andere Augensumme X. Am besten schreibt der Lehrer für jede Gruppe die entsprechende Zahl auf eine Karteikarte, auf der später die Gummibärchen gesammelt werden. Die Gruppe $X = 7$ würfelt aus und sagt die Summe laut an.

Gruppe X = 7 würfelt aus

Jeder der Gewinnergruppe erhält ein Gummibärchen, das er vor sich auf den Tisch legt. Auf diese Weise entsteht vor jedem Schüler eine

private Ansammlung, die später ausgezählt wird. Die Gewinne (Gummibärchen) werden vom Lehrer oder einem Freiwilligen so schnell verteilt, wie die Gruppe $X = 7$ würfeln kann. Hier wurde gerade $X = 10$ geworfen (siehe S. 204 unten). Nach und nach stellt sich bei einigen Gruppen das Gefühl der Ungerechtigkeit ein. Während manche Gruppen häufig gewinnen, gehen andere quasi immer leer aus. Nachdem die Gummibärchentüte leer ist, werden die Daten (privaten Ansammlungen) erhoben. Hierzu bringt jeweils ein Schüler aus jeder Gruppe seine gewonnenen Gummibärchen nach vorne. Die Erhebung sieht dann nach einer Tüte Süßigkeiten so aus:

Gefühl der Ungerechtigkeit

Zufallsvariable X	2	3	4	5	6	7	8	9	10	11	12
Absolute Häufigkeit	1	9	8	17	18	20	19	13	5	8	5

Anschließend wird darüber diskutiert, ob das Spiel fair oder unfair ist. Und zwar so lange, bis die Wahrscheinlichkeitsverteilung gefunden und damit belegt ist, dass die Einteilung des Lehrers ungerecht war. Ist schließlich klar geworden, warum die Tische mit $X = 2$ und $X = 12$ viel schlechter dran waren, können die Gruppen mit hohen Gewinnchancen einen Teil ihrer Beute abgeben. Wie gut, dass der Mensch ein Sozialwesen ist.

fair oder unfair

Darstellung der Elementarereignismenge

Zum Schluss folgt eine Darstellung der Elementarereignismenge in zwei Farben: Die erste Ziffer bezieht sich auf den **grünen** Würfel, die zweite entsprechend auf den **schwarzen**.

11	12	13	14	15	16
21	22	23	24	25	26
31	32	33	34	35	36
41	42	43	44	45	46
51	52	53	54	55	56
61	62	63	64	65	66

Innerhalb einer Diagonalen ist die Augensumme gleich; damit lassen sich die Wahrscheinlichkeiten einfach ablesen. Als Beispiel sind die Elementarereignisse für $X = 8$ hervorgehoben. Von den 36 Kombinationsmöglichkeiten besitzen genau fünf die Augensumme 8. Somit beträgt die Wahrscheinlichkeit für die Würfelsumme 8:

$$P(X = 8) = \frac{5}{36}$$

Es lassen sich an dieser Stelle im Unterricht Begriffe wie *Wahrscheinlichkeitsverteilung, Zufallsvariable, Ereignis oder Elementarereignis* einführen. Hier die Wahrscheinlichkeitsverteilung für das Zufallsexperiment „Würfelsumme zweier Würfel“:

$$P(X = 2) = \frac{1}{36} = P(X = 12)$$
$$P(X = 3) = \frac{2}{36} = \frac{1}{18} = P(X = 11)$$
$$P(X = 4) = \frac{3}{36} = \frac{1}{12} = P(X = 10)$$
$$P(X = 5) = \frac{4}{36} = \frac{1}{9} = P(X = 9)$$
$$P(X = 6) = \frac{5}{36} = P(X = 8)$$
$$P(X = 7) = \frac{6}{36} = \frac{1}{6}$$

Didaktische Bemerkungen

Gruppe 7 als Glücksbringer?

Die Gruppe $X = 7$ wurde absichtlich zum Auswürfeln des Glücks bestimmt. Hätte eine „Randgruppe“ wie z. B. $X = 2$ die Würfel in der Hand, wäre es nicht so auffallend, dass gerade die Summe 7 so häufig gewürfelt wird. Es beschleicht einen das Gefühl, dass da irgendetwas nicht stimmt. Vielleicht werden die Würfel nicht richtig geworfen oder die Nummer 7 beeinflusst sonst irgendwie den Zufall. Es ist ganz gut, wenn die Gruppe $X = 7$ in der Mitte sitzt, so dass jeder beim Würfeln zusehen kann.

Gruppe X = 7 in der Mitte

„Einstieg“ in die Wahrscheinlichkeitsrechnung

Der gezeigte Einstieg in die Wahrscheinlichkeitsrechnung beginnt mittendrin in der Wahrscheinlichkeitsrechnung und erinnert methodisch an Martin Wagenschein: Der Lehrgang besteigt den „Turm der Erkenntnis“ nicht von ganz unten nach ganz oben, sondern er begegnet dem Schüler mit einem Problem „mittendrin“, dessen Lösung nicht unmittelbar auf der Hand liegt, und zwar ohne dass er fachlich

„Turm der Erkenntnis“

vorbelastet ist oder – wie meist verlangt wird – Vorkenntnisse besitzt. Daher wird hier nicht mit dem zwar einfachen, jedoch langweiligen Fall *eines* Würfels begonnen.

„Einstieg“

Ich möchte für die Abenteurer unter den Lesern auf den Begriff „Einstieg“ hinweisen. Normalerweise geht oder fällt man ebenerdig mit der Tür ins Haus. Wenn man ins Haus „einsteigt“, dann erinnert das an ein höheres Stockwerk. So betrachtet ist mit „Einstieg“ bereits schon sprachlich stets eine höhere Ebene bzw. Plattform gemeint.

25.2 „Gesetz“ der großen Zahlen

Es ist etwas sehr Seltsames: Einerseits ist es unmöglich, über den Ausgang eines einzelnen Experimentes eine Aussage zu treffen. Andererseits gibt es ein „Gesetz“, das im Grunde kein Gesetz, sondern vielmehr ein Erfahrungswert ist: Wiederholt man beispielsweise einen Münzwurf wieder und wieder, so stellt man fest, dass „Zahl“ und „Bild“ ungefähr genauso häufig vorkommen.

Zufall kennt keine Vergangenheit

Man nimmt es so hin. Für gewöhnlich. Aber wenn Sie beim „Mensch ärgere dich nicht“ zigmal hintereinander keine Sechs geworfen haben, so sind Sie vielleicht der Auffassung, dass nun *endlich* einmal Sie an der Reihe wären. Dem ist eben nicht so. Tatsächlich können Sie tausendmal Pech haben und dennoch steigt Ihre Chance weder durch die Vorgeschichte noch durch Ihr persönliches Erleben. Zufall kennt keine Vergangenheit! In Spielkasinos spielen sich Dramen ab, weil diese Tatsache nicht eingesehen wird, zumindest emotional nicht.

Umsetzung

Jede Gruppe überlegt sich ein Zufallsexperiment und definiert ein Ereignis, das sie interessiert. Hier mögliche Ereignisse:

- Experiment: Werfen eines Würfels und Notation der Augenzahl. Ereignis A: Werfen einer Sechs.
- Experiment: Werfen einer 50-Cent-Münze und Notation „Bild“ oder „Zahl“. Ereignis B: Bild.
- Experiment: Geodreieck über die Tischkante kippen lassen und Notation der oberen Seite. Ereignis C: Schriftseite ist oben.
- Experiment: Werfen zweier Würfel und Notation der Augensumme. Ereignis D: Werfen der Augensumme 6 (vergleiche den Abschnitt 25.1 zum Spiel „Catan“).
- …

Wesentlich ist, dass sich jede Gruppe ihr eigenes Experiment selbst aussucht und nicht vom Lehrer oder vom Schulbuch eines verordnet bekommt. Ziel ist, dass jede Gruppe ein eigenes Experiment durchführt.

Anzahl der Zufallsexperimente	Absolute Häufigkeit des Ereignisses A	Relative Häufigkeit des Ereignisses A
10		
20		
30		
...		

Die relativen Häufigkeiten werden über der Anzahl der Zufallsexperimente aufgetragen, etwa in einem Diagramm wie nachstehend.

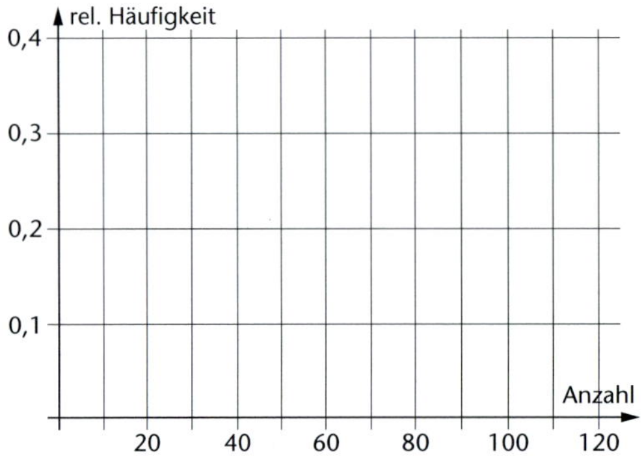

Die Häufigkeiten stabilisieren sich selten wie erwartet. Beispielsweise pendelt sich beim Münzwurf die relative Häufigkeit bei vielen Münzen nicht wie „erwartet“ (um hier bereits den späteren Begriff „Erwartungswert“ anzudeuten) bei 0,5 (bzw. 50%) ein. Vielleicht wurde die Münze auf eine bestimmte Art geworfen, so dass eine bestimmte Wurftechnik, eine verborgene Systematik die erwartete fifty-fifty-Chance nicht aufkommen ließ. Aber genau das ist ja interessant.

25.3 Gesetz der großen Zahlen oder das Knacken geheimer Botschaften

Das Thema „Geheime Botschaften“ eignet sich wunderbar als Einstieg in die Wahrscheinlichkeitsrechnung. Ohne „Münze“ oder „Würfel“ befindet man sich unmittelbar in einer kindlichen Wirklichkeit. Aus einem „Versteckspiel“ entsteht das professionelle Verbergen von Nachrichten. Mathematik in der Rolle des willkommenen Helfers in einem „Spiel“, welches die Geschichte und unsere Kultur prägte und prägt. Man denke etwa an die Entschlüsselung der Enigma durch Alan Turing oder an die Verwendung von EC-Karten, Online-Überweisungen und das Einkaufen im Internet.

kindliche Wirklichkeit

kulturelle Bildung

Ein altes Spiel, modern formuliert: Alice (A) versucht, Bob (B) eine Nachricht zukommen zu lassen. Damit kein Dritter die Botschaft lesen kann, wird sie versteckt oder verschlüsselt. Wenn Alice eine Schmugglerin ist, die zu Bob über die Grenze möchte, so hat der Zoll großes Interesse, geheimes Material sicherzustellen. Es ist ein Spiel: Eine Seite sucht immer bessere Verstecke, und die Gegenseite entwickelt immer bessere Methoden, um die Nachrichten aufzuspüren.[63] Prinzipiell gibt es zwei Möglichkeiten, eine Nachricht zu verbergen: das Verstecken der Nachricht und das Verschlüsseln. Letzteres benutzt mathematische Methoden, ersteres schafft Interesse und führt in die Problematik ein. Kreditkarten, Online-Banking mit PIN und TAN, Kartenabhebungen und so weiter sind alles alltägliche Anwendungen mathematischer Verschlüsselungsverfahren.

mathematische Verschlüsselungen

Das Verstecken von Nachrichten

Das Prinzip kann im Unterricht nachgespielt werden. Vier Schmuggler verlassen den Raum und einer von ihnen versteckt bei sich einen Mikrochip, dargestellt durch einen Stiftdeckel, einen kleinen Radiergummi oder eine Münze. Auch ein Geldschein vom Lehrer kann versteckt werden. Intime Stellen dürfen nicht als Versteck dienen. Nacheinander betreten die potentiellen Schmuggler den Raum und werden von den Polizisten an drei oder vier Stationen untersucht.

63 Simon Singh beschreibt in *Geheime Botschaften* (Carl Hanser Verlag, 2000) auf wunderbare Weise das immer raffinierter werdende Wechselspiel zwischen Verschlüsseln und Entschlüsseln.

An jeder Station dürfen die Schmuggler eine halbe Minute durchsucht werden. Erst wenn alle Schmuggler an der Polizei vorbeigekommen sind, findet die Auflösung statt.

In der Geschichte finden sich viele Formen des Versteckens von Nachrichten. Hier exemplarisch einige Beispiele:

- Mikrochips wurden in Zähne eingebaut oder im i-Punkt einer harmlos aussehenden Nachricht versteckt.
- Geheimagenten schrieben mit Urin, der beim Erwärmen wieder sichtbar wurde.
- Sklaven wurden die Haare abgeschnitten und eine geheime Botschaft auf die Kopfhaut geschrieben. Losgeschickt wurde der Sklave, als die Haare wieder nachgewachsen waren.
- Im alten China wurden Nachrichten auf feine Seide geschrieben und, in Wachsbällchen eingepackt, geschluckt.

Pädagogische Erweiterung: Vorurteile und Gewaltprävention

Vorurteile und Meinungsmache

Das oben skizzierte Spiel besitzt eine pädagogische Dimension. Auf einer spielerischen Ebene können Vorurteile und Meinungsmache thematisiert werden. Am besten eignet sich die Übung, *bevor* es tatsächliche Verdächtigungen und Beschuldigungen in der Klasse gibt. In diesem Exkurs geht es nur bedingt um Mathematik; Wahrnehmung und Teamfähigkeit stehen im Vordergrund.

Eine weitere Rolle: Psychologen

Neben den Schmugglern und Polizisten können zusätzlich Psychologen eingeführt werden. Sie verhalten sich völlig neutral und beobachten die gesamte Untersuchung von außen. Auf dem Bild stehen zwei Psychologen auf dem Tisch und betrachten den Zoll von oben.

Häufig wird der Mikrochip nicht gefunden. Dann haben die Psychologen die Möglichkeit, einen Schmuggler, der durch sein Verhalten aufgefallen ist, erneut für 20 Sekunden zu untersuchen.

Vorurteile

Falls der Chip immer noch nicht gefunden wurde, kann man noch einen Schritt weitergehen und die ganze Klasse mit einbeziehen. Jeder der vier Schmuggler geht in eine Raumecke. Auch die Zuschauer haben das Verhalten der Schmuggler bei der Durchsuchung gesehen. Nach einer kurzen Besinnung geht jeder zu dem Schmuggler, den er am meisten im Verdacht hat, und zeigt auf die Stelle, an welcher er den Mikrochip vermutet.

Aufstellung nach Verdächtigen

Sehr häufig sind die Verdachtsmomente falsch. Interessant ist es, vor der Auflösung nach dem Grund der Verdächtigung zu fragen.

falsche Verdachtsmomente

Pädagogischer Hintergrund: Gewaltprävention

Man kann sich vorstellen, wie leicht ein Schüler verdächtigt wird, obwohl man keine Grundlage zu einem begründeten Verdacht hat. Im Schulalltag passiert genau das Gleiche, nur handelt es sich dann nicht um einen Mikrochip, sondern um ein Mobiltelefon, ein Geodreieck oder um sonst einen persönlichen Gegenstand. In diesem Spiel wird das Klassenzimmer zum Schutzraum: Schmuggler dürfen verdächtigt werden, sie dürfen auch lügen, ohne dass es Konsequenzen hat. Die Schüler machen die Erfahrung, dass sie fast keine Chance haben, den Übeltäter herauszufinden.

Klassenzimmer als geschützter Raum

Zusätzliche Erweiterung: Meinungsbildung durch Tratsch

Ein weiteres gruppendynamisches Phänomen kann gezeigt bzw. thematisiert werden. Wenn alle Schüler Stellung bezogen haben, sollen die Schüler anzeigen, wie sicher sie in ihrem Urteil sind. Ein Finger steht für 10%. Absolute Sicherheit wird entsprechend durch zehn Finger angezeigt.

In den folgenden drei Minuten können sich die einzelnen Eckgruppen untereinander „beraten". Jeder soll den anderen in der Gruppe kurz den Grund seines Verdachtes darlegen. Automatisch kommt es zu einem kurzen Tratsch.

Nach Ablauf der drei Minuten fragt der Lehrer erneut, wie sicher sich jetzt jeder in seinem Urteil ist. Erneut werden mit Fingern Prozente angezeigt. Erstaunlicherweise und erschreckenderweise nimmt die gefühlte Sicherheit des eigenen Urteilsvermögens fast immer zu. Das ist im mathematischen Sinne unlogisch, da in den drei Minuten überhaupt keine neuen Fakten hinzukommen! Um die gefühlte Urteilssicherheit zu erhöhen, reicht es völlig aus, wenn sich Gleichgesinnte über ihre Meinungen austauschen!

gruppendynamischer Effekt

Durch das Spiel kann ein sehr ernster gruppendynamischer Effekt erfahren werden, ohne dass es ernst wird. Wenn die Schüler an dieser Stelle gelernt haben, wie Meinungsmache funktioniert, werden sie vielleicht im Ernstfall vorsichtiger mit Mutmaßungen umgehen. In der Tat hat die Gruppe auf diese Weise kaum eine Chance, den wirklichen Schuldigen herauszufinden.

Das Verschlüsseln von Nachrichten

Um den Inhalt einer Nachricht zu verbergen, gibt es einen eleganteren Weg: das Verschlüsseln von Nachrichten. Die Grundidee dabei ist, dass jeder den verschickten Text zwar lesen kann, ohne allerdings die Botschaft zu verstehen. Das Spiel zwischen Sender, Empfänger und Angreifer ist nach wie vor dasselbe.

Versuchen Sie diesen Text[64] zu entschlüsseln:

+I$A7T+@@PI+7,MOD+R$FORMU7I+RT:A7IC+(A)V+R@UCHT-
BOB(B)+I$+$ACHRICHTZUKOMM+$ZU7A@@+$.DA-
MITK+I$DRITT+RDI+BOT@CHAFT7+@+$KA$$,WIRD@I+V+R@
T+CKTOD+RV+R@CH7Ü@@+7T.I@TA7IC++I$+@CHMUGG7+RI$DI+ZU-
BOBU$T+RW+G@I@T,@OHATD+RZO77GROSS+@
I$T+R+@@+*G+H+IM+@MAT+RIA7*@ICH+RZU@T+77+$.+@I@T+I$@
PI+7:+I$+@+IT+@UCHTIMM+RB+@@+R+V+R@T+CK+U$DDI+G+G+$@+
IT++$TWICK+7TIMM+RB+@@+R+M+THOD+$UMDI+$ACHRICHT+$AUF-
ZU@PÜR+$.PRI$ZIPI+77GIBT+@ZW+IMÖG7ICHK+IT+$+I$+$ACHRICHT-
ZUV+RB+RG+$:DA@V+R@T+CK+$D+R$ACHRICHTU$DDA@V+R@
CH7Ü@@+7$.7+TZT+R+@B+$ÜTZTMATH+MATI@CH+M+THOD+$,+R@
T+R+@@CHAFFTI$T+R+@@+U$DFÜHRTI$DI+PROB7+MATIK+I$.KR+DIT-
KART+$,O$7I$+BA$KI$GMITPI$UDTA,KART+$ABH+BU$G+UD@
OW+IT+R@I$DA77+@A77TÄG7ICH+A$W+DUG+$MATH+MATI@
CH+RV+R@CH7Ü@@+7U$G@V+RFAHR+$.

Die Schwachstelle bei Verschlüsselungen sind Wiederholungen. Der häufigste Buchstabe im deutschen Alphabet ist das „E", dessen relative Häufigkeit im deutschen Sprachraum 17,4 % beträgt. Sucht man in der verschlüsselten Botschaft entsprechend nach dem häufigsten Zeichen, so findet man ein „+". Also steht „+" höchstwahrscheinlich für „E". Die Entschlüsselung beruht somit auf einer Häufigkeitsanalyse. Die freie Enzyklopädie *Wikipedia* gibt die nebenstehenden relativen Häufigkeiten in Texten der deutschen Sprache an.
Die Umlaute „ä", „ö" und „ü" wurden wie „ae", „oe" und „ue" gezählt. Die beiden Buchstaben „e" und „n" treten mit zusammen 27,18 % am häufigsten auf.

Platz	Buchstabe	Relative Häufigkeit
1.	E	17,40 %
2.	N	9,78 %
3.	I	7,55 %
4.	S	7,27 %
5.	R	7,00 %
6.	A	6,51 %
7.	T	6,15 %
8.	D	5,08 %
9.	H	4,76 %
10.	U	4,35 %
11.	L	3,44 %
12.	C	3,06 %
13.	G	3,01 %
14.	M	2,53 %
15.	O	2,51 %
16.	B	1,89 %
17.	W	1,89 %
18.	F	1,66 %
19.	K	1,21 %
20.	Z	1,13 %
21.	P	0,79 %
22.	V	0,67 %
23.	ß	0,31 %
24.	J	0,27 %
25.	Y	0,04 %
26.	X	0,03 %

Praxistipp: Erstellung eines verschlüsselten Textes
Verschlüsselt wurde der zweite Absatz dieses Abschnitts („Ein altes Spiel …"). Gezeigt wird ein mögliches Vorgehen, um mit wenig Aufwand einen beliebigen Text zu verschlüsseln. Wegen der Übersichtlichkeit ist der Klartext grün eingefärbt und die Verschlüsselung rot.

- Nehmen Sie ein Textverarbeitungsprogramm und markieren Sie den gesamten Text. Klammerbemerkungen beziehen sich hier auf „Word".

64 Der Beispieltext wie auch die Häufigkeitsverteilung der Buchstaben kann für Schülerübungen kostenfrei auf www.unterricht-als-abenteuer.de heruntergeladen werden.

- Als nächstes lassen Sie den Text in Großbuchstaben anzeigen (Start, Schriftart, Effekte – Großbuchstaben).

Mittels der Funktion *Suchen und Ersetzen* (Strg+F) ersetzen Sie alle Leerstellen durch nichts, also „ “ durch „“. In diesem Text waren 110 Leerstellen. Als Ergebnis sieht der Text dann so aus:

EINALTESSPIEL,MODERNFORMULIERT:ALICE(A)VERSUCHTBOB(B)EINE-NACHRICHTZUKOMMENZULASSEN.DAMITKEINDRITTERDIEBOT-SCHAFTLESENKANN,WIRDSIEVERSTECKTODERVERSCHLÜSSELT.ISTALIC EEINESCHMUGGLERINDIEZUBOBUNTERWEGSIST,SOHATDERZOLLGRO SSESINTERESSE*GEHEIMESMATERIAL*SICHERZUSTELLEN.ESISTEINSPIEL:EI-NESEITESUCHTIMMERBESSEREVERSTECKEUNDDIEGEGENSEITEENTWIC KELTIMMERBESSEREMETHODENUMDIENACHRICHTENAUFZUSPÜREN. PRINZIPIELLGIBTESZWEIMÖGLICHKEITENEINENACHRICHTZUVERBERG EN:DASVERSTECKENDERNACHRICHTUNDDASVERSCHLÜSSELN.LETZTE-RESBENÜTZTMATHEMATISCHEMETHODEN,ERSTERESSCHAFFTINTERES SEUNDFÜHRTINDIEPROBLEMATIKEIN.KREDITKARTEN,ONLINEBANKIN GMITPINUNDTAN,KARTENABHEBUNGENUNDSOWEITERSINDALLESAL LTÄGLICHEANWENDUNGENMATHEMATISCHERVERSCHLÜSSELUNGS-VERFAHREN.

- Lassen Sie alle Buchstaben zählen (Überprüfen, Wörter zählen). Hier sind es 713. Die Anzahl wird später zur Berechnung der relativen Häufigkeit benötigt.
- Jetzt wird verschlüsselt: Wiederum mit der Funktion *Suchen und Ersetzen* (Strg+F) tauschen Sie häufig vorkommende Buchstaben durch im Text nicht vorhandene Zeichen aus. Notieren Sie, wie viele jeweils ausgetauscht wurden, falls Sie später relative Häufigkeiten miteinander vergleichen wollen.

Klartext	Verschlüsselt	Absolute Häufigkeit	Relative Häufigkeit
E	+	122	17,1 %
N	$	58	8,1 %
L	7	32	4,5 %
S	@	57	8,0 %

je länger,
desto unsicherer

Je länger der Text, desto besser passen sich die relativen Häufigkeiten der deutschen Sprache an – entsprechend dem Gesetz der großen Zahlen.

Verschlüsselung der Freimaurer

Eine weitere Möglichkeit monoalphabetischer Verschlüsselung wurde von dem Geheimbund der Freimaurer im 18. Jahrhundert benutzt. Das Verfahren ist einfach und leicht einzuprägen. Vielleicht kommt diese Form bei den Schülern so gut an, weil die Verschlüsselung so geheimnisvoll aussieht:

Mit einem roten und grünen Stift wird das abgebildete Schema aufgezeichnet. Möchte man beispielsweise den Buchstaben „E" verschlüsseln, zeichnet man dessen rote quadratische Umgebung □ auf.

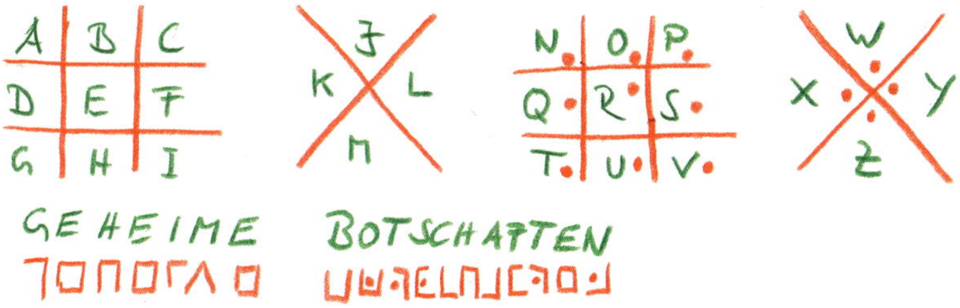

Vigenère-Verschlüsselung

Die zuerst beschriebene Art der Verschlüsselung ähnelt der so genannten Caesar-Verschlüsselung (Buchstaben werden durch das Verschieben zweier Alphabete ersetzt).

Caesar-Verschlüsselung

Wesentlich stärker ist die Methode des *Vigenère-Quadrats,* bei dem mehrere Alphabete zur Verschlüsselung verwendet werden. Mit Hilfe eines ausgemachten Codes wird die Verschiebung des jeweiligen Alphabetes festgelegt.[65]

ausgemachter Code

	A	B	C	D	E	F	G	H	I	J	K	L	M	N	O	P	Q	R	S	T	U	V	W	X	Y	Z
1	**N**	O	P	Q	R	S	T	U	V	W	X	Y	Z	A	B	C	D	E	F	G	H	I	J	K	L	M
2	**A**	B	C	D	E	F	G	H	I	J	K	L	M	N	O	P	Q	R	S	T	U	V	W	X	Y	Z
3	**T**	U	V	W	X	Y	Z	A	B	C	D	E	F	G	H	I	J	K	L	M	N	O	P	Q	R	S
4	**U**	V	W	X	Y	Z	A	B	C	D	E	F	G	H	I	J	K	L	M	N	O	P	Q	R	S	T
5	**R**	S	T	U	V	W	X	Y	Z	A	B	C	D	E	F	G	H	I	J	K	L	M	N	O	P	Q

Ein Beispiel: Das Codewort heißt „NATUR", das sind fünf Buchstaben. Der Klartext wird Buchstabe für Buchstabe nach der Länge des Codewortes durchnummeriert, im Beispiel also jeweils von 1 bis 5 und dann wieder von vorne.

65 Das Prinzip der Vigenère-Verschlüsselung kann als PDF für Schüler kostenfrei unter www.unterricht-als-abenteuer.de heruntergeladen werden.

1	2	3	4	5	1	2	3	4	5	1	2	3	4	5	1	2	3
G	E	H	E	I	M	E	B	O	T	S	C	H	A	F	T	E	N
T	E	A	Y	Z	Z	E	U	I	K	F	C	A	U	W	G	E	G

Häufigkeitsanalyse viel schwieriger

Das „G" von „GEHEIME BOTSCHAFTEN" wird mit dem ersten Alphabet verschlüsselt und wird zum „T". Entsprechend wird das „E" mit Hilfe des zweiten Alphabetes zu einem „E", der dritte Buchstabe „H" wird zu einem „A" usw. Man beachte, dass zum Beispiel die ersten beiden E's von „GEHEIME" unterschiedlich verschlüsselt werden. Je länger das Codewort, desto sicherer die Verschlüsselung. Die Häufigkeitsanalyse ist hier um einiges schwieriger.[66]

25.4 Asymmetrische Verschlüsselungsverfahren

kein gemeinsamer Code

Ein Rätsel: Angenommen, Alice und Bob aus vorigem Abschnitt haben sich noch nie getroffen oder gesprochen oder sonst irgendwie ausgetauscht. Sie treffen zum ersten Mal zusammen und haben demzufolge in der Vergangenheit keinen gemeinsamen Code vereinbart. Die Situation wird im Klassenraum nachempfunden. Eine „Alice" wird zufällig ausgewählt, ebenso ein „Bob". Beide sollten möglichst weit voneinander entfernt sein. Zwischen Alice und Bob befinden sich zahlreiche „Angreifer" (Mitschüler), die alles daran setzen, um Nachrichten abzufangen. Jedes Flüstern zwischen Alice und Bob, jede Geste würde gesehen und gehört werden.
Ist es für Alice prinzipiell möglich, Bob eine geheime Nachricht zukommen zu lassen, die nur er entschlüsseln bzw. lesen kann?

66 Wer tiefer in das Thema einsteigen möchte, sei verwiesen auf: Albrecht Beutelspacher, *Geheimsprachen*, Beck, 4. Auflage 2005.

Die erste Minute wird nicht gesprochen. Jeder soll zuerst für sich selbst nachdenken, ob es eine Möglichkeit für einen geheimen Austausch geben könnte. Dann darf beim Nachbarn nachgefragt werden, was er denkt. Auch öffentlich bzw. in der ganzen Klasse darf diskutiert werden. Je länger und intensiver die Schüler untereinander Vermutungen austauschen, desto besser. Schließlich werden die Vermutungen öffentlich geäußert. Wer bereit ist, verschränkt zum Zeichen die Arme. Wenn alle so weit sind, wird angezeigt: Daumen nach oben bedeutet: „Es geht", Daumen nach unten: „Es geht nicht".

zuerst denkt jeder selbst nach

Didaktische Zwischenbemerkungen

Bedeutsamkeit durch Äußern der eigenen Vermutung

Das Äußern einer Vermutung hat zwei Bedeutungen. Erstens wird dadurch eine Verbindlichkeit hergestellt. Man wird ein bisschen in die Verantwortung genommen, man bekennt Farbe. Zweitens kann sich viel leichter überraschen lassen, wer sich entschieden hat. „Daumen nach unten" bzw. „Daumen hoch" bringt Bedeutsamkeit. Zuvor war es egal, ob es geht oder nicht, aber jetzt hat man sich entschieden und dann möchte man es auch wissen – wissen, ob man richtig lag. Mit der Entscheidung ist es bedeutsam geworden, schlichtweg dadurch, weil ich (als Zuhörer) etwas gemacht habe. Je länger im Vorfeld diskutiert wurde, desto bedeutsamer, spannender und interessanter die Auflösung.

Verbindlichkeit

Diskussion erzeugt Spannung

Kulturelles Verständnis

Im Grunde ist es egal, wie sich die Mehrheit entscheidet. Das Interesse für die Lösung ist so oder so im Raum. Aber dennoch scheint der Austausch einer geheimen Botschaft für viele Schüler unmöglich zu sein. Mit einem „gesunden Menschenverstand" kann man quasi nur zu dem Ergebnis kommen, dass es nicht geht.

Und doch irrt sich bei dieser Fragestellung meist die Mehrheit. Wenn man anschließend die Lösung sieht, scheint der Sachverhalt beschämend einfach zu sein. Vielleicht kann man so verstehen, dass man lange Zeit stillschweigend davon ausging, dass es nicht gehen kann. Historisch gesehen befindet man sich in bester Gesellschaft.

Auflösung des Rätsels

Eine geheime Nachricht an jemanden zu senden, mit dem man zuvor nie Kontakt zwei verschiedene Schlösser

hatte, ist möglich. Für das Erspielen der Lösung werden zwei verschiedene Schlösser benötigt, gerne von Schülern, z. B. Fahrradschlösser. Weiter wird ein stabiler Umschlag (Karton), eine Tasche oder ein Kasten benötigt, der sich abschließen lässt.

Alice schreibt eine geheime Nachricht an Bob, steckt sie in einen Umschlag und verschließt diesen mit einem Sicherheitsschloss. Damit ist die Nachricht vor allen geschützt. Vor den potentiellen Angreifern, aber auch vor Bob.

Der verschlossene Umschlag wird an Bob geschickt. Die Angreifer können die Nachricht zwar weitergeben, aber nicht entschlüsseln, da sie keinen Schlüssel haben. Auf diese Weise kommt die Botschaft geheim bei Bob an. Auch er kann den Umschlag nicht öffnen, stattdessen verschließt er den Umschlag ein zweites Mal mit einem eigenen Schloss und schickt die Nachricht doppelt verschlossen an Alice zurück.

Diese entfernt ihr eigenes Schloss und schickt ihre Botschaft ein zweites Mal an Bob, diesmal jedoch ist das Geheimnis durch Bobs Schloss gesichert.

Schließlich kann Bob sein eigenes Schloss entfernen und die Nachricht lesen.

Öffentliche Schlüssel (Public-Key-Verschlüsselung)

ungeschickter dreifacher Weg

Bisher musste die Nachricht einen dreifachen Weg zurücklegen: einmal hin, einmal zurück und noch einmal hin. Das ist ungeschickt. Besser und komfortabler wäre es, wenn der Sender seine Nachricht nur einmal abschicken müsste. Auch das ist möglich.
Bisher hätten wir Zahlenschlösser verwenden können. Das Verschlüsseln (Verdrehen der Zifferräder) entspricht dem Entschlüsseln, nur in umgekehrter Reihenfolge. Es ist derselbe Mechanismus, der schließt und öffnet. Anders formuliert: Öffnen und Schließen erfolgt symmetrisch.

Asymmetrie der Wohnungstür

Wer schon einmal seine Wohnungstür zugeworfen hat und versehentlich seinen Schlüssel in der Wohnung gelassen hat, weiß, dass „Wohnungstür schließen" und „Wohnungstür öffnen" zwei verschiedene Prozesse sind. Anders formuliert: Jeder kann eine Wohnungstür zufallen lassen bzw. die Wohnung verschließen – ob er einen Schlüssel hat oder nicht.
Ein typisches Vorhängeschloss erfüllt dasselbe Prinzip: Jeder kann es zudrücken, aber nur der, der den passenden Schlüssel hat, kann es wieder öffnen. Öffnen und Schließen sind „asymmetrisch".

Konkrete Umsetzung im Klassenraum

Den Schülern wird die Idee der Wohnungstür (Falltürprinzip) mitgeteilt. In Gruppen soll nach einer Möglichkeit gesucht werden, wie der Sender direkt dem Empfänger eine Nachricht verschlüsselt übermitteln kann, ohne dass diese den Weg dreimal zurücklegen muss. Die gefundenen Lösungen werden nachgespielt.

Auflösung

Eine mögliche Lösung: Ein Freiwilliger nimmt die Rolle eines Internetanbieters ein. Er erhält mehrere Vorhängeschlösser, die sich alle mit demselben Schlüssel öffnen lassen.[67] Er geht durch den Raum und legt geöffnete Vorhängeschlösser (ohne den zughörigen Schlüssel) öffentlich aus. In der Praxis kann das z. B. auf seiner Internetseite geschehen, auf der man sich den „öffentlichen Schlüssel" bzw. das „geöffnete Vorhängeschloss" herunterladen kann.

Jeder, der dem Internetanbieter eine Nachricht zukommen lassen möchte, bzw. jeder potentielle Käufer kann seine Nachricht einfach verschließen. Zwei oder drei Sender schreiben eine Nachricht an den Anbieter, verschließen sie und schicken sie ab. Kein potentieller Angreifer bekommt das Schloss wieder auf, auch nicht der Sender. Nur der Empfänger hat den Schlüssel, der in alle Schlösser passt, und kann nach Erhalt der Nachricht die Botschaft lesen. Durch das öffentliche Auslegen wurde das Hin und Her überflüssig.

Mathematische Vorhängeschlösser?

mathematische Einbahnstraße

Prinzipiell ist das Problem gelöst, aber es bleibt noch die Frage, wie sich eine asymmetrische Verschlüsselung mathematisch umsetzen lässt. Gibt es eine mathematische Einbahnstraße? Eine Art mathematische Falltür? Ist es nicht so, dass es zu jeder Funktion eine Umkehrfunktion gibt? Wenn ich eine Gleichung auflösen kann, so kann ich diese ebenso verschlüsseln. Eine gewohnte Aufgabe für Mathelehrer: Vor einer Klassenarbeit werden die Dinge „rückwärts" berechnet. So gesehen, stellt eine Klassenarbeit ein symmetrisches Verschlüsselungskonzept dar.

67 Alternativ können Briefumschläge und ein Brieföffner verwendet werden: Jeder kann den Umschlag mit Spucke zukleben. Der Brieföffner übernimmt jetzt die Rolle des Schlüssels. Das Bild mit den Vorhängeschlössern ist natürlich stärker, aber weniger preiswert.

Gibt es eine mathematische Einbahnstraße? Aufgabe der Schüler ist es, ein einziges Beispiel einer solchen Falltür zu finden. Oder sich zu überlegen, dass es tatsächlich nicht geht, eine mathematische Einbahnstraße zu konstruieren. Wer noch nie versucht hat, ein Beispiel zu finden, wird die folgende Idee nicht recht wertschätzen können.

Eine mathematische Einwegfunktion
Ein Experiment in zwei Teilen verdeutlicht den Sachverhalt:

Erster Teil: Messen Sie die Zeit, wie lange Sie benötigen, um die folgende Zahl in Primfaktoren zu zerlegen:

Zerlegung in Primfaktoren

779

Sie können nichts weiter tun, als Schritt für Schritt die Teilbarkeit zu überprüfen: Durch „2" ist 779 nicht teilbar. Durch „3" ist 779 nicht teilbar. Und so weiter. Hier hilft es, die Rechenregeln für Teilbarkeit zu kennen (vgl. Band II, Abschnitt 13.9).

Zweiter Teil: Multiplizieren Sie die beiden Zahlen 19 und 41. Messen Sie wieder die Zeit.

Entscheidend ist, dass das Verschlüsseln (Multiplizieren zweier Primzahlen) ein anderes Verfahren ist als das Entschlüsseln (Zerlegen in Primfaktoren). Vielleicht hatten Sie Glück und hatten sofort beispielsweise die „19" erraten. Dieses Glück können Sie auch bei bekannten Verschlüsselungsverfahren haben. Wenn Ihre Schüler die Schwierigkeit der Entschlüsselung noch nicht gefühlt haben, können Sie leicht die Primfaktoren vergrößern. Wenn Sie genügend Zeit haben, versuchen Sie, die Primfaktoren dieser Zahl zu bestimmen:

ein anderes Verfahren

356717891

Es ist relativ einfach, große Primzahlen zu finden, die Zerlegung ihres Produkts hingegen ist sehr schwierig.

Bemerkung
Die grundlegende Idee besteht in der Verwendung zweier unterschiedlicher Schließmechanismen. Käufer und Internetanbieter brauchten keinen gemeinsamen Schlüssel. Doch in vielen, vielen Fällen verwenden wir symmetrische Konzepte. Daher ist es naheliegend, dass man das Problem mit einem gemeinsamen Schlüssel zu lösen sucht. Eine Botschaft – ein Schlüssel. So lässt sich verstehen, dass das erste asym-

metrische Verschlüsselungsverfahren erst 1977 von Ronald Rivest, Adi Shamir und Leonard Adleman entwickelt wurde. Nach ihnen wird es RSA-Verfahren genannt.[68]

25.5 Lotto im Klassenraum

Eine weitere Einstiegsmöglichkeit in das Thema „Zufall und Wahrscheinlichkeit": Das Klassenzimmer wird zur Lostrommel, Schüler zu Kugeln. Das skizzierte Vorgehen beinhaltet das Ziehen *mit* und *ohne* Beachtung der Reihenfolge, ebenso die Produktregel. Vertieft werden muss letztere an dieser Stelle noch nicht, jedoch hilft der exemplarische Einstieg in die Kombinatorik sehr, um später darauf zurückzugreifen. Wer das Lottospiel erlebt hat, vergisst es sehr wahrscheinlich nicht.

Einstieg in die Kombinatorik

Auch hier handelt es sich um einen Einstieg „mittendrin". Der Schüler wird mit einem komplexen Thema aus seinem Alltag, aus seiner kulturellen Umgebung konfrontiert.

kulturelle Bildung

Phase 1: Schüler werden zu Kugeln
Jeder Schüler stellt eine Kugel dar. Noch bestehen die Klassen nicht aus 49 Schülern, demzufolge spielt man statt „6 aus 49" entsprechend mit weniger Kugeln. Als Beispiel wird „4 aus 30" in einer siebten Klasse vorgestellt, also vier Ziehungen ohne Beachtung der Reihenfolge aus 30 Kugeln. Natürlich kann der Lehrer die Schüler durchnummerieren. Besser ist es jedoch, die Schüler erledigen das selbst, indem der Sitzordnung entsprechend durchgezählt wird. Auf diese Weise hat zumindest jeder einmal seine Zahl selbst gesagt und vergisst sie somit auch nicht so schnell.

Phase 2: Tippschein abgeben
Bevor das Spiel beginnt, dürfen die Schüler für 2 Cent einen Tipp abgeben, der bei einer Klassenstärke von 30 Schülern aus vier Zahlen zwischen 1 und 30 besteht. Gewonnen werden können 100 Euro vom Lehrer, die wie die Einsätze der Schüler auf das Pult gelegt werden. Der Gewinn wird allerdings nicht privat ausgezahlt, sondern landet

kein privater Gewinn

68 Der interessierte Leser sei auf weiterführende Literatur verwiesen:
BEUTELSPACHER, Albrecht: Moderne Verfahren der Kryptographie. Vieweg Verlag, Braunschweig/Wiesbaden, 4. Auflage 2001.
SINGH, Simon: Geheime Botschaften. Die Kunst der Verschlüsselung von der Antike bis in die Zeiten des Internet. dtv Verlag, München, 12. Auflage 2014.

im „Glücksfall“ in der Klassenkasse. Gewonnen wird nur bei vier Richtigen.

Lotto-Tippschein					
1	2	3	4	~~5~~	6
7	8	~~9~~	10	11	12
13	14	15	16	~~17~~	18
19	~~20~~	21	22	23	24
25	26	27	28	29	30
Name:					

Bevor die Schüler ihren Tipp abgeben, werden die Zahlen im Heft notiert, damit hinterher wie im realen Lotto verglichen werden kann, ob man gewonnen hat oder nicht. Es ist auch möglich, dass Schüler mehrere Tipps abgeben. Jeder weitere muss, genau wie beim Lotto, ebenfalls bezahlt werden.

Für den Tipp können einfach vier Zahlen mit dem Namen des Tippers auf Papier geschrieben werden. Der „Durchschlag“ bzw. die Kopie kommt in die Hosentasche. Alternativ können auch echte Tippscheine[69] verwendet werden. Wer eine Zahl über der Klassenstärke ankreuzt, hat etwas Grundlegendes nicht verstanden.

69 Eine Vorlage für Tippscheine für 30 Schüler finden Sie unter www.unterricht-als-abenteuer.de.

Didaktische Zwischenbemerkung

Es ist ein riesiger Unterschied, ob Sie nur davon sprechen, dass 100 € gewonnen werden können (symbolische Repräsentationsebene) oder ob tatsächlich 100 € auf dem Tisch liegen (enaktive Repräsentationsebene).

das Haptische ist schneller erfassbar

Allein das hier gezeigte Bild (ikonische Repräsentationsebene) macht die Tatsache, dass Sie 100 € verlieren könnten und die Klassenkasse gewinnen könnte, viel konkreter. Das Materielle bzw. Haptische ist für den Menschen viel schneller zu erfassen. Die symbolische Ebene „100 €“ muss erst entschlüsselt bzw. in Vorstellungswelt übersetzt werden. Erst dann kann die Bedeutung erlebt werden. Der konkrete Schein auf dem Tisch ist viel schneller und „greifbarer“. Die Sache mit dem „Schein“ ist ein konkretes Beispiel für den Unterschied zwischen enaktiver und symbolischer Behandlung von Unterrichtsinhalten. Dieser Unterschied lässt sich nicht auf symbolischer Ebene (sprachlich) beschreiben und trotzdem ist er ein riesiger. Wegen diesem Unterschied gehen wir ins Theater oder ins Konzert, anstatt die wesentlich günstigere Konserve zu bemühen.

Phase 3: Ziehung der Lottozahlen

Für die Kugellöcher werden vier Stühle aufgestellt. Die „Kugeln“ rollen schweigend durcheinander durch den Raum. Auf ein Signal hin (Klatschen des Lehrers oder Gong) steigt der Schüler, der dem ersten Stuhl am nächsten ist, darauf. Beim nächsten Signal geht derjenige Schüler auf Stuhl Nummer 2, der am weitesten von diesem entfernt ist. Nummer 3 und 4 können mit dem Abstand zu einem bestimmten Gegenstand im Raum in ähnlicher Weise ausgewählt werden.
Die erste Ziehung hätte jeden Schüler treffen können, jeder hätte auf den ersten Stuhl steigen können, somit gibt es 30 Möglichkeiten, ihn zu besetzen. Für die zweite Kugel gibt es nur noch 29 Möglichkeiten, da die erste Ziehung die Anzahl der Kugeln um 1 reduziert hat. Für den dritten Platz vermindert sich die Anzahl auf 28, beim vierten auf 27.

Phase 4: Wie viele Besetzungen sind möglich? – Standpunkte einnehmen

Dass die Anzahl der Möglichkeiten, die vier Stühle zu besetzen, etwas mit den Zahlen 30, 29, 28 und 27 zu tun hat, ist naheliegend. Warum daraus jedoch unmittelbar $30 \cdot 29 \cdot 28 \cdot 27$ Möglichkeiten folgen, ist an dieser Stelle keinesfalls klar. Warum sind es beispielsweise nicht $30 + 29 + 28 + 27$ Möglichkeiten?[70]

Tische und Bänke werden zur Seite geschoben und die Fraktion, die „+“ für geeignet hält, geht nach links, die andere nach rechts. Die Mitte ist verboten, jeder soll sich entscheiden.

Als ich die Übung zum ersten Mal in einer Klasse durchführte, standen von meinen 30 Schülern erstaunlicherweise nur drei auf der Seite der Multiplikation, der Rest war sich einig darüber, dass addiert werden müsse. Wer hat Recht?

Es wird vereinbart, dass nur der sprechen darf, der einen „Redestab“ (z. B. das Lehrermäppchen, den Tafelschwamm ...) in der Hand hält. Redestab

70 Hier sollen sich die Schüler zwischen zwei verschiedenen Möglichkeiten entscheiden. Alternativ braucht der Lehrer gar keine Lösungsvariante vorgeben. Die Schüler selbst überlegen sich Lösungen. Die verschiedenen Raumecken werden mit den einzelnen Vermutungen belegt. Diese können auf Kreppband notiert und an der entsprechenden Ecke befestigt werden.

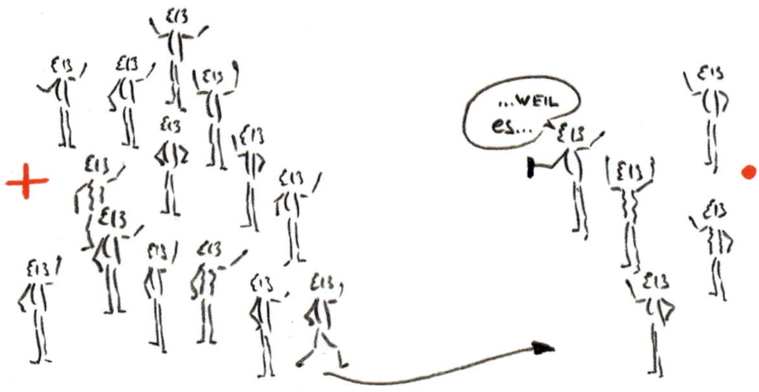

Jeder darf jedoch jederzeit schweigend seinen Standpunkt ändern, wenn er durch Nachdenken oder einen Diskussionsbeitrag zu einer anderen Meinung gekommen ist und jetzt einen anderen „Standpunkt" vertritt. Ziel ist es, dass schließlich alle auf einer Seite stehen.[71]

Zwischenbemerkung: Gestaltung von Kommunikation

der Lehrer gestaltet Kommunikation

Der Lehrer unterrichtet in dieser Übung nicht im klassischen Sinne: Er gestaltet Kommunikation. Das ist nicht einfach! Die folgenden Hintergründe helfen bei der Umsetzung:

Nur einer spricht

Die Klarheit dieser Regel ist elementar. Wenn Sie auch nur ein leises Flüstern zulassen, hören sich die Schüler nicht mehr gegenseitig zu und die Gefahr eines wilden Durcheinanders entsteht. Eine Möglichkeit besteht darin, dass Sie als Spielleiter beim ersten Verstoß den Flüsterer zur Tür hinausführen. Es reichen 10 Sekunden vor der Türe, um die eigene Wahrnehmung und Aufmerksamkeit zu schulen.

Wahrnehmung und Aufmerksamkeit schulen

Eine neue Rolle für den Lehrer

Die Aufgabe des Lehrers besteht nicht darin, die Lösung zu erklären, sondern eine Diskussion zu ermöglichen! Es fällt vielen Lehrern schwer, den Schülern beim Diskutieren „nur" zuzuhören und nicht einzugreifen. Da sagt beispielsweise ein Schüler etwas, das aus Sicht des Lehrers völlig daneben klingt, und da fällt es schwer, die Sache nicht richtigzustellen und draußen zu bleiben. Vielleicht hilft die

71 Ausführlich wird die Methode „Standpunkte einnehmen" vorgestellt in: M. Kramer: Didaktik für Abenteurer (Arbeitstitel; erscheint 2018 im Friedrich Verlag, Seelze).

Vorstellung, dass die Schüler auf dem Pausenhof auch nicht immer alles „richtig“ sagen. Entscheidend ist, wer etwas falsch sagt und in welcher Rolle der Lehrer die Aussage kommentieren sollte. Als Regelhüter im Hintergrund braucht es seine „Aufklärung“ nicht.

Stille aushalten
Stille aushalten ist eine Kompetenz. Oft dauert es ein paar Minuten, bis die Diskussion in Gang kommt. Vor allem, wenn die Diskussionsmethode noch nicht bekannt ist, kann es vorkommen, dass die ersten Beiträge sehr schleppend formuliert werden. Die Schüler haben sich zwar aufgestellt, aber keiner ist schon so richtig im Thema drin, es ist noch nicht zur eigenen Sache geworden.
Hier ist ein klarer Spielleiter erforderlich, der beharrlich warten kann. Ergreift der Lehrer das Wort, dann ist die Rollenverteilung wie zuvor: Der Lehrer erklärt, die Schüler hören zu. Wenn der Lehrer diese Rolle nicht besetzt – obwohl die Situation manchmal danach schreit (!) – können Schüler die Rolle des Erklärers besetzen.

eine Rolle nicht besetzen

Der Lehrer versteckt sich
Fast immer schauen die Schüler bei Wortbeiträgen zum Lehrer. Ist das richtig, was ich sage? Was meint er wohl? Die Schüler handeln, wie sie es gewohnt sind, daher wäre es für die Diskussion am besten, wenn Sie gar nicht im Raum wären. Verstecken Sie sich also, indem Sie z. B. nicht stehen, sondern im Hintergrund Platz nehmen. Machen Sie sich unsichtbar!

Lehrer als Störung

Phase 5: Erspielen der Lösung
Für den Fall, dass die Schüler nicht selbst auf die Lösung kommen, bietet sich folgende Erklärung durch Nachspielen an:

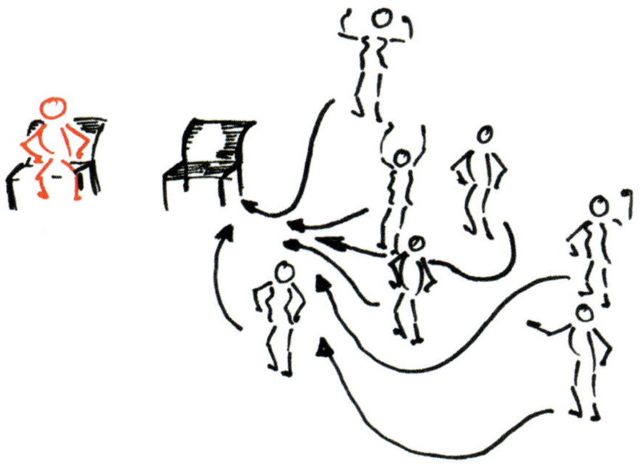

vereinfachtes Problem

Zunächst reduzieren wir das Problem auf zwei Stühle. Ein beliebiger Schüler setzt sich auf den ersten Stuhl (erste Ziehung). Dann verbleiben bei insgesamt 30 Personen noch 29 Möglichkeiten, den zweiten Platz zu besetzen. Anders formuliert: Es gibt 29 verschiedene Möglichkeiten, wenn der erste Platz fest vergeben ist. Will man diese Erkenntnis „sich setzen" lassen, sollen sich die 29 noch stehenden Schüler im Sekundentakt jeder einmal kurz auf dem zweiten Stuhl niederlassen. Der Lehrer zählt an der Tafel mit Hilfe einer Strichliste mit.
Im Folgenden wird derjenige, der bisher auf dem ersten Stuhl saß, „Schüler 1" genannt (Achtung: Er heißt aber vielleicht „Kugel Nr. 16"). Insgesamt ergeben sich für Schüler 1 auf dem ersten Platz insgesamt

$$\underbrace{29}_{\textit{Schüler 1}}$$

Möglichkeiten, den zweiten Platz zu besetzen. Nun setzt sich „Schüler 2" auf den ersten Stuhl: Auch in dieser Situation gibt es 29 Möglichkeiten für den zweiten Platz.

$$\underbrace{29}_{\textit{Schüler 1}} + \underbrace{29}_{\textit{Schüler 2}}$$

Und dann geht's weiter bis zum „Schüler 30". Insgesamt ergeben sich 30 mal 29 Möglichkeiten:

$$\underbrace{29}_{\textit{Schüler 1}} + \underbrace{29}_{\textit{Schüler 2}} + \underbrace{29}_{\textit{Schüler 3}} + \underbrace{29}_{\textit{Schüler 4}} + \ldots \underbrace{29}_{\textit{Schüler 30}} = 30 \cdot 29.$$

Die Erweiterung auf mehrere Stühle geht entsprechend: Für die ersten beiden Plätze gibt es $30 \cdot 29$ Möglichkeiten und jedes Mal können sich 28 Schüler auf den dritten Platz setzen.
Damit sind die $30 \cdot 29 \cdot 28 \cdot 27$ Besetzungsmöglichkeiten geklärt.

Ziehen mit einem Griff
Bisher wurde noch nicht Lotto gespielt. Bei zwei Stühlen gibt es $30 \cdot 29$ Besetzungsmöglichkeiten. Aber wenn man nur darauf achtet, *wer* sitzt, und nicht, wer *wo* sitzt, gibt es bei gleichen Stuhlsitzern stets zwei Möglichkeiten, zwei Stühle zu besetzen. Wir haben demnach zu viele Möglichkeiten gezählt, da alle Ziehungen doppelt vorkommen. Es gibt also nur $\frac{30 \cdot 29}{2}$ unterschiedliche Besetzungspaare.
Analog lässt sich mit den $30 \cdot 29 \cdot 28 \cdot 27$ Besetzungsmöglichkeiten verfahren. Während es bei zwei Stühlen für zwei Personen nur zwei mögliche Sitzordnungen gibt, gibt es bei vier Personen bzw. Ziehungen mehr Möglichkeiten, was im nächsten Schritt näher untersucht wird. Es wurde um ein Vielfaches zu viel gezählt. Hierzu bittet der Lehrer die vier platzierten Ziehungen aufzustehen, sich durchzumischen und erneut wieder Platz zu nehmen.

Die Vertauschung ändert nichts am Gewinn. Hätte man zuvor vier Richtige im Lotto gehabt, dann auch jetzt. Achtet man nicht auf die Reihenfolge, reduziert sich die Anzahl an unterscheidbaren Möglichkeiten. Ergo: Man muss herausfinden, wie viele solcher Vertauschungen möglich sind bzw. mit welchem Faktor zu viel gezählt wurde. Hierzu stehen die „vier Richtigen“ erneut auf. Um den ersten Platz mit einer „richtigen“ Kugel zu besetzen, gibt es vier Möglichkeiten: Kugel Nr. 7, 11, 13 oder 26 wäre möglich. Angenommen, Nr. 13 setzt sich, jetzt kann Platz 2 nur noch von drei Kugeln besetzt werden, entsprechend Platz 3 von zwei Kugeln und schließlich bleibt für Platz 4 nur noch eine Kugel übrig. Insgesamt gibt es also pro Ziehung $4 \cdot 3 \cdot 2 \cdot 1$ Vertauschungsmöglichkeiten. Die Anzahl aller Möglichkeiten, die die Reihenfolge nicht beachten, ist demnach $\frac{30 \cdot 29 \cdot 28 \cdot 27}{4 \cdot 3 \cdot 2 \cdot 1} = \binom{30}{4} = 27405$.

Binomialkoeffizient $\binom{n}{k}$

Die Wahrscheinlichkeit eines Volltreffers beträgt somit $\frac{4 \cdot 3 \cdot 2 \cdot 1}{30 \cdot 29 \cdot 28 \cdot 27} = \frac{1}{27504}$. Falls die Quotientenbildung noch unklar ist, könnte folgende Vorstellung helfen: Angenommen, wir schreiben alle Möglichkeiten (Tippscheine) *mit Beachtung der Reihenfolge* auf. Dann gibt es $4 \cdot 3 \cdot 2 \cdot 1$ Tippscheine, die gewinnen. Diese werden auf einen Stapel gelegt. Auf diese Art und Weise lassen sich auch alle anderen Tippscheine zu Stapeln mit jeweils $4 \cdot 3 \cdot 2 \cdot 1$ Tippscheinen legen. Die Quotientenbildung bedeutet nichts anderes als die Anzahl der Stapel.

Phase 6: Zwei Cent gegen 100 Euro – ein faires Spiel?

War das Spiel fair? Unter „fair“ soll verstanden werden, dass bei sehr, sehr vielen Spielen die Gewinne von Lehrer und Schülern sich ausgleichen. Sind 100 € des Lehrers ein zu großer oder zu kleiner Einsatz? Bei welcher Klassenstärke wäre das Spiel ungefähr fair?

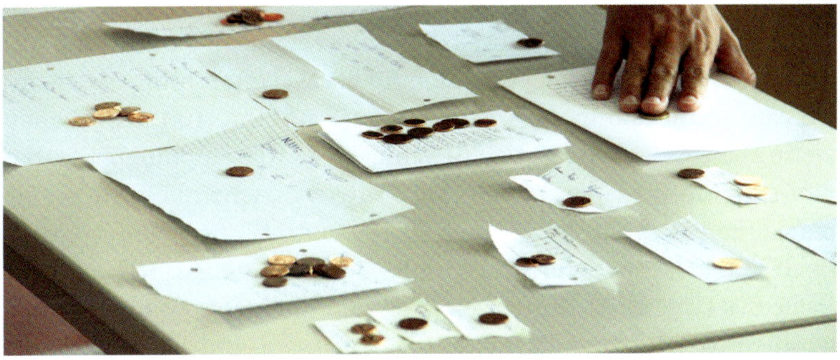

Klassenstärke (Anzahl der „Kugeln")	fairer Lehrereinsatz (in €)
30	548,10
29	475,02
28	409,50
27	351,00
26	299,00
25	253,00
24	212,52
23	177,10
22	146,30
21	119,70
20	96,90

Eine mögliche Lösung: Damit man den Gewinn von 100 € sicher einstreichen kann, müsste man alle möglichen Kombinationen tippen. Ein Tippschein kostet 2 Cent, entsprechend hoch ist die zu bezahlende Summe bei „4 aus 30":

$$\frac{30 \cdot 29 \cdot 28 \cdot 27}{4 \cdot 3 \cdot 2 \cdot 1} \cdot 2\text{ Cent} = 27405 \cdot 2\text{ Cent} = 54810\text{ Cent} = 548{,}10\text{ €}$$

Um ein „faires" Spiel zu spielen, hätte der Lehrer 548,10 € auslegen müssen. Links eine Übersicht eines fairen Einsatzes des Lehrers, wenn die Schüler 2 Cent für einen Tippschein ausgeben.
Offensichtlich handelte es sich bei 30 Schülern mit 100 € um ein unfaires Spiel. Also gibt der Lehrer die Schülereinsätze wieder zurück.

Didaktische und pädagogische Bemerkungen

Wetten im Unterricht – Mathematik und das faire Spiel
Wetten ist etwas zutiefst Menschliches. Es ist der emotionale Zugang zu Wahrscheinlichkeiten. Sowohl Formen der Spielsucht wie auch die Fairness des Spiels können thematisiert werden. Ersterer Zugang ist pädagogischer, zweiter didaktischer Natur. Sollte es nicht Teil einer kulturellen Bildung sein, dass Lottospielen vom mathematischen Standpunkt her sehr unfair ist?

Wetteinsatz und materielle Beteiligung
Mit einem 2-Cent-Stück aus der Schülertasche wird die Realität der Wette erkauft, jetzt geht es um etwas, jetzt hat es unmittelbar mit dem Schüler zu tun. Dass der Betrag dabei minimal ist, spielt eine untergeordnete Rolle. Es kostet schlichtweg etwas, man sieht den Gewinn als Münzhaufen vorne am Pult. Mit der einen Münze wird der Schüler direkt und materiell am Geschehen beteiligt und das fühlt sich anders an, als wenn in einer „als-ob-Wirklichkeit" so getan wird, als würde gespielt.

Einsatz des Lehrers
Sie werden staunen, wie schnell die Aufmerksamkeit zunimmt, wenn Sie 100 € auf den Tisch legen! Auch für Sie als Lehrer fühlt es sich anders an, wenn es um 100 € geht, genauer: um Ihre 100 €! Und auch wenn man weiß, dass es bei 30 Schülern 27405 Tippmöglichkeiten gibt und mit 30 Tippscheinen die Trefferwahrscheinlichkeit gerade bei ca. einem Promille (genauer: 0,10946907 %) liegt, könnte es ja doch sein, dass ein Schüler gewinnt … Ich gebe zu, dass ich an dieser Stelle des Unterrichts immer ein bisschen unentspannt bin. Es ist ja wirklich so: Ich könnte verlieren!

Sie können natürlich auch vorsichtiger sein und nur 10 € auf den Tisch legen oder fünf Richtige fordern, aber dann knistert es nicht mehr so in der Luft. Der Reiz des Spiels geht verloren.

100 € für die Klassenkasse

Angenommen, ein Schüler gibt tatsächlich den richtigen Tipp ab, dann müssen Sie bezahlen, ansonsten wird es schwierig auf der Beziehungsebene: Spielschulden sind Ehrenschulden! Vielleicht ärgert Sie das, wie das häufig im Unglücksfall der Fall ist, aber Sie spielen sicherlich nur mit Geld, das Sie auch verlieren könnten!

Spielschulden sind Ehrenschulden

Pädagogisch unangenehm ist allerdings weniger das Geld, das Sie verlieren, als vielmehr, dass Sie *einem* Schüler 100 € auszahlen müssten. Dann würden vermutlich die Eltern noch am selben Tag auf der Matte stehen. Zu Recht: Einem Siebtklässler ohne Vorwarnung 100 € in die Hand zu drücken, wäre sehr unpassend. Man denke nur daran, dass bei hohen Gewinnsummen mitunter die Gewinner psychologisch betreut werden!

keine private Auszahlung!

Ein zweiter Punkt: In Ihrer Rolle als Lehrer dürfen Sie die Schülereinsätze nicht behalten. Wenn Sie das Geld einstecken, dann würden Sie sich an Ihren Schülern bereichern! Besser ist es, die Einsätze in die Klassenkasse einzuzahlen. Die Spielvereinbarung muss dann entsprechend abgeändert werden.

Weiter gibt es noch eine rechtliche Seite: Sie spielen mit Minderjährigen. Auch aus diesem Kontext heraus lautet die Empfehlung, das Geld wieder zurückzugeben – es war ja ein unfaires Spiel. Die Rückgabe stimmt mit der Beziehungsebene überein – ansonsten hätten Sie als Pädagoge (!) Ihre Schüler übers Ohr gehauen.

Spielsucht und kultureller Bezug

Es ist wichtig, dass das Geld für alle Schüler offen auf dem Pult liegt (vgl. die didaktische Zwischenbemerkung nach Phase 2). Die Werbung arbeitet ebenfalls so. Der mögliche Gewinn wirkt assoziierend, man denkt: „Was sind schon zwei Cent gegenüber den 100 Euro? Zwei Cent sind nichts, aber wenn ich gewinne…". Genau so funktioniert Lotto. Ansonsten würden nicht mehrere Millionen Menschen jede Woche ihren Tippschein abgeben.

In diesem Zusammenhang kann das Phänomen der Spielsucht erörtert werden. Dem Spieler ist es meist egal, wie unwahrscheinlich ein Gewinn ist. Die Hoffnung auf einen Gewinn wird eher in übersinnlicher Weise begründet: Das Schicksal, die Vorsehung oder Gott erwählt einen. Mathematik wird hier zum Pädagogen, indem sie dem

übersinnliche Begründungen und Mathematik

erhofften Gewinn eine stochastische Realität gegenüberstellt. Man vergleiche auch folgenden Abschnitt.

Innerer und äußerer Reichtum

Kapitalismus

Lotto. Deutlicher lässt sich Kapitalismus nicht darstellen: Alle zahlen ein, einer sahnt ab. Es ist der Reiz des „wenn ...", welcher in der Luft liegt. „Ich könnte" ja gewinnen und dann wäre ich Millionär, dann ändert sich alles!

In der Tat ändert sich alles, zumindest bei den meisten der „glücklichen" Gewinner. Dabei gehen interessanterweise die Spieler in der Regel davon aus, dass sie mit dem Gewinn umgehen könnten und daraus mehr Vorteile als Nachteile ziehen. Tatsächlich aber werden die wenigsten glücklich.

viel Geld macht unglücklich

Wie steht es mit Ihnen? Würden Sie eine Million Euro annehmen? Ich selbst wäre sehr vorsichtig. Wer zahlt das nächste Bier in der Kneipe? Können mich Freunde noch einladen? Wie steht es um mich, wenn ich nicht mehr arbeiten muss? Natürlich könnte ich weiterarbeiten, aber meine Umwelt würde wissen, dass für mich die Arbeit nur ein Spiel ist, dass eine Gehaltserhöhung um 2 % für mich keine Bedeutung hat. Auf eine ganz eigene Art und Weise wäre ich von meinen Mitmenschen ausgeschlossen. Vielleicht. Vielleicht machen Sie es ja richtig, sind nicht überfordert und brechen auch nicht zusammen. Es kann sein, dass es klappt, aber es ist unwahrscheinlich, dass Sie mit einem Lottogewinn glücklich davonkommen.

Man darf gerne an dieser Stelle im Unterricht zum inneren Reichtum der Schüler beitragen. Naiv und unreflektiert scheint die Gleichung

mehr Geld = mehr Zufriedenheit, mehr Glück

richtig zu sein. Es scheint so. Zumindest gibt sich die Werbung alle Mühe, dass es so scheint. Bestimmt gibt es einen Zusammenhang, aber es sollte mich wundern, wenn dieser linear ist. Sicherlich ist eine materielle Absicherung wichtig für Zufriedenheit, aber hier sprechen wir von einem Lottogewinn, der weit über diese Sicherheit hinausgeht. Ergibt Geld an sich Sinn oder sind es Beziehungen, die man sich vom Geld zu erkaufen hofft?

25.6 Gleiche Mathematik, anderes Erscheinungsbild: „4 aus 6“

Eine vertiefende oder alternative Aufgabe

Aus sechs Astronauten soll ein vierköpfiges Team gewählt werden. Wie viele unterschiedliche Forschungsteams können gebildet werden? Um die Situation nachzustellen, wird die Klasse in Sechsergruppen aufgeteilt. Falls in einer Gruppe zu wenig Teilnehmer sind, kann mit Stellvertretern gearbeitet werden (ein Stein oder eine Schultasche ersetzt den fehlenden sechsten Schüler). Jede Gruppe zeichnet auf dem Schulhof mit Kreide ein „Gruppenfeld“ auf den Boden.

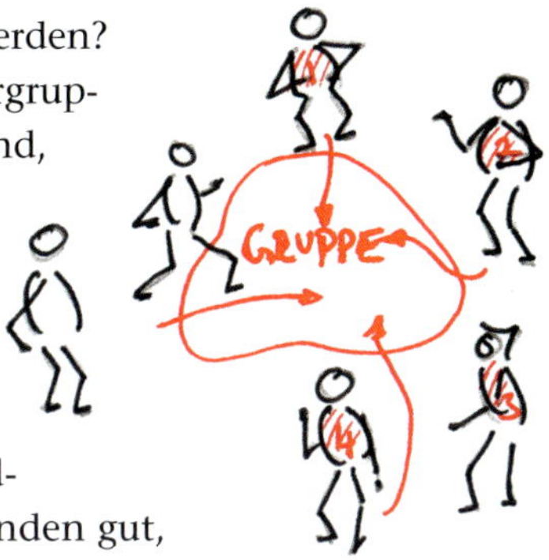

„4 aus 6“ ist ein alternativer Einstieg in „Zufall und Wahrscheinlichkeit“ oder eine Transferaufgabe nach der Behandlung des Lotto (siehe letzter Abschnitt). Es ist aus Platzgründen gut, hinauszugehen und den Schülern Kreide in die Hand zu geben. Für die Erklärung geht man wie beim Lotto vor, statt der Stühle teile man das Gruppenfeld in vier Teile.

Didaktische und pädagogische Bemerkung: Verallgemeinerung durch zwei bis drei Beispiele[72]

Die Astronautenaufgabe habe ich den Schülern direkt nach der Stunde des Lottospiels gestellt. Interessanterweise hatte diese neue Aufgabe für die Schüler nichts mit „6 aus 49“ zu tun! Vielleicht weil statt der vier Stühle ein Kreidekreis gezogen wurde.

Das Gehirn benötigt zwei bis drei konkrete Beispiele, um eine Sache zu verallgemeinern bzw. um eine „Kategorie“ zu bilden. Nichts kann das Gehirn besser als abstrahieren und verallgemeinern. Daher sind konkrete Beispiele in der Vermittlung abstrakter Konzepte elementar. Wissen kann nicht oder nur sehr schwer allgemein vermittelt werden. Es wundert daher nicht, dass dem Schüler die Astronautenaufgabe als etwas Neues erscheint. Es gibt noch keine Kategorisierung dieses Aufgabentypus. Dem Lehrer hingegen kommt es mitunter unverständlich vor, wieso der Schüler „quasi dieselbe“ Aufgabe nicht lösen kann. Aber der Lehrer hat auch ein Konzept im Kopf. Ich versuche, das Prinzip der Verallgemeinerung an einem Beispiel verständlich zu machen, bei dem Sie als Lehrer noch keinen Kategorisierungsvorsprung besitzen: Um was geht es auf dem rechten Bild?

abstrahieren und verallgemeinern

72 Aus: Martin Kramer: Didaktik für Abenteurer (Arbeitstitel; erscheint 2018 im Friedrich Verlag, Seelze).

Vielleicht denken Sie jetzt an Wäscheaufhängen. Vielleicht auch an Holz, vielleicht an die Unterschiedlichkeit zweier Werkstoffe (Holz und Metall) oder an eine bestimmte Farbwahl. Was auch immer. Sie werden sehr wahrscheinlich „falsch" liegen und haben quasi keine Chance. Zumindest falsch in dem Sinne, was ich Ihnen zeigen möchte. Also gebe ich Ihnen links ein weiteres Beispiel.

Jetzt haben Sie ein zweites Beispiel, eine zweite Chance, um zu erkennen um was es (mir) geht, um die allgemeine Kategorie zu verstehen. Mit einem dritten konkreten Beispiel dürfte das Abstrakte klar geworden sein. Der Mensch braucht zwei bis drei Beispiele.

Kindern wird zuerst die Zahl „2" beigebracht. Die Zahl „1" ist zumindest auf diese Art der Vermittlung ungleich schwerer zu verstehen. Was hätten Sie gedacht, wenn ich Ihnen eine Wäscheklammer, ein 20-Cent-Stück und eine Schachtel Streichhölzer gezeigt hätte?

Um die Kategorie „Ziehen mit einem Griff" zu verstehen bzw. um sie zu erkennen, benötigen Sie ebenso zwei bis drei Beispiele. Hätte ich als Lehrer bei den zwei Wäscheklammern gesagt: „Aber das sieht man doch!", dann wäre das nicht situationsgerecht gewesen. Tatsächlich sieht es der Eingeweihte mit einem Blick, hingegen hat der Lernende kaum eine Chance, bei zwei Wäscheklammern eine „2" zu erkennen, ebenso wenig wie er bei der Astronautenaufgabe an Lotto denkt.

25.7 Lotto in Kürze

In Abschnitt 25.5 wurden zwei Themen behandelt: „Ziehen *mit* Beachtung der Reihenfolge" und „Ziehen *ohne* Beachtung der Reihenfolge". Ist man nur an der Wahrscheinlichkeit einen Volltreffers im Lotto interessiert, lässt sich das mittels eines Baumdiagramms schneller klären.

Konkrete Umsetzung

Die Schüler zählen sich durch und verlassen als nummerierte Kugeln das Klassenzimmer. Der Lehrer kennzeichnet vier Stühle mit Kreide oder farbigen Klebepunkten auf der Unterseite der Sitzflächen und bittet danach wieder herein. Alle gehen durcheinander. Auf ein Zeichen setzen sich alle *nacheinander* auf einen Stuhl ihrer Wahl (beim „Ziehen mit einem Griff" ist es zwar egal, ob sich alle auf einen Schlag

„Ziehen mit einem Griff"

setzen, aber Kugel für Kugel erklärt es sich leichter). Auf den markierten Plätzen sitzen die „gezogenen Kugeln“.

Nehmen wir an, die Kugeln 11, 7, 13 und 26 seien der Tipp auf dem abgegebenen Tippschein. Setzt sich von diesen vier Kugeln die Kugel Nummer 11 zuerst, so ist ihre Wahrscheinlichkeit eines Treffers bzw. die Wahrscheinlichkeit, einen markierten Stuhl zu ergattern, $\frac{4}{30}$. Für die nächste getippte Kugel bleiben noch drei markierte Stühle, aber gelost wird nur noch unter 29 Stühlen, also beträgt ihre Trefferwahrscheinlichkeit $\frac{3}{29}$. Entsprechend sind für die weiteren Ziehungen die Trefferwahrscheinlichkeiten $\frac{2}{28}$ und $\frac{1}{27}$. In der Abbildung sehen Sie das zugehörige Baumdiagramm.

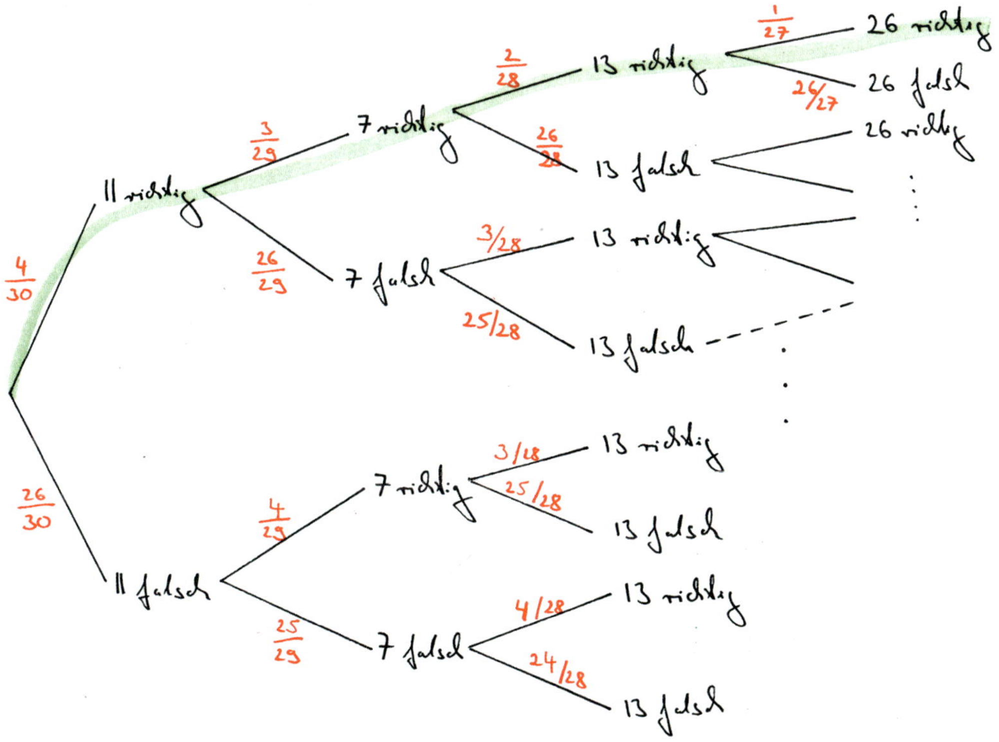

Der obere Pfad beschreibt die Ziehung von vier Richtigen. Nach der Pfadregel ergibt sich für die Wahrscheinlichkeit eines Volltreffers $\frac{4 \cdot 3 \cdot 2 \cdot 1}{30 \cdot 29 \cdot 28 \cdot 27}$.

25.8 Ziehen mit Zurücklegen: Bingo

Der Lehrer wirft fünfmal eine Münze und gibt die jeweils oben liegende Seite bekannt. Zuvor schreiben alle Schüler ihren Tipp jeweils auf einen Wettschein.

Name des Spielers:					
Nummer des Münzwurfes	1.	2.	3.	4.	5.
Voraussage von „Bild“ (B) oder „Zahl“ (Z):					
Tipp:					

Zahlt jeder vor Beginn des Spiels einen Cent ein, ist die Spannung größer. Es gibt $2^5 = 32$ Möglichkeiten, das entspricht ungefähr einer Klassenstärke. Die Chancen für einen Treffer stehen somit ganz gut.
Zu Beginn der Ziehung stehen alle auf. Wer den ersten Münzwurf richtig hatte, darf stehen bleiben, der Rest setzt sich. Wer nach fünf Runden immer noch steht, hat gewonnen.

Erweiterung und Fairness
Etwas riskanter ist es für den Lehrer, einen Tippschein mit zehn Voraussagen auszuteilen und mit einem 10-Euro-Schein ein neues Spiel vorzuschlagen: Wer zehnmal richtig tippt, bekommt den Geldschein. Alle Einsätze bekommt der Lehrer. Wer möchte mitspielen?
In diesem Fall gibt es $2^{10} = 1024$ Möglichkeiten. Je nachdem, wie risikoreich Sie veranlagt sind, können Sie die Anzahl der Voraussagen und Ihren Einsatz variieren.
Es geht um die Frage der Fairness des Spiels. Der Schüler wird von sich aus mathematisch über den Sachverhalt nachdenken.
Der Vorschlag ist nahezu fair, der Lehrer steht ein bisschen besser da, da es $2^{10} = 1024$ Tippmöglichkeiten gibt und der Gewinn „nur“ das Tausendfache des Einsatzes beträgt. Würde der Lehrer vorschlagen, dass fünfzehnmal richtig getippt werden muss und es 50 € zu gewinnen gibt, wäre das sehr unfair, da es 32768 Tippmöglichkeiten gibt. Der Lehrer müsste, um fair zu bleiben, 327,68 € auszahlen.

Bedeutung des Geldes

Noch ein Hinweis: Die Bedeutung des Geldes ist aus didaktischer Sicht wunderbar, aber das Material Geld hat an sich bereits eine Wirkung. Daher sollten Sie größere Beträge vermeiden und Gewinne in die Klassenkasse zahlen, um nicht großspurig zu erscheinen oder gar den Anschein zu erwecken, sich auf Schülerkosten zu bereichern.

25.9 Ziehen ohne Zurücklegen: Kombinatorik mit Münzen und Stühlen

Kombinatorik ist geschicktes Abzählen. Mit Münzen, Stühlen, Karten und Stiften kann Kombinatorik geübt werden. Ohne Vorwissen kann mit dem folgenden Beispiel „Ziehen ohne Zurücklegen unter Beachtung der Reihenfolge“ begonnen werden. Wenn die Schüler mit dem Thema bereits vertraut sind, kann das Beispiel übersprungen werden und direkt zur Übung mit Stühlen gegangen werden.

Beachtung der Reihenfolge

Beispiel

Wie viele Möglichkeiten gibt es, sechs verschiedene Münzen in eine Reihe zu legen?

ein Rätsel

Versucht man „einfach so“, auf die Anzahl der Möglichkeiten zu kommen, wird man sich bald verzählen. Es braucht eine Strategie, eine Struktur des Zählens, um das Rätsel zu lösen.
Lassen Sie den Schülern Zeit, sich an dieser Aufgabe alleine zu versuchen. Je länger probiert und geforscht wird, desto spannender die Auflösung. Falls die Schüler auf keine Lösung kommen, kann der folgende Vorschlag helfen.

Lösung

Sechs Münzen sind für den Anfang ein bisschen viel, daher wird mit zwei Münzen begonnen:

Offensichtlich gibt es genau zwei Möglichkeiten, eine Reihe mit zwei Münzen zu legen. Eine weitere Münze wird hinzugelegt:

Die Anzahl der Möglichkeiten beginnt jetzt, ein bisschen unübersichtlich zu werden. Um sicher zu gehen, dass richtig abgezählt wird, wird eine Münze festgehalten:

Solange das 10-Cent-Stück festgehalten wird, gibt es offensichtlich wieder zwei Vertauschungsmöglichkeiten. Jedoch können wir auch die zweite

oder die dritte Münze festhalten:

Bei allen drei Möglichkeiten des Festhaltens gibt es jeweils zwei Möglichkeiten, wie die Münzreihe liegen kann. Insgesamt sind es also $2 \cdot 3$ Möglichkeiten.

Eine weitere Münze kommt hinzu:

Insgesamt gibt es nun vier Möglichkeiten, eine Münze festzuhalten. Für drei Münzen gibt es $2 \cdot 3$ Möglichkeiten, wie sie liegen können (s. o.). Entsprechend gibt es jetzt $2 \cdot 3 \cdot 4$ Möglichkeiten, vier Münzen in eine Reihe zu legen.
Mit jeder hinzukommenden Münze multipliziert sich entsprechend die Anzahl der Möglichkeiten. Bei sechs Münzen ergeben sich $1 \cdot 2 \cdot 3 \cdot 4 \cdot 5 \cdot 6 = 6! = 720$ Möglichkeiten. Das sind recht viele. Das Abzählen würde recht lange dauern und die Gefahr ist recht hoch, dass man sich verzählt, wenn man nicht strukturell clever bzw. kombinatorisch geschickt zählt.

strukturelles Zählen

Didaktische Bemerkungen

„2" ist einfacher als „1"
Man hätte auch mit einer Münze beginnen können. Aber es ist abstrakter, sich eine „Reihe" aus einer einzigen Münze vorzustellen. Sehen Sie hier eine Reihe?

Falls ja, sind Sie vermutlich Mathematiker. Eine Münze allein erinnert noch an keine Reihe; auf den ersten Blick ist für viele Menschen die „einfachste" Reihe schwieriger zu verstehen. Übrigens lernen kleine Kinder zuerst die Zahl „2" und erst später die „1". Didaktisch ist es häufig sinnvoller, mit der Zwei zu beginnen.

Wer die Sache für zwei Dinge versteht, versteht sie für endlich viele.
Die Idee, statt der sechs Münzen vorerst nur zwei zu untersuchen, ist ein typisch mathematisches Vorgehen. Wenn man etwas für zwei Dinge verstanden hat, hat man es auch (mit dem folgenden induktiven Argument) für endlich viele verstanden. Ebenso könnte man fragen: Warum gilt $13 \cdot 5 \cdot 278 \cdot 21 = 5 \cdot 13 \cdot 21 \cdot 278$ bzw. warum dürfen Faktoren beliebig vertauscht werden? Auch hier überlegt man sich die Sache zuerst für zwei Faktoren (etwa über eine Rechteckvorstellung, vgl. Band II). Das folgende induktive Argument liefert die Regel für endlich viele Faktoren.

typisch mathematisches Vorgehen

Eine kleine Randbemerkung: Bei nur einem Faktor erkennen Sie ebenso schwer ein Produkt wie bei einer Münze eine Reihe.

Alternative Argumentationsmöglichkeit

Man kann, statt einzelne Münzen festzuhalten, auch anders argumentieren: Es liegen bereits k Münzen in einer Reihe. Für die hinzukommende neue Münze gibt es $k + 1$ Möglichkeiten, sich dazuzulegen, es gibt $k + 1$ Lücken (wenn man die beiden Randpositionen ebenfalls als Lücke bezeichnet).
Die zuerst vorgestellte Lösung möchte nicht nur die Anzahl herleiten, sondern die Idee des Festhaltens einer Variablen vermitteln. Im folgenden Abschnitt wird das Festhalten noch deutlicher:

Festhalten einer Variablen

Die Übung mit Stühlen

Statt mit Münzen kann „dieselbe" Aufgabe mit Menschen und Stühlen gestellt werden. Das Wort „dieselbe" steht bewusst in Anführungszeichen. Für den Kenner, der das Prinzip verstanden hat, ist es dieselbe. Für alle anderen handelt es sich um eine völlig andere Aufgabe. Das zugehörige Prinzip, die Kategorie ist noch nicht gebildet. Es braucht mehrere Beispiele, um die Sache zu verallgemeinern bzw. um die Sache in „dieselbe" Schublade zu stecken, obwohl Münzen und Menschen etwas völlig Verschiedenes sind.

zur Verallgemeinerung braucht es mehrere Beispiele

Umsetzung

Es werden Fünfer- oder Sechsergruppen gebildet. Die einzelnen Gruppen setzen sich mit ihren Stühlen zusammen. Wie viele Möglichkeiten gibt es für die Gruppe, die Stühle zu besetzen?

Wieder erhalten die Schüler genügend Zeit, um selbst auf die Lösung zu kommen. Diese kann anschließend erspielt werden. Entweder durch eine Gruppe, die eine Lösung gefunden hat, oder durch den Lehrer. Die Erklärung folgt der obigen Vorgehensweise:

Reduktion auf zwei

Statt sechs Münzen werden sechs Freiwillige und sechs Stühle benötigt. Zuerst wird das Problem auf zwei Freiwillige und zwei Stühle reduziert. Beide Möglichkeiten werden durchgespielt. Dann kommt ein weiteres Gruppenmitglied hinzu. Es setzt sich neben die beiden anderen, wird allerdings von einem Mitschüler, der die Rolle des obigen Spitzers einnimmt, festgehalten. Dann werden wieder Plätze getauscht. Und so weiter. Hier wird das Festhalten einer Größe deutlicher, als wenn „nur" ein Spitzer auf einer Münze liegt.

Gleiche Münzen in der Reihe – eine Gruppenübung

Bisher handelte es sich um ein „Ziehen ohne Zurücklegen mit Beachtung der Reihenfolge". Jede Münze sah anders aus und so gab es innerhalb der Reihe keine Verwechslungen. Anders sieht es aus, wenn beispielsweise zwei der sechs Münzen gleich aussehen würden. Dann könnte man diese nicht mehr unterscheiden und es gäbe weniger Möglichkeiten:

Die beiden 10-Cent-Münzen könnten vertauscht werden, ohne dass es bemerkt würde. Damit halbiert sich die Anzahl der Möglichkeiten.

mehrmals gleiche Münzen

Etwas komplexer wird es, wenn mehrmals gleiche Münzen vorkommen:

Fünf unterscheidbare Münzen gäben 5! = 120 Möglichkeiten. Allerdings können jetzt sowohl die beiden 10-Cent-Münzen unbemerkt ihre Plätze tauschen (die Möglichkeiten halbieren sich) als auch die Centstücke (diese können sechs verschiedene Anordnungen besitzen, damit reduziert sich die Anzahl auf ein Sechstel. Insgesamt ergeben sich nur noch 10 Möglichkeiten.

Umsetzung

1. Phase: Schüler als Prüfer

Ein oder zwei Beispiele können gemeinsam behandelt werden. Anschließend werden Dreier- oder Vierergruppen gebildet. Jede baut auf ihrem Tisch eine Reihe von Münzen auf und berechnet für diese die Anzahl der Kombinationsmöglichkeiten, sie in eine Reihe zu legen. Alternativ können auch Stifte genommen werden.
Damit klar ist, was zur Aufgabe gehört, liegt außer den Münzen oder Stiften nichts auf den Tischen.

2. Phase: Schüler als Prüflinge

Die Schüler gehen anschließend mit Schulheft und Taschenrechner bewaffnet von Tisch zu Tisch und versuchen, die Aufgaben zu lösen. Die Gruppe muss nicht zusammen bleiben, es ist besser, wenn sich die Leute treffen, die an derselben Aufgabe knobeln.

Heftaufschrieb

Jeder Schüler fertigt sich seinen eigenen individuellen Heftaufschrieb an. Dieser soll so gestaltet sein, dass er auch einige Wochen später versteht, was er in der Übung getan hat. Sprich: Die Aufgaben werden nicht nur gelöst, sondern so aufgeschrieben, dass ein fremder Leser hinterher nachvollziehen kann, um was es bei der Übung ging. Dazu gehört z. B. auch die Aufgabenstellung.

Didaktische Zwischenbemerkung

Schwierigkeiten sind „ortskodiert“

Bei ein und derselben Aufgabe stehen die Schüler, die dasselbe Interesse, dasselbe Problem haben. Gleich und gleich gesellt sich gern. Diesen Vorteil gibt es ebenso bei Lernzirkeln. Die Schwierigkeiten im Raum sind gewissermaßen „ortskodiert“. Das ist ein Vorteil einer dezentrierten Lernumgebung: Alle Schüler lernen nicht im gemeinsamen Takt, sondern individuell. Es versteht sich von selbst, dass hier der einzelne Schüler stärker in die Verantwortung gezogen wird. Daher wird besonderer Wert auf den (eigenen) Heftaufschrieb gelegt.

3. Phase: Schüler in der Prüfungskommission

Wenn jeder Schüler mindestens drei Aufgaben gelöst hat, geht jeder zu der Aufgabe, die er für die einfachste hält. Wenn er begründen kann, warum diese Aufgabe für ihn einfach ist, verschränkt er die Arme. Die Begründungen sind unterschiedlich: „Ich fand die Aufgabe leicht, weil wenig Münzen dalagen.“ – „Ich fand sie leicht, weil ich davor eine ähnliche gerechnet habe." Und so weiter. Es geht um Lösungsstrategien. Interessant ist auch, dass nicht alle Schüler dieselbe Aufgabe am leichtesten fanden. Offensichtlich sind die Kategorien „schwierig" und „einfach" sehr individuell.

„schwierig" und „einfach" ist individuell

Anschließend wird dasselbe Vorgehen für die „schwierigste Aufgabe" wiederholt. Es wird untersucht, was die Aufgabe schwierig macht.

Didaktische Bemerkungen

Lernen in drei Dimensionen bzw. in drei verschiedenen Rollen
Der Schüler wechselt in dieser Übung dreimal die Rolle. Zuerst ist er Aufgabensteller bzw. Prüfer. Anschließend versucht er, die anderen Aufgaben zu lösen, und wird entsprechend selbst geprüft. Schließlich reflektiert er in der Aufstellung bzw. in der Diskussion mit größerem Abstand. Etwa als Teilnehmer einer Prüfungskommission.

Zwei bis drei Beispiele
Wer im Unterricht nur mit Münzen arbeitete, für den bleibt sehr wahrscheinlich die Kombinatorik an den Münzen haften: „Das war das mit den Münzen!" Um zu abstrahieren, um zu verallgemeinern, muss sich das Prinzip vom konkreten Gegenstand lösen. Es braucht eine andere Umwelt, der genau dasselbe Prinzip zugrunde liegt. Nach zwei bis drei Beispielen besteht eine große Chance, dass der Schüler das Konzept übertragen kann. Nach Münzen und Stühlen (zwei Beispielen) wird die folgende Aufgabe wahrscheinlich in dieselbe Schublade gesteckt:

Wie viele Möglichkeiten hat die Raupe Nimmersatt, um sich durch das unterschiedliche Obst zu fressen?

Mathematik ist die Kunst zu strukturieren

Ist dies geschehen, ist eine neue Struktur im Gehirn angelegt. Genau das ist das Ziel von Mathematik, die nichts weiter ist als die Kunst zu strukturieren.

25.10 *Überblick über Kombinatorik*

Ein kurzer Überblick: Aus einer Urne mit n (unterscheidbaren) Kugeln wird k-mal gezogen. Man kann mit oder ohne Zurücklegen ziehen und dabei die Reihenfolge beachten oder nicht. Insgesamt ergeben sich vier Möglichkeiten, von denen man drei in der Schule findet:

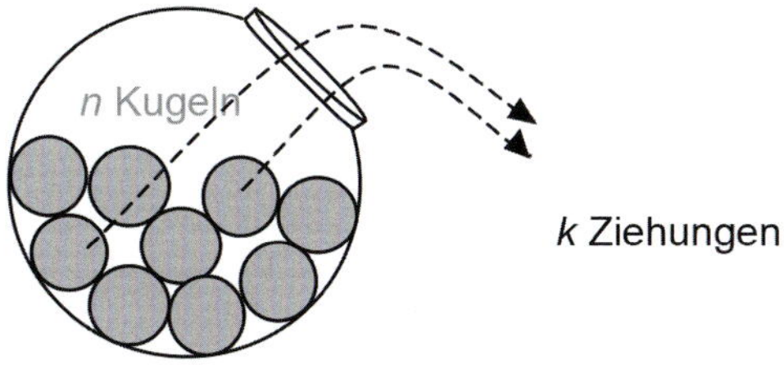

Ziehen		mit	ohne
		Zurücklegen	
mit	Beachtung der Reihenfolge	**1. Bingo** (vgl. 25.8) n^k verschiedene Möglichkeiten	**2. Toto** (vgl. 25.9) $n \cdot (n-1) \cdot \ldots \cdot (n-k+1) = \frac{n!}{(n-k)!}$ verschiedene Möglichkeiten
ohne		**3. Werfen mehrerer Würfel** (vgl. 25.1) $\binom{n+k-1}{k}$ verschiedene Möglichkeiten (die aber nicht gleichverteilt sind)	**4. Lotto** (vgl. 25.5 bis 25.7) $\frac{n \cdot (n-1) \cdot \ldots \cdot (n-k+1)}{1 \cdot 2 \cdot \ldots \cdot k} = \binom{n}{k}$ verschiedene Möglichkeiten

Umsetzung
Das Klassenzimmer stellt die Urne dar, die Schüler die Kugeln. Die Bestimmung der Anzahlen lässt sich ähnlich wie in 25.5 nachstellen: Für k Ziehungen werden entsprechend k Stühle aufgestellt. Beim „Ziehen mit Zurücklegen“ legt der Schüler nur einen Gegenstand auf den Stuhl, andernfalls kann er nicht doppelt gezogen werden.

25.11 *Das Klassenzimmer als Spielcasino*

In den bisher beschriebenen handlungs- und erlebnisorientierten Zugängen (das Spiel „Catan“, geheime Botschaften, Lotto) gibt der Lehrer die Unterrichtsinhalte vor. An dieser Stelle soll ein weit freierer Zugang aufgezeigt werden, bei dem der Lehrer kaum noch Inhalte festlegt, sondern sich „nur“ um die Struktur kümmert.

ein schülerzentrierter Zugang

Die Übung ist mehrfach in der Praxis erprobt worden, unter anderem im Rahmen einer Fachdidaktikvorlesung an der Universität Freiburg.

Umsetzungsskizze

Das Klassenzimmer wird in ein Spielcasino verwandelt. Jede Kleingruppe gestaltet ein Glücksspiel: Roulette, Black Jack, Poker, Bingo, Lotto … Es können auch einfache Würfelspiele erfunden werden: So kann z. B. beim Würfeln zweier Würfel bei einem Pasch die dreifache Summe ausgezahlt werden. Alle Spiele haben die Form, dass ein Einsatz bezahlt und eine Gewinnausschüttung definiert wird. Demzufolge steht pro Gruppe bzw. angebotenem Glücksspiel ein Schüler am Stand, nimmt die Einsätze entgegen und zahlt die Gewinne aus. Es wird weder während des Spiels noch bei den Auszahlungen geschummelt. Gespielt wird mit Spielgeld bzw. Chips oder mit einzelnen Centmünzen.

Mögliche Beispiele

- *Roulette:* Man kann auf Rot oder Schwarz setzen. Die Bank gewinnt immer bei Grün.
- *Münzen werfen:* Wird dreimal hintereinander „Zahl“ geworfen, wird der Einsatz siebenfach ausgezahlt, ansonsten nichts.
- *Würfelspiel mit fünf Würfeln (Kniffel):* Es darf dreimal geworfen werden. Ein Fünferpasch (Kniffel) schüttet den zwanzigfachen Gewinn aus, ein Viererpasch verdreifacht den Gewinn …

Die Jungen und Mädchen können sich dem Anlass entsprechend mit Krawatte bzw. Nagellack herrichten. Um noch mehr Atmosphäre zu schaffen, gibt jede Gruppe ihrem Glücksspiel einen Namen, z. B.: „Fifty-Fifty“, „Die teuflische Drei“, „Jetzt wird’s knifflig“ …

Eine Stunde wird zur Vorbereitung verwendet, in der folgenden Doppelstunde wird mit Krawatte und Nagellack das „Glück" gesucht. Während der ganzen Zeit besteht die Aufgabe des Lehrers im Erkennen mathematischer Inhalte. Worauf kann er den künftigen Unterricht aufbauen? Auf diese Weise finden Themen der Wahrscheinlichkeit ganz natürlich den Weg ins Klassenzimmer. Die Schüler stellen von selbst die „richtigen" Fragen, kommen ins Rechnen, Schätzen, Reflektieren und Diskutieren:

Wahrscheinlichkeit im Klassenzimmer

- *„Wie groß ist die Wahrscheinlichkeit, hier etwas zu gewinnen?"*
- *„Ist das noch ein faires Spiel?"*
- *„Lohnt sich mein Einsatz überhaupt?"*

Vorschlag zur Organisation: Planung in sechs Phasen

In der folgenden Darstellung geht es primär darum, Verbindlichkeit herzustellen. Die Vorgehensweise stellt lediglich eine Möglichkeit dar. Zentral ist, dass der Lehrer den Schülern die Inhalte nicht wegnimmt, sondern nur den Rahmen schafft und klar Verantwortlichkeiten delegiert bzw. festlegt. Die Aufgabe des Lehrers ist somit die eines Strukturgebers, eines Beraters und nicht die des Inhalte-Vermittlers. Sobald der Lehrer damit beginnt, Inhalte (welches Spiel spielt welche Gruppe, wer bringt was mit ...) festlegt, hört das Spiel auf, ein Spiel zu sein. Die Schüler gleichen dann Marionetten, die das Spiel des Lehrers spielen. Die Lust am Spiel geht Hand in Hand mit der eigenen Entscheidung (der Schüler).

das Spiel der Schüler

Für das Beispiel soll die Klasse aus 26 Schülern bestehen. Die Vorbereitung benötigt eine Schulstunde, die Durchführung findet in einer Doppelstunde statt.

Phase 1: Doppelte Gruppeneinteilung

Mit Hilfe eines Skatspieles kann jeder Schüler in der Klasse gleichzeitig in zwei Gruppen eingeteilt werden, da sich jede Skatkarte doppelt zuordnen lässt:[73]

- Einerseits verteilen sich die 32 Skatkarten auf acht verschiedene Bild- bzw. Zahlenkarten: Ass, König, Dame, Bube, 10er, 9er, 8er und 7er. Auf diese Weise entstehen Vierergruppen.
- Andererseits gibt es vier „Farben" (Kreuz, Pik, Herz, Karo) mit je acht Karten. Dadurch entstehen Achtergruppen.

73 Die Möglichkeit einer doppelten Gruppeneinteilung erinnert an die Methode „Gruppenpuzzle", bei der jeder Schüler gleichzeitig einer Basis- und einer Expertengruppen zugeordnet wird.

26 Schüler bzw. Karten lassen sich nicht in Vierergruppen einteilen. Die nächstkleinere Viererzahl ist 24, somit wird ein Set zusammengehöriger Bild- bzw. Zahlenkarten (z. B. alle 7er) komplett beiseitegelegt, von einem weiteren (z. B. den Assen) werden zwei weggelegt und die beiden restlichen als „Joker" hinzugefügt, so dass das Set aus 26 Karten besteht. Anschließend erhält jeder der 26 Schüler eine Karte.

Phase 2: Verschiedene Spiele

Absprache in Vierergruppen

Die verschiedenen „Quartetts" treffen sich in einer neuen Sitzordnung. Die „Joker" kümmern sich um die Währung (vgl. Phase 3).[74] Damit nicht sieben Gruppen Poker spielen, werden an der Tafel verschiede Glücksspiele gesammelt. Je mehr, desto besser. Anschließend werden die Spiele auf die Gruppen verteilt.

Phase 3: Rollen- und Aufgabenverteilung

Atmosphäre

Verantwortlichkeit delegieren

Im Casino kann einerseits gespielt werden, mit dem Geld können aber auch Getränke und Speisen gekauft werden. Die Lernumgebung „Spielcasino" lebt sehr stark von der Atmosphäre. Es braucht Musik, Getränke und Fingerfood, gedämpftes Licht, Dekoration an Wänden und Tischen ... Auch soll das Casino reibungsfrei funktionieren, somit braucht es klare und kurze Spielanleitungen. Kurz: Das ganze Projekt kann nur gelingen, wenn jeder weiß, was er zu tun hat. Mit der Farbe der Karte wird Verantwortlichkeit delegiert:

74 Falls sich die Klasse durch vier teilen lässt und somit keine Joker erforderlich sind, kann entweder das Währungssystem in der Großgruppe besprochen werden oder die „Dekorationsgruppe" erhält zusätzlich den Auftrag (vgl. Phase 3). Alternativ können zwei Karten gleicher Farbe durch zwei Joker im Set ersetzt werden.

Herz: Verkauf

Die „Herzen“ sind für den Verkauf von Speisen und Getränken verantwortlich.

- Mengenbestimmung: Es soll nicht zu viel und nicht zu wenig sein.
- Es braucht Becher, eventuell Teller, Säfte, Wasser, Schokolade, Kuchen, Knabberzeug und Süßkram. Wer bringt was und wie viel davon mit?
- Dann muss festgelegt werden, was wie viel kosten soll.
- Wer schenkt aus? Gibt es eine „Kasse des Vertrauens“ oder wechseln sich die einzelnen „Herzen“ nach einem bestimmten System an der Kasse ab?
- Weiter muss geklärt werden, was mit den Resten passiert. Wer nimmt angebrochenen Saft und halb gelehrte Chipstüten wieder mit?

Karo: Dekoration

Die „Karos“ sind für die Optik des Raumes verantwortlich.

- Wie sollen die Tische stehen? Welches Spiel soll wo stattfinden? Wer spricht mit den „Spielern“ (den „Kreuzen“) ab, wo sie sich aufbauen sollen?
- Wie sollen die Tische hergerichtet werden? Servietten? Tischtücher?
- Ein sehr wesentlicher Faktor für die Atmosphäre ist die Beleuchtung des Raumes. Sollen die Leuchtstoffröhren ausgeschaltet sein? Welches Ersatzlicht? Wie wird der Raum verdunkelt?

Pik: Musik und Videos

Die „Piken“ sind für die Musik zuständig.

- Wer bringt welche Anlage mit? Wo wird diese aufgebaut?
- Wer hält den Kontakt zu den „Karos“, damit die Beschallung auch funktioniert?
- Wer ist für die Lautstärke verantwortlich (damit andere Klassen in der Schule nicht gestört werden)?
- Soll eventuell ein (tonloses) Video im Hintergrund laufen? Dann braucht es einen Beamer, vielleicht eine Leinwand und die Absprache mit den „Karos“ (Beleuchtung).

Kreuz: Spiel

Die „Kreuzer“ sind für den reibungslosen Ablauf der Spiele verantwortlich.

- Sollen die Spielanleitungen einheitlich geschrieben und platziert werden?
- Wie lässt sich garantieren, dass die Spiele gut anlaufen? Braucht es einen Spielleiter für jedes Spiel? In der Praxis hat sich gezeigt, dass

ein Spielleiter, der das Spiel erklärt, Beträge einnimmt und auszahlt, von entscheidender Bedeutung ist. Wie rotieren eventuell die Spielleiter (es sollen ja alle Schüler mitspielen dürfen)? Soll es eine Liste geben?
- Wie wird Geld eingenommen und ausgegeben, falls gegen die Bank gespielt wird? Gibt es eine Kasse an jeder Spielstation?

Joker: Währungssystem
Die Joker sind für die Verteilung des Geldes verantwortlich. Jeder Schüler erhält 30 Währungseinheiten (z. B. Centstücke).
- Wer sorgt für genügend Wechselgeld?
- Wie lässt sich erreichen, dass jeder Besucher 30 Spielmünzen erhält?
- Soll eventuell mit selbst hergestelltem Spielgeld gespielt werden?

Phase 4: Austausch unter den Farben

Absprache in Achtergruppen

Die Schüler treffen sich in ihren Farben, um sich abzusprechen. 10 Minuten sollten genügen. Feinheiten können in Pausen oder telefonisch abgesprochen werden (Hausaufgabe). Der Lehrer gibt zentrale Rahmenbedingungen vor:
- Zu Beginn der Spielveranstaltung stehen für die gesamte Vorbereitung genau 15 Minuten zur Verfügung. Das Casino wird um XX:YY Uhr geöffnet. Bitte genau überlegen, was wohin kommt und wie viel davon.
- Die Öffnungszeit bzw. Spielzeit beträgt 50 Minuten. Wer nach 10 Minuten bereits sein ganzes Geld verspielt hat, hat wenig von der restlichen Zeit. Ein „All-In" ist, wenn überhaupt, eher in den letzten 10 Minuten ratsam. Es kann kein Geld nachgeholt werden.
- Alles, was aufgebaut worden ist, soll in 10 Minuten wieder abgebaut und aufgeräumt sein. Danach soll das Klassenzimmer wie zuvor aussehen. Bitte auch an die Entsorgung denken!

Phase 5: Delegieren der Verantwortlichkeit, Verbindlichkeit

Entsprechend der doppelten Gruppeneinteilung wird eine Tabelle an die Tafel gezeichnet. In die Felder werden Namen und Tätigkeit eingetragen. Das folgende Ergebnis wurde in einer Übung für Lehramtsstudenten an der Universität Freiburg aufgenommen. Die Buchstaben „A", „K" … stehen für „Asse", „Könige" usw. Die Uhrzeit 11:55 Uhr markiert die Eröffnungszeit des Casinos.

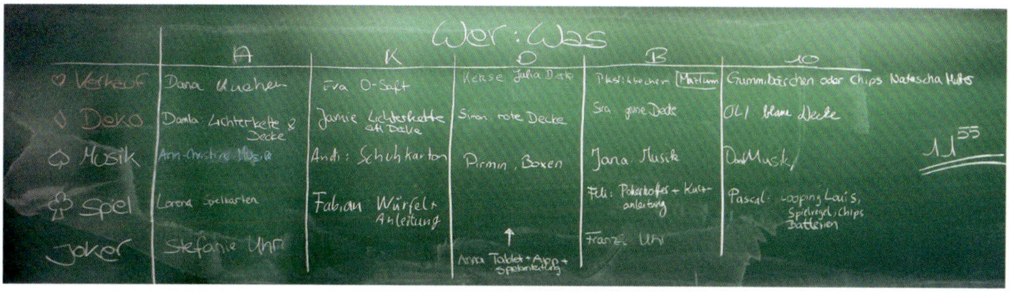

Phase 6: Verkleidung
Wenn Licht, Musik, Essen und Spiele bedacht wurden, kann die Atmosphäre noch verstärkt werden. Wenn die Schüler Lust haben, soll jeder mindestens ein Accessoire mitbringen: eine Krawatte, einen Lippenstift, einen Hut ... In einer Art mathematischem Zeltlager wurde diese Lernumgebung durchgeführt: Die Teilnehmer brachten passende Kleidung mit und übertrafen sich gegenseitig mit Frisuren, Make-up, Fliegen ...
Die Qualität und die Lust am Spiel steigen, je stärker sich die Schüler in die Rolle begeben. Um die Verkleidung zu forcieren, kann man an dieser Stelle der Vorbereitung für etwas mehr Verbindlichkeit sorgen: Die Schüler erzählen sich gegenseitig, wie sie an diesem Tag in die Schule kommen möchten.

Verbindlichkeit

Nachbereitung: Reflexion über Spielsucht

Die Lernumgebung ist eine pädagogische: Das Thema Spielsucht sollte angesprochen werden. Vielleicht macht ein Schüler die Erfahrung, dass nach so vielen Verlusten doch einmal seine Stunde bzw. seine Zahl kommen *muss* – aber nichts dergleichen passiert und er verliert weiter. Vgl. hierzu auch den Abschnitt 25.5 „Lotto im Klassenraum“.
Bei der vorgestellten Zeiteinteilung bleiben 15 Minuten für eine Reflexion übrig. (Eine Doppelstunde dauert 90 Minuten. 15 Minuten benötigen die Schüler für den Aufbau, dann versuchen sie 50 Minuten lang ihr Glück und dann wird noch für 10 Minuten aufgeräumt.) Hier sollte und darf über Spielfreude und Spielsucht gesprochen werden. Hilfreich sind Fragen dieser Art:

Zeiteinteilung der Doppelstunde

- Wer von euch hat einen Moment erlebt, in dem er irgendwie nicht mehr aufhören konnte?
- Wann hattet ihr ein Glücksgefühl? Was habt ihr als schlimm empfunden?
- Könnt ihr euch vorstellen, wie es sich für jemand anfühlt, spielsüchtig zu sein?

- Wo ist für euch die Grenze zwischen Spiel und Ernst?
- Sollte man Glücksspiele generell verbieten?
- Lassen sich Glücksspiele generell verbieten oder finden sie dann heimlich statt?

Didaktisch-pädagogische Bemerkungen

Mathematik als Helfer

Die Schüler beginnen das Lernen – wie im Leben – im Spiel. Zentrale Fragen werden aufgeworfen und so kann im weiteren Unterrichtsverlauf die Mathematik als willkommener Helfer begrüßt werden. Zwar lässt sich nicht jedes Spiel auf einfache Weise mathematisch modellieren. Vielmehr wird man sich exemplarisch auf ein oder zwei Beispiele, wie etwa Lotto oder Bingo, beschränken müssen. Aber es ist auch ein gutes Lernziel, wenn die Schüler erkennen, warum Poker ein recht komplexes Spiel ist, dass sich im Spielverlauf die Wahrscheinlichkeiten ändern, dass eine gute Merkfähigkeit und das sogenannte Pokerface die Wahrscheinlichkeit zugunsten des eigenen Spiels erhöht usw.

Pokerspiel ist komplex

Kompetenzorientierung

„Wird da überhaupt genügend gelernt? Das braucht viel zu viel Zeit! Allein für die Vorbereitung geht eine ganze Stunde flöten!"
Tatsächlich? Wer seinen Fokus nur auf schulmathematische Inhalte legt, könnte sich tatsächlich fragen, ob sich der Aufwand lohnt. Die Gegenfrage könnte lauten: „Können Sie sich eine andere Übung vorstellen, bei der so effizient Kompetenzen geschult werden?" Sie können selber in der folgenden Tabelle Ihre Kreuzchen setzen:

- „xxx" stark ausgeprägtes Merkmal
- „xx" ausgeprägtes Merkmal
- „x" Merkmal vorhanden

Unten in der Tabelle sehen Sie meine Kreuzchen.

Sozialkompetenz			Methodenkompetenz				Personale Kompetenz				Kognitive Basiskompetenz			
Kommunikationsfähigkeit (auch nonverbal)	Kritik- und Konfliktfähigkeit	Teamfähigkeit	Planungsfähigkeit	Problemlösefähigkeit	Präsentationsfähigkeit	Informationstechnische Fähigkeit	Durchhaltevermögen	Selbstständigkeit	Ordentlichkeit	Verantwortungsfähigkeit	Konzentrationsfähigkeit	Räumliches Vorstellungsvermögen	Merkfähigkeit	Schlussfolgerndes Denken
xxx	xx	xxx	xxx	xx	xx	x	x	xx	x	xxx	x	x	x	xxx

Es ist wirklich schwer – auch wenn Sie gar nicht an eine Kompetenzorientierung denken (!) –, ohne Kompetenzen zu unterrichten. Ich habe es nicht hinbekommen, ein Merkmal nicht anzukreuzen. Die Förderung von Kompetenzen erfolgt ganz natürlich. Das liegt vor allem daran, dass die Schüler echte Probleme zu bewältigen haben und sich selber organisieren müssen.

Handlungsorientierung ohne Kompetenzorientierung ist nicht möglich

Beziehungsarbeit zwischen Mensch und Mathematik

Die Schüler bringen eigene Dinge von zu Hause mit, sowohl Ideen als auch Gegenstände (Kartenspiel, Roulette ...). Und wenn die Gegenstände wieder nach Hause wandern, dann hängt da noch Mathematik dran. Plötzlich gibt es eine (materielle) Beziehung zwischen einem Kartenspiel und Mathematikunterricht! Ich möchte es so formulieren: Allein das Mitgestalten von Unterricht hat einen Einfluss auf die Einstellung „Mathe ist doof", der mit drei oder vier Unterrichtsstunden gewiss nicht „überbezahlt" ist.

Schüler bringen eigene Dinge von zu Hause mit

Mitgestalten von Unterricht

Glücksspiele im Mathematikunterricht?

„Werden die Schüler nicht zur Spielsucht verführt? Wäre es nicht besser, wenn man die Schüler nicht dazu verleitet?"

Manchmal hört man solche Stimmen, es ist die Angst vor der Verführung, der „Einstiegsdroge". Am besten soll das Kind diese gefährliche Welt gar nicht mitbekommen.

Aber wo sollen die Schüler den Gefahren des Glücksspiels begegnen? Wo, wenn nicht in einem geschützten pädagogischen Rahmen? Es ist etwas naiv anzunehmen, dass die Schüler nie in solche Situationen kommen. Ist es nicht eher so, dass die Aufgabe eines Pädagogen darin besteht, die Spiellust anzugehen, zu reflektieren, zu überlegen, ob man selbst vielleicht gefährdet ist, ob man jemanden kennt, der bereits gefährdet ist? Wie man sich davor schützen kann? Ob man nachvollziehen kann, dass manch einer sein ganzes Glück verspielt hat? Eine Reflexion also, auf einer ungefährlichen Bühne, in einer Art „Als-ob-Situation". In diesem Sinne liegt die Übung recht nahe an dem theatralen Thema Gewaltprävention. Auch dort gibt es Stimmen, dass die Schüler in einer „Als-ob-Situation" die Techniken des Mobbings erst richtig lernen. Ich bin der Meinung, dass das Sichtbarmachen von Mobbingtechniken und den Gefahren der Spielsucht einen effizienten Schutz darstellt. Die „schmutzigen Dinge" geschehen im Verborgenen, und es schadet gewiss nicht, wenn man als Lehrer dort ein wenig Licht hinfallen lässt.

geschützter pädagogischer Rahmen

Gewaltprävention

Mobbing

Ein Elternabend vorab

Auch wenn die Sache sowohl pädagogisch als auch didaktisch sehr lehrreich ist – trotzdem muss nicht jedes Elternteil Ihrer Meinung sein. Wenn Sie Bedenken haben, dann fragen Sie die Eltern zuvor auf einem Elternabend. Die einzige Folge, die ich in solchen Befragungen erlebt habe, ist eine Wertschätzung seitens der Eltern. Es freut sie, dass sich jemand Mühe gibt und etwas Besonders für die eigenen Kinder veranstaltet.

die Eltern mit ins Boot holen

Gerne können Sie die Eltern mit ins Boot holen und sie bitten, mit ihren Kindern über Spiel und Spielsucht zu sprechen. Und gerne darf auch inhaltlich und organisatorisch nachgefragt werden: „Wieso macht ihr das im Mathematikunterricht?“ und „Wie habt ihr das organisiert?“

Spielfreude

Die Freude am Spiel kommt vor allem daher, weil die Schüler die Sache selbst gestalten dürfen. Nehmen Sie den Schülern ihr „Spiel“ nicht weg! Auch wenn Sie selbst „besser“ Geldscheine, Beleuchtung, Fingerfood … bereitstellen könnten – es wäre dann nicht mehr die Sache der Schüler. Halten Sie sich auch mit (inhaltlichen) Vorschlägen zurück.

keine inhaltlichen Vorschläge des Lehrers

Struktur vs. Zwang

Zwingen Sie die Schüler nicht! So mag etwa eine Kleidervorschrift atmosphärisch stimmig erscheinen, aber wer fremdbestimmt in bestimmte Kleider gezwängt wird, dem vergeht schnell die Lust. Natürlich können Sie als Leiter lenken. Sie können Geschichten erzählen, Phantasien spinnen und Angebote machen, wie etwas sein könnte. Aber entscheiden Sie nicht. Es ist nicht Ihr Spiel, sondern das der Schüler! Hingegen liegt es an Ihnen, eventuell Schüler vor Gruppendruck zu schützen.

Angebote statt Fremdbestimmung

Wie viel Struktur?

Mithilfe der Karten wurde sehr viel Struktur eingebracht. Wenn eine Gruppe zum ersten Mal ein Projekt in dieser Art angeht, dann braucht es kommunikative Hilfe. Die Rollenfestlegung durch den Lehrer ist eine davon, eine sehr wesentliche sogar.

Wenn Sie in derselben Klasse ein zweites Mal ein Projekt in dieser Größenordnung planen, können Sie sich ein bisschen mehr zurückziehen. Das langfristige Ziel ist, sich selbst überflüssig zu machen. „Gestaltet ein Spielcasino und führt das in den nächsten vier Unterrichtsstunden durch" würde sehr wahrscheinlich ohne eine Vorübung im Chaos enden. Aber schließlich sollen die Schüler sich selbst organisieren können.

Selbstorganisation der Schüler

Verantwortung delegieren – eine konkrete Hilfe für den Lehrer
Für viele Lehrer stellt der Rollenwechsel ein großes Problem dar: Nicht eingreifen, nicht sagen, wie es „besser" geht – das hat etwas von „ins Messer laufen lassen". In der Tat ist es ein schwieriger Spagat zwischen Hilfestellung und einem Bevormunden. Vor allem in der Rolle des Lehrers, der helfen möchte, ja, der sogar den Beruf gewählt hat, weil er andern etwas zeigen möchte. Und jetzt soll er stillschweigend zusehen?
Eine Hilfe für den Lehrer: Teilen Sie die Probleme, die Sie sehen, den Schülern mit, aber lösen Sie sie nicht für diese. Das mag sich am Anfang unangenehm anfühlen, aber mit der Zeit bringt es eine riesige Erleichterung mit sich: Nicht Sie müssen die Lösung kennen, nicht Sie zermartern sich das Hirn darüber, wie Stereoanlage und Kuchen ins Klassenzimmer kommen. Hier muss vertraut statt kontrolliert werden. Auch wenn diese Übung nach einem hohen Zeitaufwand für den Lehrer aussieht: Wenn Sie delegieren können, haben Sie überhaupt keinen (!) zeitlichen Aufwand und dafür strahlende Schüleraugen. Die Rolle des Spielleiters ist eine sehr gesunde und angenehme …

Vertrauen

Vorbereitungszeit

25.12 Gegenereignis oder die Häufigkeit von Geburtstagen

Wahrscheinlichkeiten lassen sich mitunter schwer abschätzen. Menschen unterliegen oft falschen Vorstellungen darüber, ob etwas häufig oder selten stattfindet. Ein Beispiel zeigt folgende Aufgabe:
„Wie hoch ist die Wahrscheinlichkeit, dass mindestens zwei Schüler in einer Klasse mit 30 Schülern am selben Tag Geburtstag feiern?"

Schätzen von Wahrscheinlichkeiten

Umsetzung im Unterricht
Stille. Jeder stellt eine eigene Vermutung auf. Wer sich für eine Prozentzahl entschieden hat, verschränkt zum Zeichen die Arme. Um die Schüler ein bisschen in die Verantwortung zu nehmen, werden mit Fingern die einzelnen Schätzungen angezeigt: Ein Finger steht für ein Prozent; wer über zehn Prozent schätzt, kreuzt die Arme (für eine römische Zehn: „X") und zählt dann mit den Fingern weiter. Wer mehr als 20 % anzeigen möchte, meldet sich und äußert sich anschließend verbal.

Lösung

Viel leichter ist es, das Gegenereignis zu berechnen: Wie hoch ist die Wahrscheinlichkeit, dass alle Schüler an unterschiedlichen Tagen ihren Geburtstag feiern?

Das Klassenzimmer wird in zwei Hälften aufgeteilt, die durch eine „Tür" (Durchgang zwischen zwei Tischen) verbunden sind. Eine Seite stellt einen zunächst leeren Kalender dar, in diesen werden alle Geburtstage eingetragen. Der „erste Eintrag" findet sicher Platz. Alle 365 Tage sind noch frei.

Der „Eintrag" wird doppelt notiert: Einmal körperlich (enaktiv), indem der „erste Eintrag" im noch leeren Kalender Platz nimmt, und gleichzeitig wird er an der Tafel formal (symbolisch) notiert. Der „erste Eintrag" besitzt im Beispiel ein blaues Oberteil. Da er vor dem Platznehmen 365 freie Stühle sieht, wird diese Zahl blau eingefärbt. (Der Lehrer kann gerne nachfragen, wie viele freie Plätze er sieht.) Entsprechend wird

$$\frac{365}{365}$$

an die Tafel geschrieben. Das ist die Wahrscheinlichkeit, dass sein Platz noch frei ist.

Der „zweite Kalendereintrag" sieht beim Betreten nur noch 364 freie Plätze (er muss einen freien Platz einnehmen, sonst würde es sich um kein Gegenereignis handeln und wäre gegen die Annahme, dass alle Schüler an unterschiedlichen Tagen ihren Geburtstag feiern). Die Wahrscheinlichkeit, dass sein Geburtstag nicht mit dem ersten übereinstimmt, beträgt $\frac{364}{365}$. Wieder wird entsprechend der Kleiderfarbe (hier rot) farblich kodiert, und die Wahrscheinlichkeit, dass beide einzeln sitzen, beträgt insgesamt

$$\frac{365}{365} \cdot \frac{364}{365}.$$

Für den nächsten Eintrag bleiben nur noch 363 Stellen frei. Die Wahrscheinlichkeit, dass sein Platz noch frei ist, beträgt demnach $\frac{363}{365}$. Und so weiter:

$$\frac{365}{365} \cdot \frac{364}{365} \cdot \frac{363}{365} \cdot \frac{362}{365} \cdot \ldots \cdot \frac{336}{365} \approx 0{,}284 = 29{,}4\,\%.$$

Schätzung fast immer zu tief

Die Chance des Gegenereignisses, dass bei einer Gruppe von 30 Personen keine zwei am selben Tag Geburtstag haben, beträgt nur 29,4 %. Demnach ist die gesuchte Wahrscheinlichkeit 100 % – 29,4 % = 70,6 %

und wird fast immer zu tief geschätzt. Vielleicht liegt es an der Verwechslung mit der Wahrscheinlichkeit dafür, dass zwei Personen an einem *bestimmten* Tag Geburtstag haben. Vielleicht. Vielleicht auch nicht, denn nach dem Nachspielen und Durchrechnen hört man immer noch Argumente, die mit „aber trotzdem ..." beginnen.
Zum Schluss noch eine Tabelle zum Ablesen der Wahrscheinlichkeit für die jeweilige Klassenstärke. Bei 23 Personen liegt die Wahrscheinlichkeit für einen Mehrfachgeburtstag bereits über 50%. Dass es einen Mehrfachgeburtstag in einer Klasse gibt, ist demnach keine Besonderheit, sondern eher der Normalfall.

Eintrag Nr. bzw. Gruppengröße	Wahrscheinlichkeit, dass aktueller Platz frei (wenn bisher nur Einfachbesetzungen)	Wahrscheinlichkeit, dass alle Plätze nur einfach besetzt	Wahrscheinlichkeit für Gegenereignis: mindestens 1 Mehrfachgeburtstag
1	365/365 = 1	100,00%	0,00%
2	364/365	99,73%	0,27%
3	363/365	99,18%	0,82%
4	362/365	98,36%	1,64%
5	361/365	97,29%	2,71%
6	360/365 = 72/73	95,95%	4,05%
7	359/365	94,38%	5,62%
8	358/365	92,57%	7,43%
9	357/365	90,54%	9,46%
10	356/365	88,31%	11,69%
11	355/365 = 71/73	85,89%	14,11%
12	354/365	83,30%	16,70%
13	353/365	80,56%	19,44%
14	352/365	77,69%	22,31%
15	351/365	74,71%	25,29%
16	350/365 = 70/73	71,64%	28,36%
17	349/365	68,50%	31,50%
18	348/365	65,31%	34,69%
19	347/365	62,09%	37,91%
20	346/365	58,86%	41,14%
21	345/365 = 69/73	55,63%	44,37%
22	344/365	52,43%	47,57%
23	343/365	49,27%	50,73%
24	342/365	46,17%	53,83%
25	341/365	43,13%	56,87%
26	340/365 = 68/73	40,18%	59,82%
27	339/365	37,31%	62,69%
28	338/365	34,55%	65,45%
29	337/365	31,90%	68,10%
30	**336/365**	**29,37%**	**70,63%**
31	335/365 = 67/73	26,95%	73,05%
32	334/365	24,67%	75,33%
33	333/365	22,50%	77,50%
34	332/365	20,47%	79,53%
35	331/365	18,56%	81,44%

Alternativen der Umsetzung

Geburtstagsaufstellung

Etwas persönlicher können gleichzeitige Geburtstage mit einer Aufstellung untersucht werden. Jeder sieht dann, wer wann im Jahreskreislauf Geburtstag hat. Jede der vier Seiten im Klassenzimmer steht für drei Monate. Die Ecken markieren vorne rechts beginnend im Uhrzeigersinn den 1. Januar, den 1. April, den 1. Juli und den 1. Oktober. Auf diese Weise entsteht ein „Wandkalender".

Wandkalender

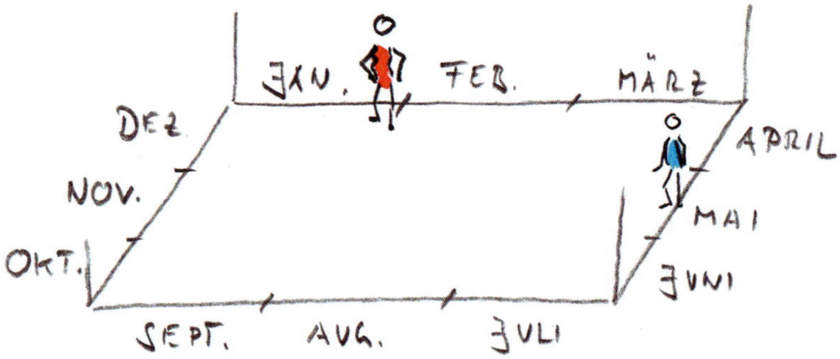

Zug um Zug

Zuerst sitzen alle auf ihren Plätzen. Zug um Zug nimmt jeder seinen Geburtstagsplatz ein. Im Beispiel beginnt der blaue Junge, er stellt sich auf den 14. Mai, gleichzeitig schreibt der Lehrer die Wahrscheinlichkeit, dass dieser Platz noch frei ist, auf: $\frac{365}{365}$. Nacheinander geht es weiter. Das rote Mädchen ist am 30. Januar geboren, auch dieser Platz ist noch frei. Während sie sich einsortiert, schreibt der Lehrer an der Tafel weiter: $\frac{365}{365} \cdot \frac{364}{365} \cdot \ldots$

Kerzen aufstellen

Jeder Schüler bringt eine Kerze mit in den Unterricht. Auf einem Tisch

wird mit 12 Streifen eines Kreppbandes ein Kalender markiert. Während einer nach dem anderen seine Kerze entzündet, schreibt der Lehrer die Wahrscheinlichkeiten an der Tafel auf. Hilfreich ist ein bisschen Knete; damit haben die Kerzen einen sicheren Stand.

Hinweis: Die Kerze hat in dieser Übung zwei Bedeutungen: Erstens symbolisiert sie das Lebenslicht für den Geburtstag, es wird also etwas festlicher und um die Weihnachtszeit vielleicht passend, zweitens bringt der Schüler etwas von sich mit. Wenn Sie die Kerzen für die Schüler mitbringen würden, wäre es nicht so nett, weil es dann Ihre wären. Wer eine Kerze mitbringt, tut etwas für den Unterricht. Man kann es als Schülerbeteiligung bereits vor der Unterrichtsstunde deuten.

materielle Schülerbeteiligung

Geburtstag von Eltern und Freunden
Meist sind gemeinsame Geburtstage in der Klasse bekannt. Alternativ sucht sich jeder Schüler den Geburtstag eines Elternteils oder eines Freundes aus. Das ist natürlich nicht so interessant, aber es ist eine Möglichkeit, wenn die Klasse die Situation mit unbekannten Daten durchspielen möchte.

25.13 Additionssatz

Klassenzimmer und Schüler werden zu einem Wahrscheinlichkeitsraum, genauer einem Laplace-Raum, d. h. die Elementarereignisse (Auswahl eines Schülers) sind gleichverteilt.

Klassenraum als Wahrscheinlichkeitsraum

Einführung
Die Schüler (die Menge Ω) befinden sich alle in einer Urne (Klassenzimmer). Der Lehrer bittet alle aufzustehen, die gerne **S**chwarztee trinken. Es stehen acht Schüler auf. Die Mächtigkeit der Ereignismenge S beträgt demnach

$$|S| = 8.$$

Die Wahrscheinlichkeit, dass blind ein Schüler, der gerne Tee trinkt, gezogen wird, beträgt bei einer Gesamtzahl von 23 Schülern ($|\Omega| = 23$)

$$P(S) = \frac{|S|}{|\Omega|} = \frac{8}{23}.$$

Im Anschluss überlegt sich jeder ein Ereignis. Es sollte nicht zu persönlich sein, also bitte keine intimen Geheim- oder Ereignisse wie z. B. „wer schon einmal die Person XY geküsst hat", sondern eines, wozu sich jeder bekennen kann. Wer ein Ereignis gefunden hat, verschränkt zum Zeichen die Arme. Wenn alle so weit sind, ruft der Lehrer zwei Schüler auf. Als Beispiel hier die Ereignisse einer 9. Klasse:
(Tristan) T: *„Ich habe schon einmal im Unterricht auf den roten Knopf (Not-Aus) im Physikraum gedrückt."*
Es stehen elf Leute auf, demnach ergibt sich: $|T| = 11$ und $P(T) = \frac{11}{23}$.
(Adrian) A: *„Mir wurde schon einmal (mindestens) ein Weisheitszahn gezogen."*
Jetzt stehen vier Personen auf, es ergibt sich: $|A| = 4$ und $P(A) = \frac{4}{23}$.

keine intimen Geheimnisse

Mit diesen Informationen soll – falls möglich – die Wahrscheinlichkeit ermittelt werden, dass ein Schüler (blind) ausgewählt wird, der bereits einmal den roten Not-Aus-Knopf gedrückt *und* schon einen Weisheitszahn verloren hat. Andernfalls ist ein Grund anzugeben, warum die Lösung nicht möglich ist. Gefragt ist also nach $P(T \cap A)$. Jeder überlegt zuerst 2 Minuten für sich, dann findet für weitere 5 Minuten eine freie Diskussion statt. Anschließend kann wie in Abschnitt 25.5 (Phase 4) im Klassenraum Stellung bezogen und mit einem Redestab diskutiert werden. Je länger die Schüler diskutieren und nachdenken, desto interessanter wird die Auflösung. Während der Diskussion wächst gewissermaßen die Spannung.

$P(T \cap A)$

Redestab

Lösung

Schnittmenge und Vereinigung

Die Aufgabe ist tatsächlich nicht lösbar. Mit der Größe der Schnittmenge $|T \cap A|$ ändert sich auch die Vereinigung $|T \cup A|$. Die Mächtigkeit der Vereinigungsmenge ist nicht gleich der Summe der einzelnen Mächtigkeiten $|T|$ bzw. $|A|$. Das kann durch Aufstehen nachempfunden werden: Jemand, der beide Eigenschaften erfüllt, muss für den Term $|T| + |A|$ zweimal aufstehen.
Wenn hingegen jeder aufsteht, der mindestens eine Eigenschaft erfüllt (wenn man also $|T \cup A|$ berechnen will), wird die Schnittmenge nur einmal gezählt. Für die Gleichheit muss der Schnitt hinzugefügt werden. Also gilt für die Schüleranzahlen

$$|T| + |A| = |T \cup A| + |T \cap A|$$

und entsprechend für die Wahrscheinlichkeiten

Additionssatz

$$P(T) + P(A) = P(T \cup A) + P(T \cap A),$$

was der Additionssatz ist.

Die Wahrscheinlichkeit $P(T \cup A)$, dass mindestens eines der beiden Ereignisse eintritt, wie auch die Wahrscheinlichkeit $P(T \cap A)$, dass beide gleichzeitig eintreten, fehlt.
Die Richtigkeit der Gleichung kann auch im Nachhinein anschaulich dargestellt werden: Zuerst steht das Ereignis T auf und dessen Wahrscheinlichkeit wird ermittelt (s. o.), entsprechend werden die Wahrscheinlichkeiten der Ereignisse A, $T \cup A$, $T \cap A$ bestimmt.

Handeln und Tafelanschrieb

Der Tafelanschrieb sollte gleichzeitig zum Handeln der Schüler erfolgen: Elf Schüler stehen auf und der Lehrer schreibt $|T| = 11$ an die Tafel.

Es ergibt sich:

$|T| + |A| = |11| + |4| = 15$

$|T \cup A| + |T \cap A| = |14| + |1| = 15$

$\Rightarrow |T| + |A| = |T \cup A| + |T \cap A|$

bzw.

$P(T) + P(A) = \frac{11}{23} + \frac{4}{23} = \frac{15}{23}$

$P(T \cup A) + P(T \cap A) = \frac{14}{23} + \frac{1}{23} = \frac{15}{23}$

$\Rightarrow P(T) + P(A) = P(T \cup A) + P(T \cap A)$

Mengenbild und räumliche Kodierung

Möchte man ein Mengenbild an die Tafel zeichnen, kann man noch einen Schritt weitergehen und die Schüler (die Elementarereignisse) neu anordnen. Das Klassenzimmer wird in zwei sich überlappende Bereiche eingeteilt. In jedem befindet sich ein zum Ereignis passender Gegenstand, z. B. ein rotes Schulheft für den roten Knopf und ein Stück Stoff gegen Zahnschmerzen. Die Gegenstände werden von den Schülern gefunden, sie müssen nur ungefähr die Menge bezeichnen. Wer in der Mitte steht, hat beide Eigenschaften, wer an der Wand lehnt, hat keine der beiden Eigenschaften. Das so gefundene Mengenbild wird anschließend an die Tafel gezeichnet. Die Aufstellung zu den Mengen „Not-Aus" (T) und „Weisheitszahn" (A) sieht so aus:

Didaktisch-pädagogische Bemerkungen

Ein Kennenlernspiel

Die Einführung des Additionssatzes folgt einem typischen Kennenlernspiel: Eine Eigenschaft wird angesagt und die entsprechenden Menschen stehen auf, schauen sich gegenseitig an und werden von den anderen ebenfalls gesehen. Für die Teilnehmer einer Gruppe ist es interessant, wer Fußball spielt, wer ein Instrument beherrscht, wer

Eigenschaften der Gruppenmitglieder

aus der Innenstadt kommt, wer mit dem Rad hergefahren ist, wer im Kindergarten sich selbst einmal die Haare geschnitten hat oder wem schon ein Weisheitszahn fehlt. Es freut uns zu wissen, wenn andere eine ähnliche Erfahrung gemacht haben. Wir sehen, wer uns gleicht und mit wem wir Gemeinsamkeiten haben (vgl. auch die Abschnitte über Symmetrie in Band I). Somit ist die Übung ein guter Start für eine Gruppe, die sich nicht kennt: Man blickt auf Gemeinsamkeiten und schafft dadurch recht schnell ein gewisses Maß an Vertrautheit. Die Übung ist wunderbar, solange niemand bloßgestellt wird. Daher braucht es den Lehrer als Spielleiter, der gegebenenfalls die Aufstellung zu einem bestimmten Ereignis nicht zulässt.

Gemeinsamkeiten

Vertrautheit

Mathematik als Pädagoge

Mathematik taucht hier einmal wieder in der Rolle des Pädagogen auf. Während in einem typischen Kennenlernspiel für gewöhnlich nur Ereignisse A, B, C ... abgefragt werden, kann hier noch genauer gruppiert werden. Es gibt Vereinigungen und Schnitte ($A \cup B$, $A \cap B$, $A \cap B \cap C$), Gegenereignisse $\overline{A}$ oder Differenzmengen ($A \backslash B$). Es ist ein gewaltiger Unterschied für den Lernenden, ob er eine Übung aus einem Buch nachvollzieht oder mit Ereignissen hantiert, die ihn unmittelbar angehen.

„Oder" und „entweder – oder"

Die Verwendung von „oder", sprich die Beschreibung der Vereinigung zweier Mengen ($T \cup A$), fällt manchem Schüler schwer, weil häufig in „entweder – oder" gedacht wird. Es gibt zur Demonstration des logischen „oder" einen Mathematikerwitz, bei dem zwar fast kein Schüler lacht, der aber dennoch sehr einprägsam ist:
Ein Logiker wird Vater. Ein Kollege fragt ihn: „Wird es ein Junge oder ein Mädchen?" Darauf antwortet der Logiker: „Ja."

Mathematikerwitz

25.14 De Morgan'sche Gesetze

In dieser Übung steht weniger die Herleitung der Morgan'schen Gesetze im Vordergrund, sondern die Bedeutung und das Verstehen der Schnittmenge $A \cap B$, der Vereinigungsmenge $A \cup B$ und des Komplements einer Menge $\overline{A} = \Omega \backslash A$.
Behandelt werden die beiden Gesetze:

1) $\overline{A \cap B} = \overline{A} \cup \overline{B}$
2) $\overline{A \cup B} = \overline{A} \cap \overline{B}$

Zuerst werden wieder zwei Ereignisse festgelegt, z. B.

A: *„Ich habe mir im Kindergarten schon einmal selbst die Haare geschnitten."*
B: *„Ich esse gerne Linsen mit Spätzle."*

Um z. B. Gleichung 1 am Beispiel nachzuvollziehen, „stehen" die Schüler genau zu dem, was der Lehrer an die Tafel schreibt:

Tafelanschrieb	Schülerverhalten
A	Zuerst steht ein A an der Tafel, also stehen alle Schüler auf, die sich im Kindergarten die Haare geschnitten haben.
$A \cap B$	Dann wird diese Menge mit B geschnitten. Es bleiben jetzt nur noch die Schüler stehen, die beide Aussagen bejahen können, also auch Linsen mögen.
$\overline{A \cap B}$	Wenn der Lehrer die Menge negiert, gibt es die Umkehrung im Klassenzimmer: Wer sitzt, steht auf; wer bereits steht, setzt sich. Damit ist die linke Seite der Gleichung 1 exemplarisch modelliert.

Entsprechend wird $\overline{A} \cup \overline{B}$ nachgebaut. Da in beiden Fällen dieselben Schüler stehen bzw. sitzen, gilt für dieses Beispiel die Gleichheit. Das ist natürlich kein Beweis. Man muss erst darüber nachdenken, dass die Gleichheit nicht an den konkreten Zahlen hängt. Hier kann die ortskodierte Vorgehensweise des letzten Abschnittes helfen („Not-Aus" und „Weisheitszahn").
Auch die Verallgemeinerung auf drei (oder endlich viele) Mengen ist möglich:

$$\overline{A \cap B \cap C} = \overline{A} \cup \overline{B} \cup \overline{C}$$
$$\overline{A \cup B \cup C} = \overline{A} \cap \overline{B} \cap \overline{C}$$

25.15 Unabhängigkeit und bedingte Wahrscheinlichkeit

Zwei Ereignisse A und Z heißen unabhängig voneinander, falls $P(A) \cdot P(Z) = P(A \cap Z)$. Diese Definition ist zwar richtig, aber nicht konstruktiv. Man kann zwar gut damit rechnen, aber man versteht nicht, was genau mit „unabhängig" gemeint ist. Anschaulicher ist die Umformung $P(A) = \frac{P(A \cap Z)}{P(Z)}$ zu verstehen.

Während es bisher um einzelne Wahrscheinlichkeiten ging, kommt jetzt ein Beziehungsaspekt hinzu: Was hat die eine Sache mit der anderen zu tun? Wie soll in mathematischer Sprache formuliert werden, dass zwei Ereignisse voneinander „unabhängig" sind?

Beziehungsaspekt

unabhängig von einer Stichprobe

Unabhängigkeit bedeutet, dass die Wahrscheinlichkeit eines Ereignisses unabhängig von einer bestimmten Stichprobe ist. Wenn Sie zum Beispiel einen beliebigen Schüler in der Klasse fragen, ob er in seiner Kindheit gerne gezündelt hat (Ereignis Z), gibt es eine bestimmte Wahrscheinlichkeit $P(Z)$, dass er „ja“ sagt. Haben Sie die gleiche Chance, erfolgreich einen Zündler nur aus der Teilgruppe auszuwählen, welche gerne Ananas mag (Ereignis A)? Das entspricht $\frac{P(A \cap Z)}{P(A)}$. „Unabhängig“ bedeutet, dass die Gleichheit $P(Z) = \frac{P(A \cap Z)}{P(A)}$ gilt.

Konkrete Umsetzung im Unterricht

Wie in Abschnitt 25.13 stellt das Klassenzimmer den Wahrscheinlichkeitsraum dar, ebenso wählen die Schüler zwei Eigenschaften, die sie interessieren, die sie aber auch preisgeben können bzw. wollen. Zum Beispiel das Ereignis ***Z***: „Ich habe als Kind gerne ge**Z**ündelt“ und das Ereignis ***A***: „Ich mag ***A***nanas.“ Gibt es einen Zusammenhang zwischen der Liebe zur Ananas und dem kindlichen Zündeln? Genauer: Ist es wahrscheinlicher, nur unter den Zündlern einen Ananasliebhaber anzutreffen, als im gesamten Wahrscheinlichkeitsraum?

Zuerst wird $P(Z)$ bestimmt. Hierzu stehen alle Zündler auf, im Beispiel sind es 15. Bei 28 Schülern in der Klasse beträgt somit die Wahrscheinlichkeit, (blind) einen Zündler auszuwählen, $P(Z) = \frac{15}{28}$.
Ändert sich die Wahrscheinlichkeit, wenn man nur unter den Ananasliebhabern sucht? Jetzt stehen 14 Ananasliebhaber auf und 6 davon heben die Hand, um zu zeigen, dass sie als Kind gezündelt haben. Ergo gilt für die Wahrscheinlichkeit von Z unter der Bedingung, dass das Ereignis A eingetreten ist: $\frac{P(A \cap Z)}{P(A)} = \frac{6}{14} = \frac{12}{28}$. Einen Zündler unter den Ananasfreunden zu finden ist also unwahrscheinlicher, da $\frac{P(A \cap Z)}{P(A)} = \frac{12}{28} < \frac{15}{28} = P(Z)$. Die Ereignisse sind also in dieser Klasse nicht voneinander unabhängig.

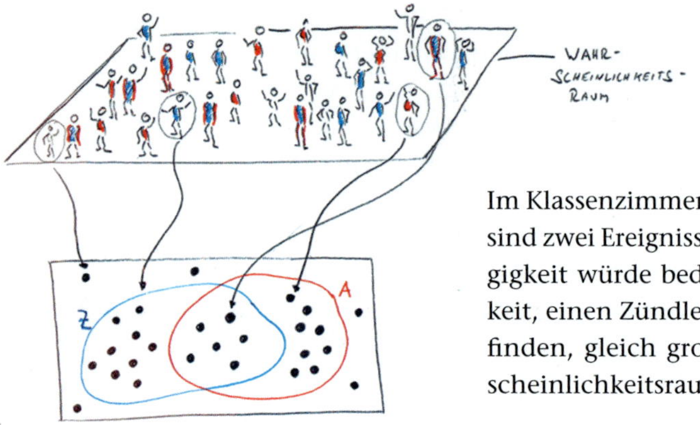

Im Klassenzimmer (dem Wahrscheinlichkeitsraum) sind zwei Ereignisse fast immer abhängig. Unabhängigkeit würde bedeuten, dass die Wahrscheinlichkeit, einen Zündler unter den Ananasliebhabern zu finden, gleich groß wäre wie im gesamten Wahrscheinlichkeitsraum.

Ein Beispiel zur Definition der Unabhängigkeit

Die Schüler sollen sich in Partnerarbeit ein konkretes Zahlenbeispiel überlegen, bei dem die Ereignisse A und Z unabhängig voneinander sind. Hierzu werden auf eine Heftseite oder ein DIN-A4-Blatt zwei Mengen gezeichnet und mit A und Z beschriftet. Die Schüler bzw. Elemente werden durch Centstücke repräsentiert.

Der Lehrer gibt z. B. die Situation vor, dass es drei Zündler unter acht Ananasliebhabern gibt. Ist es möglich, weitere Münzen so hinzuzufügen, dass die beide Ereignisse A und Z voneinander unabhängig sind?

Lösung

<table>
<tr><td>Wenn drei von acht Ananasfreunden zündeln, ist die (bedingte Wahrscheinlichkeit) für einen anasliebenden Zündler $\frac{P(A \cap Z)}{P(A)} = \frac{3}{8}$.</td><td>
</td></tr>
<tr><td>Sollen die Ereignisse A und Z unabhängig voneinander sein, muss in der Menge Z im Vergleich zum gesamten Blatt bzw. Wahrscheinlichkeitsraum ebenso der Anteil $\frac{3}{8}$ an Münzen liegen.
Es gibt unendlich viele Möglichkeiten (wenn die Aufgabenstellung nicht forderte, dass weitere Münzen hinzugefügt werden sollen, wäre die Aufgabe bereits gelöst). Im Beispiel werden 6 weitere Centstücke in die Menge Z gelegt.</td><td>
</td></tr>
<tr><td>Ab jetzt ist die Aufgabe eindeutig gestellt. Es müssen weitere 10 Münzen hinzugefügt werden, damit für P(Z) ebenfalls das (bedingte) Verhältnis $\frac{3}{8}$ bzw. $\frac{9}{24}$ gilt.</td><td>
</td></tr>
<tr><td colspan="2">Die Ereignisse A und Z sind unabhängig:
$P(Z) \cdot P(A) = \frac{9}{24} \cdot \frac{8}{24} = \frac{3}{8} \cdot \frac{1}{3} = \frac{1}{8}$
$P(A \cap Z) = \frac{3}{24} = \frac{1}{8}$</td></tr>
</table>

25.16 Hilft es, Münzen am Automaten zu reiben?

Man steht vor einem Automaten, möchte eine Fahrkarte, noch einen Snack oder vielleicht einen Kaffee, und dann fällt die Münze durch. Aber der Profi weiß sich zu helfen: Ein kurzes Reiben der Münze am Automaten – die Münze wird erkannt und die Fahrkarte, der Snack oder der Kaffee kann gezogen werden. Die Spuren des Münzenreibens sind überall zu finden.

Ist die Sache mit dem Reiben ein Irrglaube? Die Aufgabe wird in dieser Allgemeinheit gestellt. Die Klasse diskutiert ca. 10 Minuten in Kleingruppen, anschließend äußert jede ihre Erkenntnisse. Danach kann weiter im Plenum diskutiert werden. Ein Redestab hilft, Struktur in die Kommunikation zu bringen (vgl. Abschnitt 25.5).

Redestab

Die folgende Lösungsskizze zeigt zwei Dinge: Erstens, dass man die Frage auch durch das im Folgenden beschriebene Experiment nicht beantworten kann. Zweitens, dass man das Phänomen der Kratzspuren auch für den Fall erklären kann, dass das Reiben an einer Münze nichts an der Wahrscheinlichkeit ändert, ob sie erkannt wird.

Phänomen der Kratzspuren

Skizze einer möglichen Lösung

Ein passendes Zufallsexperiment

Ob sich die Wahrscheinlichkeit der Münze, erkannt zu werden, durch das Reiben ändert, könnte z. B. durch folgendes Zufallsexperiment untersucht werden: Man wirft eine bestimmte Münze 1000-mal in den Automaten und zählt dabei, wie oft sie nicht erkannt wird. Anschließend wird dieselbe Münze erneut 1000-mal eingeworfen, diesmal jedoch vor jedem Einwurf am Automaten gerieben. Wieder wird gezählt, wie oft die Münze nicht erkannt wurde. Wird die Münze in beiden Fällen etwa gleich häufig nicht erkannt, ist es wahrscheinlich, dass das Reiben keinen Einfluss besitzt.

Ich selbst glaube, dass das Münzreiben keinen Einfluss hat, *bewiesen* wird das durch dieses Experiment allerdings nicht. Wenn die Münze in beiden Fällen ungefähr gleich oft nicht erkannt wird, dann haben Sie einen Grund, mir zu glauben bzw. mir zu *vertrauen*. Aber bewiesen ist es selbst dann nicht. Schlicht und einfach deswegen, weil mit Mathematik nichts Reales bewiesen werden kann. Die Frage, bis zu welcher Abweichung Sie mir *vertrauen,* ist die Frage nach einem Vertrauensintervall. Hier beginnt die Theorie von Testverfahren.

Vertrauensintervall

Erklärung der Kratzspuren
Im Alltag lässt sich obiges Experiment nicht durchführen, schlichtweg deswegen, weil das Experiment endet, sobald die Münze erkannt wird.
Wenn die Münze durch den Schlitz fällt, wird sie vom Automaten geprüft: Größe, Masse, elektromagnetische Eigenschaften etc. Für eine bestimmte Münze (z. B. die, welche gerade unerkannt durchgefallen ist) besteht eine gewisse Wahrscheinlichkeit, unerkannt zu bleiben. Für die folgende Überlegung wollen wir annehmen, dass sich diese Wahrscheinlichkeit nicht ändert, auch wenn die Münze mehrfach eingeworfen wird: Sagen wir, in 3 von 200 Fällen fällt sie durch – egal, ob man sich zwischendurch im Kreis dreht, den Mond anbetet oder die Münze eben am Automaten reibt.[75] Es soll gezeigt werden, dass es auch in diesem Fall eine schlüssige Erklärung für die Kratzspuren am Automaten gibt.
Jetzt wird es psychologisch: Solange der Normalfall eintritt, wird unsere Münze wenig beachtet. Erst wenn der Automat sie nicht mehr erkennt, bekommt sie Aufmerksamkeit. Man könnte jetzt natürlich die Münze einfach ein zweites Mal einwerfen: Mit einer Wahrscheinlichkeit von 98,5 % wird der Automat sie erkennen. Aber der Profi reibt die Münze und siehe da: Es klappt! Und weil er etwas getan hat (die Münze gerieben), schlussfolgert er, dass seine Handlung die Ursache für den Erfolg war. Der Mensch ist ein Belohnungstier, und wenn er für eine Verhaltensweise belohnt wird, dann verstärkt sich diese. Die Kratzspuren von Automaten sind die Spuren einer Konditionierung, die in der Verhaltenspsychologie als *positive Verstärkung* bekannt ist.

Psychologie und Aufmerksamkeit

positive Verstärkung

Didaktische Bemerkung

Mit dieser Übung wird die Mathematik in den Alltag transportiert. Jeder Automat mit Kratzspuren erinnert an Wahrscheinlichkeitsrechnung und gibt Anlass für einen mathematischen Diskurs. Gerade die Verbindung zur Psychologie bringt es mit sich, dass man darüber redet, dass man es spannend findet: Es geschieht in meinem Alltag und um mich herum. Kurz: Der Unterricht hat etwas mit mir zu tun!

Mathematik im Alltag

75 Das ist eine vereinfachte Modellannahme: Es kann durchaus sein, dass die Wahrscheinlichkeit, erkannt zu werden, durch das Reiben am Automaten, die Handwärme oder die Sonneneinstrahlung verändert wird. Der Abschnitt möchte nur zeigen, dass es eine simple mathematische Erklärung dafür gibt, dass dieselbe Münze beim zweiten Einwurf sehr wahrscheinlich angenommen wird, auch wenn das Reiben keinen Einfluss auf die Erkennungswahrscheinlichkeit hat.

25.17 Vom Pascal'schen Dreieck zur Binomialverteilung

Durch Abzählen möglicher Wege erfährt das Pascal'sche Dreieck eine neue Bedeutung.

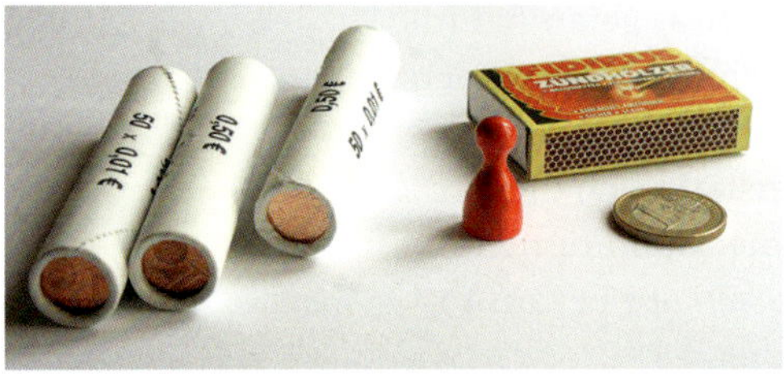

Material
Jede Gruppe benötigt eine volle Schachtel Streichhölzer (mindestens 42 Stück), ca. 150 Centstücke (z. B. von der Bank) und eine Spielfigur.

Aufgabenstellung am verkleinerten Beispiel
Die Streichhölzer stellen kurze Wegstrecken dar, die wie in der Abbildung angeordnet werden. Zu Beginn steht das Männchen an der allerersten Verzweigung.
Eine Münze wird geworfen. Fällt „Zahl", zieht die Figur nach rechts, bei „Bild" nach links. Zum Beispiel wird „Zahl", dann „Bild" und schließlich wieder „Zahl" geworfen. Entsprechend verläuft der Weg gemäß den drei Würfen rechts – links – rechts. Der Ankunftsort wird durch ein Centstück markiert.

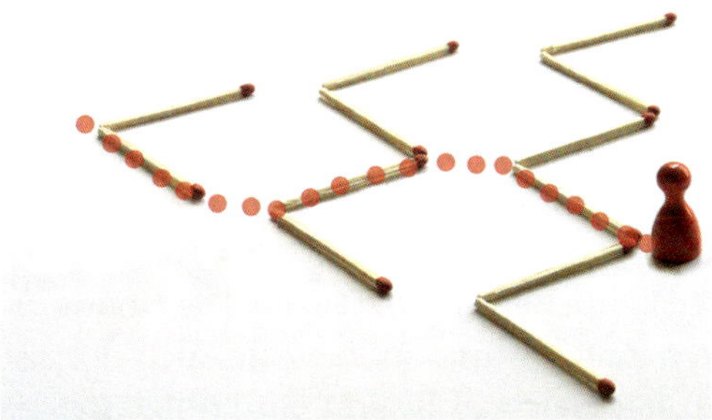

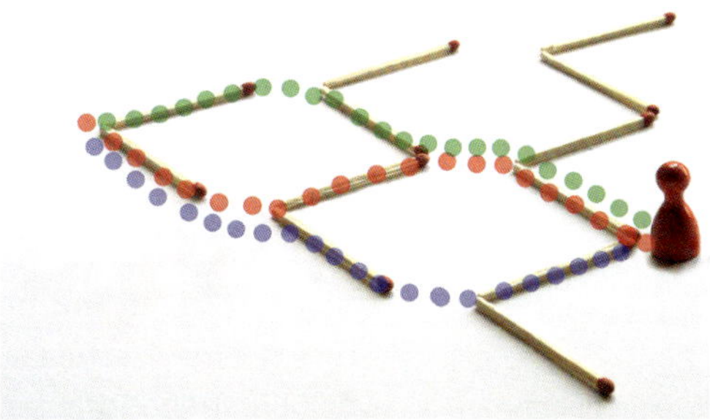

Die Frage ist nun: Wie viele unterschiedliche Wege gibt es für die Figur, um am Centstück anzukommen? In diesem Fall gibt es zwei weitere Wege, um am selben Ort anzukommen: rechts – rechts – links und links – rechts – rechts, vgl. die Abbildung oben rechts.

Insgesamt muss zweimal nach rechts und einmal nach links gelaufen werden. Da die Reihenfolge keine Rolle spielt, ergeben sich drei Wege. Entsprechend werden an dieser Stelle drei Centstücke platziert. Wäre dreimal „Zahl" geworfen worden, gäbe es nur einen möglichen Weg. Das gilt auch für dreimal „Bild". Die vollständige Verteilung sieht so aus:[76]

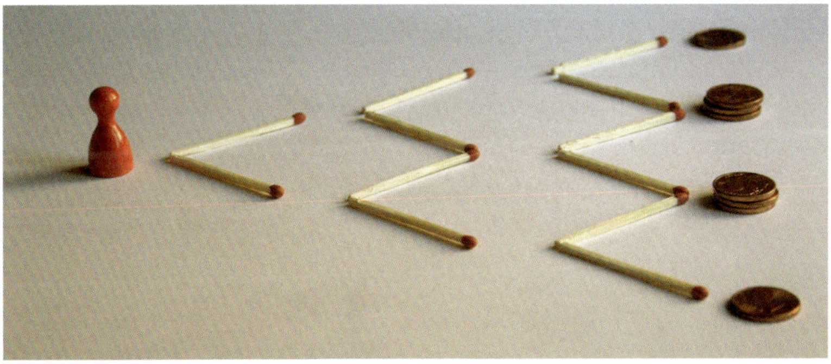

Konkrete Umsetzung im Unterricht

Was für drei Münzwürfe vom Lehrer vorgestellt wurde, sollen die Schüler nun für sechs aufbauen. Die Anzahlen möglicher Wege werden wieder durch Münzstapel dargestellt. Es wird ein Preis ausgesetzt: Pro richtige Stapelhöhe gibt es die entsprechende Menge an Gummibärchen für die Gruppe. Im Fall von drei Münzwürfen beträgt die Maximalmenge (die Summe aller Wege) somit $1 + 3 + 3 + 1 = 8$ Gummibärchen. Die Schüler erhalten eine Bauzeit von 20 Minuten.

76 Das beschriebene Vorgehen entspricht dem Fallen einer Kugel in einem *Galton*-Brett.

Didaktische Zwischenbemerkungen

Einfacher Einstieg

Es gibt sehr einfache Anzahlen. So ist beispielsweise schnell klar, dass außen eine Münze liegen muss. Direkt daneben gibt es sechs Wege, auch diese werden gefunden. Je weiter man in die Mitte kommt, desto schwieriger und unübersichtlicher wird die Sache. Die Übung erinnert ein bisschen an den Zauberwürfel in Band II. Auch dort ist der Einstieg einfach. Man hat gleich zu Beginn ein Erfolgserlebnis und weil man schon etwas herausgefunden hat, möchte man weiterkommen.

Erfolgserlebnis

Gummibärchen

Natürlich fragt man sich, wie hoch der Maximalpreis (die maximale Anzahl der Gummibärchen) bei sechs Würfen ist, d.h. wie viele verschiedene Wege insgesamt möglich sind. Mitunter wird entdeckt, dass es bei sechs Verzweigungen 2^6 mögliche Wege geben muss. Das ist eine Hilfe.

Pascal'sches Dreieck als Lösung

mögliche Wege werden addiert

Die Anzahl lässt sich schrittweise errechnen: Die rote Figur kann im vorigen Schritt nur an der Stelle einer der beiden grünen Figuren gestanden haben. Also müssen die möglichen Wege der beiden grünen zusammengezählt werden. In unserem Beispiel ergeben sich für die rote Figur $1 + 2 = 3$ mögliche Wege.

Wenn alle Zwischensummen mit Centstücken gelegt werden, ergibt sich das Pascal'sche Dreieck, wie auf der folgenden Seite abgebildet.

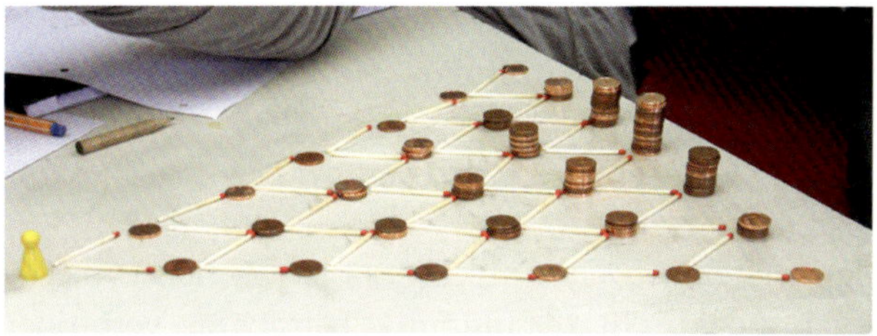

						1						
					1		1					
				1		2		1				
			1		3		3		1			
		1		4		6		4		1		
	1		5		10		10		5		1	
1		6		15		20		15		6		1

Die Zahlen sind auch bekannt als die Binomialkoeffizienten, weil sie beim Ausmultiplizieren des Terms $(a + b)^n$ auftauchen. Für $n = 6$ müsste man sechs Klammern miteinander malnehmen: Binomialkoeffizienten

$$(a + b)^6 = (a + b)(a + b)(a + b)(a + b)(a + b)(a + b)$$

Wenn wir vor dem Münzwurf auf die Vorderseite ein „a" und auf die Rückseite ein „b" schreiben, können wir für jeden Summand den entsprechenden Standort ablesen: Steht die Figur ganz rechts, wurde jedes Mal „a" geworfen und wir schreiben a^6. Wenn wir hingegen drei Treffer haben, also dreimal „a" und dreimal „b" geworfen haben, gibt es 20 verschiedene Wege, um a^3b^3 zu erhalten (*aaabbb, aababb, aabbab, ...*). Insgesamt ergibt sich:

$$(a + b)^6 = 1a^6 + 6a^5b^1 + 15a^4b^2 + 30a^3b^3 + 15a^2b^4 + 6a^1b^5 + 1b^6$$

Erweiterung

„Wie viel Geld wird benötigt, um für $n = 6$ die Situation mit allen Zwischensummen aufzubauen? Oder: Wie viel Geld liegt auf dem Tisch?"

Es sind genau 1,26 €. Je nach mathematischen Vorkenntnissen dauert die Bestimmung zwischen wenigen Sekunden und mehreren Minuten. Wer die Struktur versteht, ist schnell fertig: Von Zeile zu Zeile verdoppeln sich die Anzahlen der Münzen. Es ist demnach die Summe $2^1 + 2^2 + 2^3 + 2^4 + 2^5 + 2^6$ zu berechnen. Struktur verstehen

Es gilt: $2^1 + 2^2 + 2^3 + 2^4 + 2^5 + 2^6 = 2^7 - 2$. Das lässt sich anschaulich einsehen: 2^6 ist die Hälfte von 2^7, 2^5 ist wiederum die Hälfte von 2^6, usw. Schließlich bleiben noch 2 übrig, was den beiden rot markierten Feldern links unten in der Abbildung entspricht. Summe von Potenzen

2^7						
	2	2^2	2^3	2^4	2^5	2^6

Didaktische Zwischenbemerkung:
Vernetzung mathematischer Disziplinen – ein magisches Dreieck

Es ist ein eindrucksvolles Beispiel für exponentielles Wachstum: In jeder Zeile liegen mehr Münzen als in allen darüber liegenden zusammen!

Verbindung vieler Disziplinen

In Band II werden weitere Anwendungen des Pascal'schen Dreiecks gezeigt. Von einem didaktischen Standpunkt betrachtet, verbindet dieses magische Dreieck viele mathematische Disziplinen: Geometrie, Potenzrechnung und exponentielles Wachstum, Teilbarkeitsregeln, Zahlenreihen (Dreieckszahlen, Pyramidenzahlen ...), Sierpinski-Dreieck, Binomialkoeffizienten und binomiale Wahrscheinlichkeitsverteilung.

$\binom{n}{k}$ als Anzahl möglicher Wege –
neue Deutung des Pascal'schen Dreiecks

keine Reihenfolge beachten

Jede spezielle Wurffolge stellt einen Weg dar. Die Frage nach der Anzahl möglicher Wege zu einem bestimmten Ziel ist nichts anderes, als die Reihenfolge der einzelnen Münzwürfe nicht mehr zu beachten. Es kommt nur noch darauf an, wie oft „Zahl" bzw. „Bild" geworfen wurde.

Als konkretes Beispiel wird der Fall $\binom{6}{3}$ gezeigt, was der rot markierten Stelle in der Abbildung entspricht.

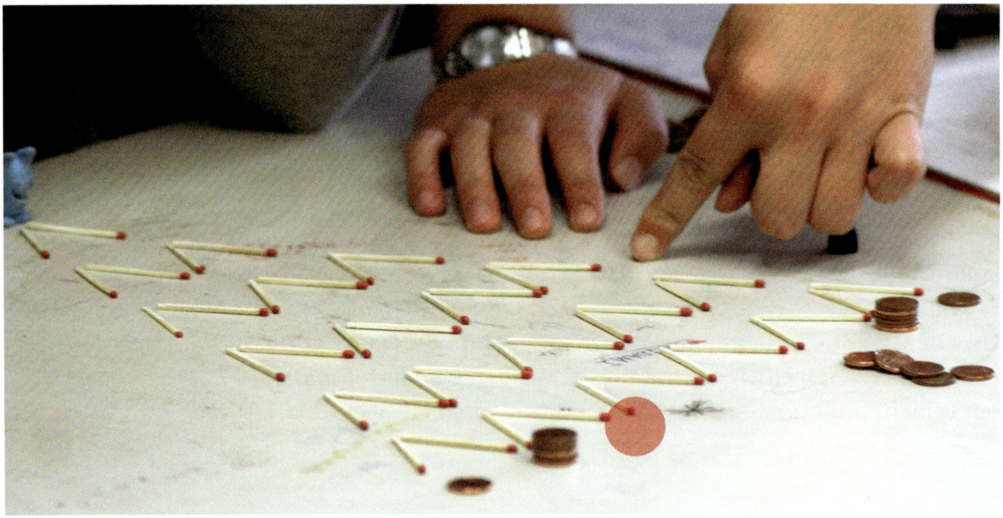

Zahl als „Treffer"

Die sechs Würfe werden zur Erklärung durch sechs Kästchen dargestellt. Da es drei „Treffer" gibt (dreimal „Zahl"), dürfen drei Münzen mit „Zahl" oben in beliebige Felder gelegt werden.

Für das Legen der ersten Münze gibt es sechs freie Felder, also 6 Möglichkeiten. Bei der zweiten Münze noch 5 und bei der dritten nur noch 4. Insgesamt gibt es $6 \cdot 5 \cdot 4$ Möglichkeiten, die Münzen zu platzieren. Diese können untereinander $3 \cdot 2 \cdot 1$ mal vertauscht werden. Es ergeben sich somit $\frac{6 \cdot 5 \cdot 4}{3 \cdot 2 \cdot 1} = 20 = \binom{6}{3}$ Möglichkeiten, drei „Treffer" zu erzielen, was der Anzahl der Wege entspricht.

$$
\begin{array}{c}
\binom{0}{0} \\
\binom{1}{0} \quad \binom{1}{1} \\
\binom{2}{0} \quad \binom{2}{1} \quad \binom{2}{2} \\
\binom{3}{0} \quad \binom{3}{1} \quad \binom{3}{2} \quad \binom{3}{3} \\
\binom{4}{0} \quad \binom{4}{1} \quad \binom{4}{2} \quad \binom{4}{3} \quad \binom{4}{4} \\
\binom{5}{0} \quad \binom{5}{1} \quad \binom{5}{2} \quad \binom{5}{3} \quad \binom{5}{4} \quad \binom{5}{5} \\
\binom{6}{0} \quad \binom{6}{1} \quad \binom{6}{2} \quad \binom{6}{3} \quad \binom{6}{4} \quad \binom{6}{5} \quad \binom{6}{6}
\end{array}
$$

Pascalsches Dreieck und Lotto

Wenn man die Münze 49-mal wirft, dann gibt es $\binom{49}{6}$ mögliche Wege für genau sechs Richtige. So finden sich die $\binom{49}{6}$ Möglichkeiten, einen Lottotipp abzugeben, im Pascalschen Dreieck wieder (zum Lotto vgl. Abschnitt 25.5).

Binomialverteilung

Statt sechsmal wird die Münze nun 30-mal geworfen. „Zahl" bedeutet Treffer. Bevor die Wahrscheinlichkeitsverteilung theoretisch abgeleitet wird, soll dieses Experiment über 100 Mal ausgeführt werden. Jeder Schüler holt ca. vier Münzen aus seinem Geldbeutel.[77] Am Pult werden die möglichen Treffer (von 0 bis 30) auf Klebezettel geschrieben.

100 Wiederholungen des Experiments

Dann wirft jeder Schüler eine Münze 30-mal und zählt dabei die Treffer. Das geht am einfachsten, wenn der Lehrer die einzelnen Würfe ansagt und die Schüler eine Strichliste für die Treffer führen.

77 Streng genommen müsste das Experiment mit ein und derselben Münze durchgeführt werden. Aber 3000 Würfe mit nur einer Münze durchzuführen ist in der unterrichtlichen Durchführung schlichtweg praxisfern.

Nach dem Durchgang werden die Münzen am Pult auf die entsprechenden Klebezettel gelegt (siehe die Fotos).

Das rechte Bild zeigt die Verteilung von genau 100 Experimenten (bzw. Münzen).

Berechnung der Wahrscheinlichkeitsverteilung

Die 31 roten Zettel (von 0 bis 30 Treffer) entsprechen der 30. Zeile im Pascal'schen Dreieck.[78] Damit gibt es insgesamt 2^{30} verschiedene Möglichkeiten (bzw. Wege) für die Münze. Exemplarisch wird die Wahrscheinlichkeit von $X = 12$ Treffern berechnet. Für 12 Treffer gibt es genau $\binom{30}{12} = \frac{30 \cdot 29 \cdot 28 \cdot 27 \cdot 26 \cdot 25 \cdot 24 \cdot 23 \cdot 22 \cdot 21 \cdot 20 \cdot 19}{12 \cdot 11 \cdot 10 \cdot 9 \cdot 8 \cdot 7 \cdot 6 \cdot 5 \cdot 4 \cdot 3 \cdot 2 \cdot 1}$ Möglichkeiten.

Fakultät

An dieser Stelle ergibt es Sinn, die Fakultät einzuführen: $\binom{30}{12} = \frac{30!}{12! \cdot 18!}$ bzw. allgemein: $\binom{n}{k} = \frac{n!}{k! \cdot (n-k)!}$. Insgesamt ergibt sich eine Wahrscheinlichkeit, genau 12-mal „Zahl“ zu werfen, von $P(X = 12) = \frac{\binom{30}{12}}{2^{30}} \approx 0{,}08055 = 8{,}055\,\%$.

78 Die Zählung beginnt mit Null. $\binom{0}{0}$ entspricht also der nullten „Zeile“.

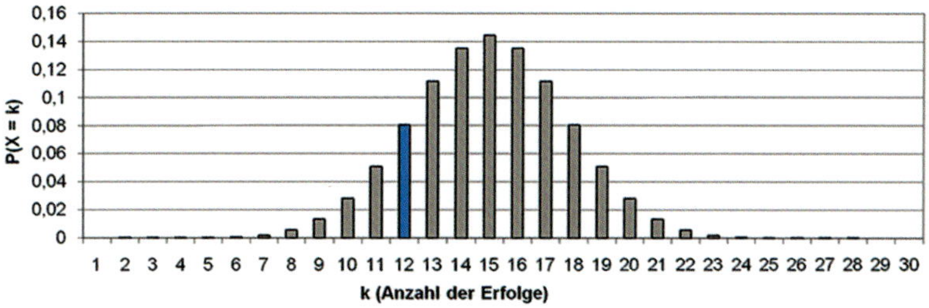

Wenn wir 100 Münzen geworfen haben, erwarten wir bei der Auswertung ca. 8 Münzen an der Stelle mit 12 Treffern. Das wird selten der Fall sein. Die im Unterricht entstandene Verteilung ist im Bild rechts gezeigt (dort hatten 9 Münzen genau 12 Treffer). Allgemein ergibt sich eine Wahrscheinlichkeitsverteilung von $P(X = k) = \frac{\binom{n}{k}}{2^n}$. Die Binomialverteilung entspricht somit der n-ten Zeile im Pascal'schen Dreieck.

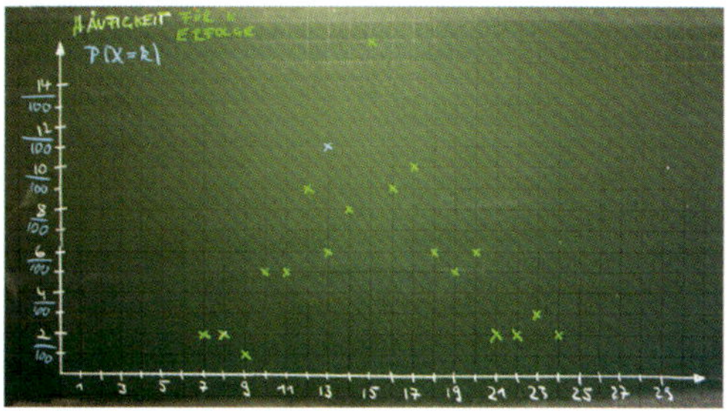

Erweiterung mit unfairen Münzen

Wenn die Wahrscheinlichkeit für einen Treffer bei einer Münze nicht mehr bei $p = \frac{1}{2}$, sondern nur noch bei $p = \frac{1}{3}$ liegt, verschiebt sich die Verteilung nach links. Dieser allgemeinere Fall kann mit einem Würfel simuliert werden. Treffer bedeutet jetzt z. B. eine „Sechs" oder eine „Fünf".

Als Beispiel berechnen wir wieder die Wahrscheinlichkeit von 12 Treffern bei 30 Würfen:

$$P(X = 12) = \binom{30}{12} \cdot \left(\frac{1}{3}\right)^{12} \cdot \left(\frac{2}{3}\right)^{18} \approx 0{,}1101 = 11{,}01\,\%.$$

Formel von Bernoulli

Die Abbildung zeigt die gesamte Verteilung für $p = \frac{1}{3}$.

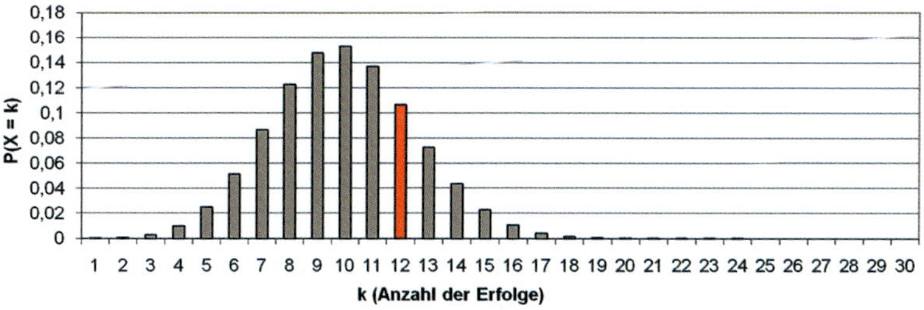

25.18 Erwartungswerte

Binomialverteilung erlaufen

Statt mit Figuren zu operieren, lässt sich die Binomialverteilung auch direkt erlaufen. Hierzu werfe ich eine Münze und gehe bei „Bild“ einen Schritt nach links und bei „Zahl“ einen Schritt nach rechts. Anschließend wiederhole ich das Experiment 49-mal und stehe vermutlich an einer anderen Stelle. Was meinen Sie: *Wie viele Schritte bin ich nach 50 Würfen wahrscheinlich von der Startstelle entfernt? Was ist die bestmögliche Schätzung für meinen Abstand?*

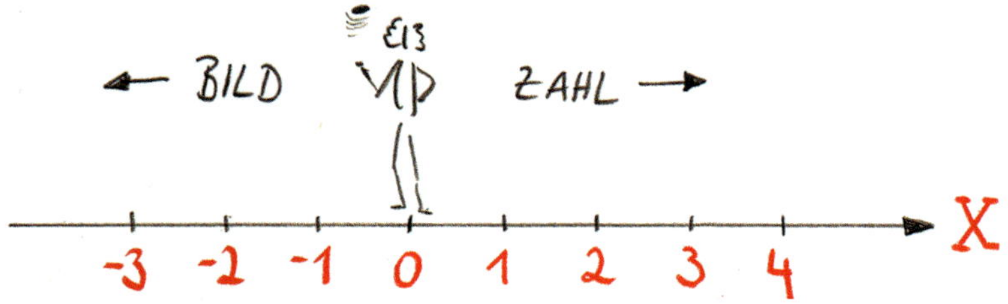

Einerseits erwarte ich, dass ich in etwa wieder an der Ausgangsstelle herauskomme, dass sich also der Erwartungswert null ergibt. Für den Erwartungswert X ist null meine bestmögliche Schätzung. Und wenn ich am wahrscheinlichsten an der Stelle $X = 0$ wieder herauskomme, sollte der wahrscheinlichste Abstand doch ebenfalls entsprechend Null sein!
Auf der anderen Seite erscheint es mir seltsam, wenn ich mich nach 50 Würfen vom Startpunkt $X = 0$ gar nicht fortbewegt hätte. Irgendwie scheint es unwahrscheinlich, dass genau 25-mal „Zahl“ und 25-mal „Bild“ geworfen wird.

Unterschiedliche Fragestellungen

Eine knifflige Geschichte. Auf den ersten Blick wirkt die Sache recht seltsam. Auf den zweiten wird klar, dass zwei unterschiedliche Fragen zwei verschiedene Antworten liefern. Zum einen geht es um den wahrscheinlichsten Ort X, zum anderen um den wahrscheinlichsten Abstand $|X|$. In der Tat ist der wahrscheinlichste Ort nach 50 Münzwürfen der Startpunkt bzw. die Stelle „0“. Daraus folgt aber nicht, dass der wahrscheinlichste Abstand auch „0“ ist, auch wenn auf den ersten Blick häufig dieser Schluss gezogen wird.

wahrscheinlichster Ort und wahrscheinlichster Abstand

Phase I: Schätzung und experimenteller Befund

Das Experiment wird am besten draußen durchgeführt. Es wird ein sogenanntes Brown'sches Teilchen simuliert, welches zufällig aufgrund der Wärmebewegung durch die Gegend geschubst wird.[79]

Brown'sches Teilchen wird simuliert

Jeweils zwei Schüler arbeiten in unterschiedlichen Rollen zusammen: Das „Brown'sche Teilchen" benötigt Stift und Papier, der „Zufallsgenerator" eine Münze, eventuell einen Becher und eine Unterlage (z. B. ein Buch).

Der Ausgangspunkt wird markiert, dann „würfelt" der Zufallsgenerator mit der Münze: Bei „Bild" geht das Teilchen einen Schritt nach links, bei einer „Zahl" einen nach rechts. Das Teilchen zählt seine Schritte in Form einer Strichliste mit.

Vor dem Experiment werden die Schüler nach ihrer *Erwartung* gefragt, genauer: „Welchen Abstand vom Ausgangspunkt, gemessen in Schrittlängen, *erwartet* ihr nach 50 Würfen? Was ist die beste Schätzung bzw. der wahrscheinlichste Abstand?"

Teilchen und Zufallsgenerator können sich kurz absprechen, danach zeigt jeder Schüler seinen geschätzten Erwartungswert an: Ein Finger steht für eine Schrittlänge, zwei Finger für zwei Schrittlängen, usw. Um mehr als zehn Schrittlängen anzuzeigen, werden die Arme überkreuzt, was einer römischen Zehn entspricht. Elf wird demnach durch das Anzeigen eines Fingers mit überkreuzten Armen dargestellt.

mit Fingern antworten

Anschließend wird das Experiment durchgeführt und der Abstand nach 50 Schritten bzw. Würfen notiert. Schließlich wird der durchschnittliche Abstand aller Teilchen bestimmt.

79 Robert Brown entdeckte 1827 die nach ihm benannte Brown'sche Molekularbewegung: die unregelmäßige und ruckartige Bewegung mikroskopisch kleiner Teilchen.

Alternative 1

Die Übung kann alternativ gleichzeitig mit allen Schülern durchgeführt werden. Auch jetzt arbeiten je zwei Schüler zusammen. Alle „Teilchen" stellen sich hintereinander in einer Reihe auf.

Jeder „Zufallsgenerator" zählt die Anzahl seiner Münzwürfe: Bei „Bild" geht sein Läufer einen Meter nach links, bei „Zahl" nach rechts. Auf dem Foto die Verteilung nach 50 Würfen:

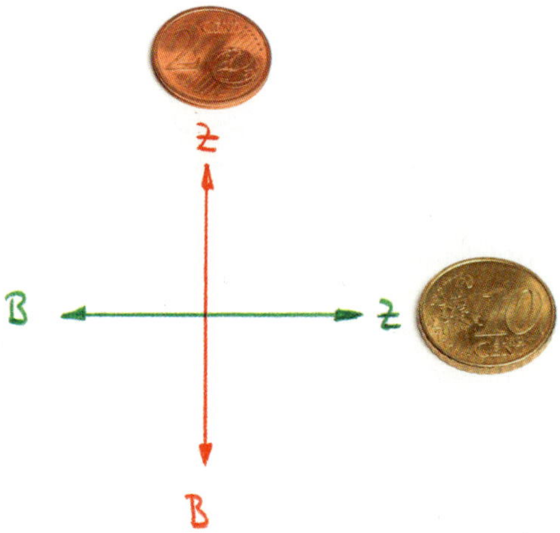

Alternative 2

Betrachtet man ein Teilchen unter einem Reagenzglas, so bewegt es sich nicht auf einer Geraden, sondern auf einer Fläche. Die reale Bewegung kann genauer mittels zweier unterschiedlicher Münzen simuliert werden. Zur deutlichen Unterscheidung werden ein 10-Cent- und ein 2-Cent-Stück gewählt.

Die 10-Cent-Münze bestimmt das Fortschreiten in x-Richtung, genauer: für „**B**ild" ein Schritt nach links, für „**Z**ahl" ein Schritt nach rechts.

Die 2-Cent-Münze bestimmt das Fortschreiten in y-Richtung, genauer: für „**B**ild" ein Schritt nach hinten, für „**Z**ahl" ein Schritt nach vorne.

Geworfen wird mit beiden Münzen gleichzeitig, so dass das Teilchen mit gleicher Wahrscheinlichkeit in vier Richtungen wandern kann (vgl. die Skizze).

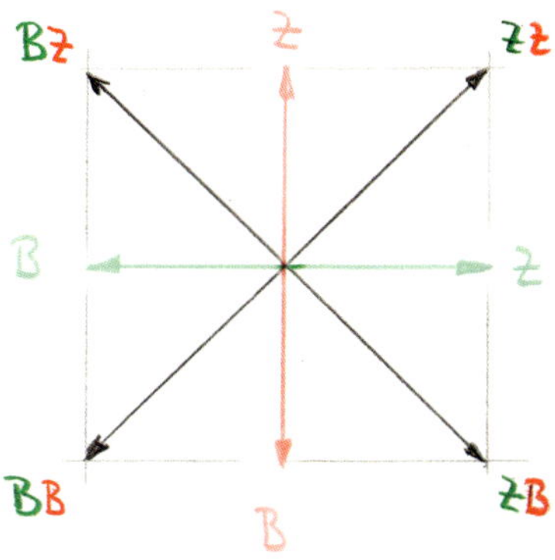

Mathematische Bemerkung

Für zwei *unabhängige* Richtungen bzw. zwei Dimensionen werden entsprechend zwei voneinander *unabhängige* Münzwürfe benötigt. Wollte man das Teilchen sich im Raum bewegen lassen, bräuchte man für die dritte Dimension auch eine dritte Münze.

Dieser etwas seltsame Würfel, der aus zwei unterscheidbaren Münzen besteht, ermöglicht es, nach 50 Würfen zwei zueinander senkrechte Richtungen voneinander unabhängig zu untersuchen.[80] Würde man – vielleicht auf den ersten Blick naheliegender – mit einem Tetraederwürfel die vier Richtungen zufällig bestimmen, etwa 1 = nach vorne, 2 = nach rechts, 3 = nach hinten, 4 = nach links, dann wäre in der nachfolgenden Untersuchung die Richtung 1-3 (d. h. die Achse „Vorne-Hinten") nicht unabhängig von der Richtung 2-4 (Achse „Rechts-Links"). Denn wenn man 50-mal würfeln würde, könnte es sein, dass nur die Ereignisse „1" und „3" eintreten. Dann wäre allerdings die 2-4-Richtung bestimmt, in diese Richtung ginge es keinen Schritt. Die beiden Richtungen wären also nicht unabhängig voneinander. Das gilt zwar auch für die Richtungen BZ, ZB, ZZ, BB des Doppelwürfels, der Trick besteht aber darin, dass man den „Doppelwürfel" hinterher in seine Bestandteile zerlegen und diese *unabhängig* voneinander untersuchen kann, was beim Tetraeder nicht gelingt.

Tetraederwürfel

Richtungen nicht unabhängig

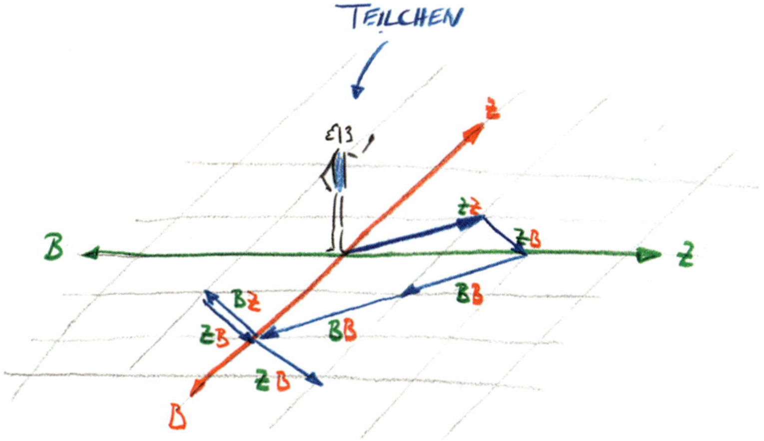

80 Den Trick des „doppelten Münzwürfels" habe ich von Prof. Dr. Wolfgang Soergel gelernt.

Im Folgenden wird nur eine Dimension, die Wirkung einer Münze untersucht.

Phase II: Von $E(X)$ zu $E(|X|)$ in einer Dimension

Der Erwartungswert des Brown'schen Teilchens soll verstanden werden. Zur besseren Überschaubarkeit wird die Münze statt 50-mal nur noch 6-mal geworfen.

Vorbereitung

Figur auf Lineal

Der Lehrer markiert auf einem Lineal mit Kreppband eine Skala von −6 bis +6. Eine Spielfigur steht zu Beginn auf der Stelle „0". Eine Münze wird geworfen: Bei „Zahl" geht die Figur auf dem Lineal einen Schritt vorwärts (bzw. auf dem Foto nach rechts) und bei „Bild" einen Schritt zurück (bzw. auf dem Foto nach links).

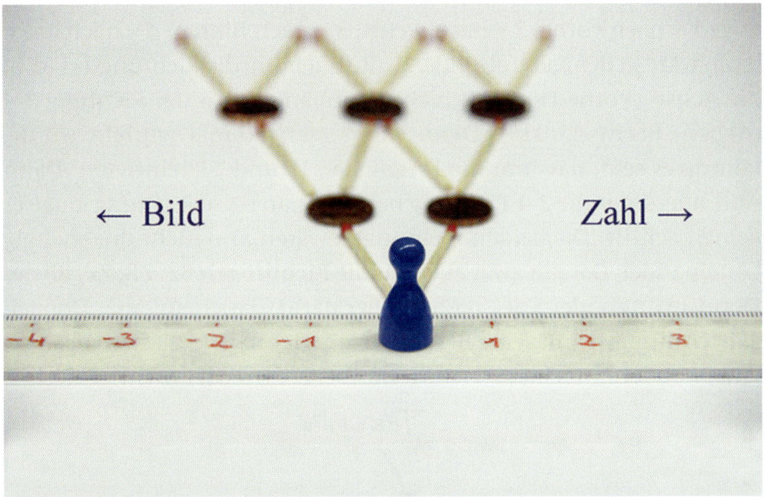

Die möglichen Wege wurden bereits in 25.17 untersucht. Neu ist die Fragestellung: An welcher Stelle X *erwarten* wir die Figur nach sechs Würfen?

Vom Experiment …

Jeder benötigt ein Centstück als Figur. Wie oben geht es bei „Zahl" einen Schritt vorwärts, bei „Bild" entsprechend einen Schritt rückwärts. Nach sechs Würfen landet jeder auf einer der Stellen „−6", „−4", „−2", „0", „2", „4" oder „6". Eine ungerade Position ist bei einer geraden Wurfzahl nicht möglich. Anschließend wird das Centstück auf die entsprechende Stelle des markierten Lineals gelegt.

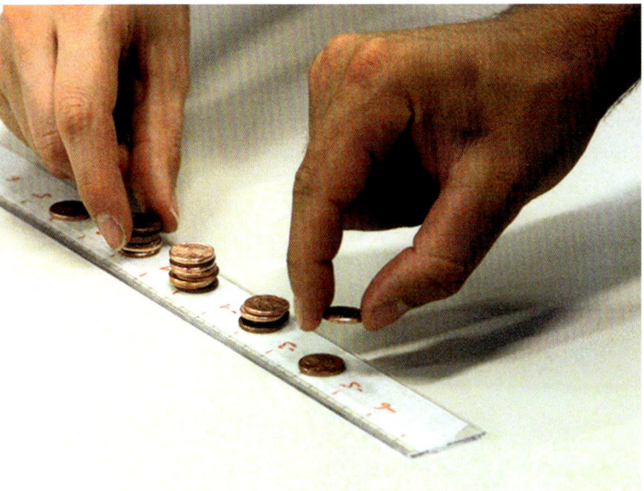

Indem die Ergebnisse auf eine „Bleistiftwaage" (siehe das Foto) gelegt werden, wird der Durchschnitt bzw. das arithmetische Mittel gebildet. Der rote Stift zeigt den gemittelten Wert an, der in der näheren Umgebung von „0" liegt.

arithmetisches Mittel

... zum Erwartungswert der Stelle X

Auf dem Lineal ist das Ergebnis des Experiments aufgebaut. In diesem Falle liegt der Schwerpunkt ungefähr bei null. Der Bleistift könnte z. B. auch an der Stelle +2 oder –1 liegen, aber das wäre weniger wahrscheinlich. Um den wahrscheinlichsten Wert zu bestimmen, verzichten wir auf das Experiment und bauen die (theoretische) Verteilung gemäß den Binomialkoeffizienten $\binom{6}{0}$, $\binom{6}{1}$, $\binom{6}{2}$, $\binom{6}{3}$, $\binom{6}{4}$, $\binom{6}{5}$, und $\binom{6}{6}$, auf. (Was könnten wir anderes tun, wenn wir keine Münzen geworfen haben, um dennoch einen Erwartungswert zu ermitteln?) Da die Verteilung symmetrisch ist bzw. die Wahrscheinlichkeiten für „Bild" und „Zahl" gleich sind, erwarten wir den Wert „0". Mit „Erwar-

Schwerpunkt der Verteilung

gewichteter Mittelwert

ten“ ist gemeint, dass dies der wahrscheinlichste Wert ist, also die bestmögliche Schätzung. Der Schwerpunkt der Wahrscheinlichkeit (der „gewichtete“ Mittelwert der möglichen Platzierungen, wobei das „Gewicht“ durch die jeweilige Anzahl der Centstücke bestimmt wird) markiert den Erwartungswert und liegt bei dieser Verteilung an der Stelle „0“. In Zeichen: $E(X) = 0$ bzw.

$$\frac{(-6)\cdot 1 + (-4)\cdot 6 + (-2)\cdot 15 + (0)\cdot 20 + (+2)\cdot 15 + (+4)\cdot 6 + (+6)\cdot 1}{2^6} = 0$$

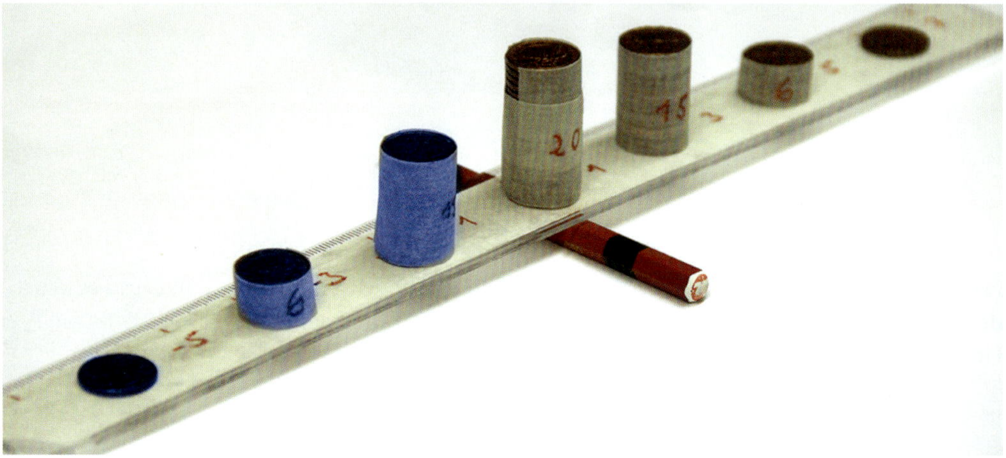

Erwartungswert des Abstandes

Bisher ging es noch nicht um den Erwartungswert des Abstandes $E(|X|)$, sondern „nur“ um $E(X)$. Interessiert man sich für die Abstände, also die Beträge, wird ein anderer Mittelwert gebildet. Negative und positive X-Werte verhalten sich betragsmäßig identisch, entsprechend schichten wir die drei blau eingefärbten Münzstapel um:

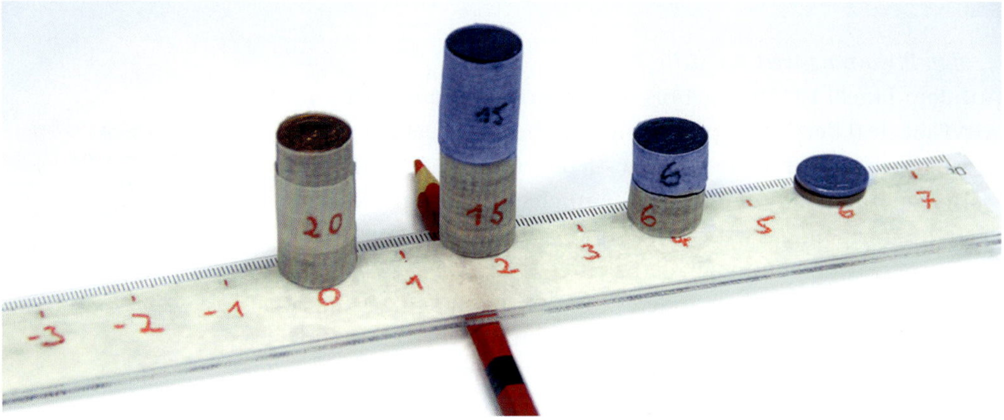

Wie zuvor wird der Mittelwert zunächst per Bleistiftwaage gebildet. Es ergibt sich ein Wert, der etwas kleiner als 2 ist.
Der Mittelwert aller Abstände lässt sich einfach berechnen. Alle **Abstände** werden „gewichtet" zusammengezählt (siehe oben) und durch die Anzahl aller Münzen geteilt:

$$E(|X|) = \frac{20 \cdot \mathbf{0} + 30 \cdot \mathbf{2} + 12 \cdot \mathbf{4} + 2 \cdot \mathbf{6}}{2^6} = \frac{15}{8} = 1{,}875$$

Das Ergebnis stimmt gut mit der Bleistiftwaage überein. Wenn man genau hinsieht, ist der mit dem Bleistift gewogene Wert etwas kleiner als 1,875. Da sich der Mittelwert zur rechten Seite hin verschoben hat, ist das Lineal nicht mehr im Gleichgewicht und verschiebt den gemessenen Wert aufgrund seiner eigenen Masse nach links zu kleineren Werten.

Der mittlere quadratische Abstand $E(X^2)$

Statt $E(|X|)$ wird in der Wahrscheinlichkeitsrechnung meist $E(X^2)$ verwendet. Die Quadrate der Abstände 0, 2, 4 und 6 werden zu 0, 4, 16 und 36. Das Quadrieren der Abstände lässt sich anschaulich sehr gut nachvollziehen, allerdings wird hierzu eine neue Skala (von –36 bis +36) nötig.
Beim mittleren quadratischen Abstand spielen die „Ausreißer" augenscheinlich eine viel größere (quadratische) Rolle. Sie haben einen viel größeren „Hebel".

Ausreißer haben einen größeren Hebel

Auch dieses gewichtete Mittel lässt sich einfach berechnen:

$$E(X^2) = \frac{(20 \cdot \mathbf{0}^2 + 30 \cdot \mathbf{2}^2 + 12 \cdot \mathbf{4}^2 + 2 \cdot \mathbf{6}^2)}{2^6} = \frac{(20 \cdot \mathbf{0} + 30 \cdot \mathbf{4} + 12 \cdot \mathbf{16} + 2 \cdot \mathbf{36})}{2^6} = 6$$

Der quadratische Abstand des Teilchens ist im Mittel 6. Wieder ist das Lineal nicht masselos und wieder zeigt die Bleistiftwaage einen etwas zu kleinen Wert an.
Auf diese Weise könnte man für beliebiges n den mittleren quadratischen Abstand bei n Würfen berechnen. Aber es geht auch einfacher. Die folgende Darstellung lehnt an Richard P. Feynman[81] an:

D_n bezeichne den Abstand des Teilchens vom Startpunkt nach n Münzwürfen.
Offensichtlich gilt $D_1^2 = +1$, da das Teilchen nach einem Münzwurf, egal, ob es vorwärts oder rückwärts gelaufen ist, einen Schritt vom Ausgangspunkt entfernt ist. Diese Tatsache lässt sich einfach erspielen, indem ein Schüler oder die Figur das Teilchen darstellt.
Jetzt steht das Teilchen im Abstand D_{n-1}. Macht es einen Schritt nach rechts, gilt für D_n^2 die obere Gleichung, andernfalls die untere:

$$D_n^2 = \begin{cases} (D_{n-1} + 1)^2 = D_{n-1}^2 + 2 \cdot D_{n-1} + 1 \\ (D_{n-1} - 1)^2 = D_{n-1}^2 - 2 \cdot D_{n-1} + 1 \end{cases}$$

Da „Zahl“ und „Bild“ gleich häufig vorkommen, ergibt die Mittelwertbildung Sinn:

$$D_n^2 = \frac{1}{2}(D_{n-1}^2 + 2 \cdot D_{n-1} + 1) + \frac{1}{2}(D_{n-1}^2 - 2 \cdot D_{n-1} + 1) = D_{n-1}^2 + 1$$

Aus $D_1^2 = +1$ und $D_n^2 = D_{n-1}^2 + 1$ ergibt sich induktiv $D_n^2 = n$. Ein besonders einfaches Resultat, das sich mit dem vorher berechneten Wert für sechs Münzwürfe deckt.

Bemerkung: Standardabweichung und Varianz
Allgemein gilt für die Varianz $Var(X) = E((X - E(X))^2)$ bzw. $Var(X) = E(X^2) - (E(X))^2$. In dem beschriebenen Beispiel ist $E(X)$ (die erwartete Stelle X) gleich null. Somit ergibt sich: $Var(X) = E(X^2)$.
Die Standardabweichung σ ist definiert als die Wurzel der Varianz. In unserem Fall gilt: $\sigma = \sqrt{Var(X)} = \sqrt{E(X^2)}$, also die Wurzel des mittleren Abstandquadrates.

Abstand des Teilchens nach n = 50 Würfen
Der erwartete Abstand des Brown'schen Teilchens lässt sich nicht exakt über das mittlere Abstandsquadrat berechnen. Trotzdem gelingt

81 Vgl. Feynman, *Vorlesungen über Physik*, Bd. 1, Oldenbourg Wissenschaftsverlag GmbH ⁴2001, S. 93.

auf diese Weise schnell ein guter Näherungswert: Nach 50 Würfen beträgt der quadratische Abstand 50 Schritte (siehe obigen Kasten), demensprechend ist die Wurzel des mittleren Abstandsquadrates $\sqrt{50} \approx 7{,}07$.
Bemerkung für die Alternative 2: Entsprechendes ergibt sich für die vertikale Richtung.[82]

Der genaue Erwartungswert für das Teilchen
Zu berechnen ist $E(|X|)$ für n = 50. Für n = 6 ergab sich diese Formel:

$$E(|X|) = \frac{\binom{6}{3} \cdot \mathbf{0} + 2 \cdot \binom{6}{2} \cdot \mathbf{2} + 2 \cdot \binom{6}{1} \cdot \mathbf{4} + 2 \cdot \binom{6}{0} \cdot \mathbf{6}}{2^6} = \frac{15}{8} = 1{,}875$$

Entsprechend gilt für $n = 50$:

$$E(|X|) = \frac{\binom{50}{25} \cdot \mathbf{0} + 2 \cdot \binom{50}{24} \cdot \mathbf{2} + 2 \cdot \binom{50}{23} \cdot \mathbf{4} + \ldots + 2 \cdot \binom{50}{1} \cdot \mathbf{48} + 2 \cdot \binom{50}{0} \cdot \mathbf{50}}{2^{50}} \approx 5{,}614$$

Das letzte Gleichheits- bzw. Näherungszeichen bedeutet einen hohen Rechenaufwand. Hier wurde Excel verwendet. Der beste Schätzwert für das Teilchen beträgt 5,61 Schrittlängen. Dieses Ergebnis wird mit dem Durchschnittswert aus dem Experiment am Anfang verglichen.

Binomialverteilung für Trefferwahrscheinlichkeiten *p*
Ist man weniger an der Brown'schen Molekularbewegung interessiert und zählt man nur die Zahlwürfe als „Erfolg", bietet sich die Form eines „Wettlaufes" an.

binomialer Wettlauf

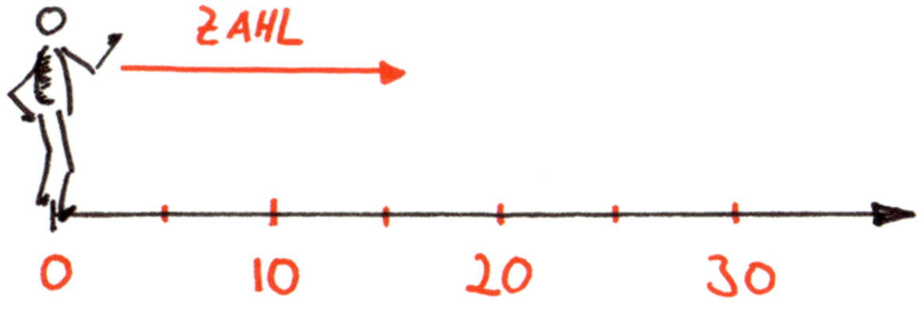

82 Auch wenn man beide Mittelwerte kennt, wäre die folgende Rechnung falsch:

Mittels Pythagoras ergibt sich für den Abstand: $\sqrt{(\sqrt{50})^2 + (\sqrt{50})^2} = 10$. Die Rechnung ist falsch, weil in den Mittelwerten nicht die gesamte Information enthalten ist. Die exakte Berechnung würde den Rahmen im schulischen Kontext sprengen.

Alle Schüler starten an der Stelle Null und werfen 50-mal eine Münze. Bei jedem Zahlwurf (Treffer) wird um 1m vorgerückt. Eine bereits aufgezeichnete Skala bringt Genauigkeit.

Formel von Bernoulli
Es ergibt sich ein Erwartungswert von 25 Schritten (bei $n = 50$ und bei einer Wahrscheinlichkeit für „Bild“ von $p = 0{,}5$ berechnet sich dieser zu $\mu = n \cdot p = 50 \cdot 0{,}5 = 25$) und es gilt die Formel von Bernoulli

$$P(X = k) = \binom{n}{k} \cdot p^k \cdot q^{n-k}$$

für den Spezialfall $p = q = 0{,}5$. Statt einer Münze kann ein Würfel geworfen und eine Sechs als Treffer gedeutet werden, ebenso auch eine Fünf oder Sechs. Je nachdem erhält man Binomialverteilungen zu $p = \frac{1}{6}$ oder $p = \frac{1}{3}$.

$p = \frac{1}{6}$ oder $p = \frac{1}{3}$ mit einem Würfel

Abenteurer kennen keine Grenzen

Teil VIII

Abenteurer kennen keine Grenzen

Kapitel 26

Schulmathematik am Rande des Bildungsplanes

26.1 Was ist ein mathematischer Satz?

„Wenn-dann-Aussage"

Ein mathematischer Satz ist eine „Wenn-dann-Aussage". Bekannt sind Beispiele derart: „Wenn es regnet, dann ist die Straße nass." Wird die Aussage umgedreht, entsteht eine neue Aussage, die im Allgemeinen falsch ist: „Wenn die Straße nass ist, dann regnet es" ist keine wahre Aussage, denn es könnte ja sein, dass es nicht regnet, sondern jemand sein Auto wäscht. Werden mit dem Umdrehen gleichzeitig die Aussagen negiert, stimmt der Sachverhalt wieder: „Wenn die Straße nicht nass ist, dann regnet es nicht." In mathematischer Sprache liest sich das so: $(A \Rightarrow B) \Leftrightarrow (\textit{nicht } B \Rightarrow \textit{nicht } A)$.

Rätsel

Auf dem Tisch liegen vier Karten folgender Art:[83] Auf der Vorderseite steht je eine Zahl, auf der Rückseite befindet sich eine rote oder schwarze Figur. Mit einer Büroklammer können aus acht Skatkarten vier solche doppelseitige Karten hergestellt werden (vgl. das Foto).

Es gibt eine einfache Regel: Wenn auf der Vorderseite eine ungerade Zahl steht, befindet sich auf der Rückseite eine rote Figur. Allerdings

83 Idee nach Kevin Dutton: *Flipnosis. The Art of Split-Second Persuasion*. William Heinemann, London 2010. Deutsche Ausgabe: Deutscher Taschenbuch Verlag [5]2011, S. 176f.

ist nicht sicher, ob die Regel bei allen Karten eingehalten wurde. Welche Karten müsste man umdrehen, um die Regel zu überprüfen?

Eine mögliche Umsetzung

Jeder Schüler überlegt für sich, welche Karten man umdrehen muss, um die Regel zu überprüfen. Hat er sich entschieden, so verschränkt er zum Zeichen seine Arme. Ein Schüler meint, dass man die „9" und die „Karo-Dame", also die erste und vierte Karte, umdrehen müsste. Er geht in eine bestimmte Raumecke; wer ebenfalls seiner Ansicht ist, folgt ihm. Andere Vorschläge gehen in andere Raumecken, dann wird mit einem Redestab diskutiert (vergleiche zur Methode „Standpunkte einnehmen" z. B. Abschnitt 25.5, Phase 4). Es darf immer nur der sprechen, der den Stab in der Hand hält. Jedoch darf jeder zu jeder Zeit schweigend seinen Standort wechseln. Ziel ist es, dass alle schließlich denselben Standpunkt vertreten.

Standpunkte einnehmen

Lösung

Es ist der Kreuz-Bube und die „9" umzudrehen. Die anderen Karten enthalten keine Information, ob die Regel eingehalten wurde. Zu den einzelnen Karten von rechts nach links:

- „9" ist eine ungerade Zahl, also muss sich auf der anderen Seite – entsprechend der Regel – eine rote Figur befinden.
- Die „10" umzudrehen bringt nichts, da die Regel keine Aussage über die Rückseite von geradzahligen Karten macht.
- Kniffliger ist die Sache mit dem Kreuz-Buben. Wenn wir diesen umdrehen und auf der anderen Seite eine ungerade Zahl finden, dann ist die Regel verletzt. Es muss sich also auf der anderen Seite eine gerade Zahl befinden.
- Sehr häufig wird vorgeschlagen, auch die Karo-Dame umzudrehen, allerdings bringt das keine Information. Wenn auf der Vorderseite eine ungerade Zahl stünde, dann wäre die Regel ebenso wenig verletzt wie bei einer geraden Zahl, da dann die Regel nicht mehr anwendbar ist. Der Denkfehler liegt darin, dass man geneigt ist, symmetrisch zu denken. Aber die Logik ist „antisymmetrisch". Es gilt: $(A \Rightarrow B) \Leftrightarrow (\textit{nicht } B \Rightarrow \textit{nicht } A)$ bzw. $(\textit{ungerade} \Rightarrow \textit{rote Figur}) \Leftrightarrow (\textit{nicht rote Figur} \Rightarrow \textit{nicht ungerade})$.

antisymmetrische Logik

26.2 Das Beweisprinzip der vollständigen Induktion

Mathematik ohne Zahlen

Die vollständige Induktion gilt als didaktisch schwierig zu unterrichten. Der Schüler weiß nicht genau, worauf es in der Stunde hinausläuft und der eine oder andere fragt sich hinterher doch, warum jetzt der Beweis bereits fertig sein soll. Im Folgenden wird versucht, dem Geheimnis der vollständigen Induktion ohne Zahlen auf die Schliche zu kommen. Mitunter scheint es, dass Schüler der Unterstufe leichter das Prinzip verstehen als Oberstufenschüler.

Das Beweisprinzip wird nachgespielt

pantomimische Darstellung

Die abstrakten Begriffe Induktionsanfang (IA), Induktionsvoraussetzung (IV) und Induktionsschritt (IS) können anschaulich demonstriert werden. Hierzu werden ca. fünf Freiwillige benötigt. Der Lehrer flüstert dem ersten eine Aufgabe zu, die er pantomimisch darstellen soll. Zum Beispiel soll er eine Zugfahrkarte am Automaten lösen oder eine Kiste Sprudel im Supermarkt einkaufen oder sich in einer Pommesbude eine Wurst bestellen und essen oder sein Lieblingsgericht kochen ... Die reine Spielzeit soll ca. eine halbe Minute dauern.

Konkreter Ablauf

Der erste Schauspieler stellt den Induktionsanfang (IA) dar.

Von den verbleibenden Schauspielern – hier in Grün dargestellt – darf nur einer der Aufführung des ersten folgen. Er nimmt die Rolle des Beobachters ein. Alle anderen drehen sich vorerst mit dem Gesicht zur Wand und schließen die Augen.

Der Beobachter versucht sich die halbminütige Vorführung so genau wie möglich einzuprägen. Danach erhebt er sich und spielt das Gesehene so exakt wie möglich nach, wobei ihn nun der nachgerückte dritte Schauspieler aufmerksam beobachtet, um seinen Vorgänger wiederum so genau wie möglich zu kopieren. Und so weiter.

Reiz und Humor der Darbietung liegen in der Unvollkommenheit der Kopie. Es wird viel gelacht, jedoch nicht ausgelacht. Die Frage ist: *Wie kann wirklich sichergestellt werden, dass die fünfte Person immer noch dasselbe wie die erste spielt?* Die Antwort ist das Beweisprinzip der vollständigen Induktion:

Humor in der Unvollkommenheit

Induktionsanfang $n = 1$	Der erste Spieler spielt richtig.
Induktionsvoraussetzung	Voraussetzung dafür, dass der $(k + 1)$. Spieler richtig nachspielen kann, ist die Richtigkeit seiner k Vorgänger.
Induktionsschritt $k \rightarrow k + 1$	Die Kopie, das Nachspielen darf keine Information verlieren.

In der Praxis des Spiels ist der Induktionsschritt quasi nicht erfüllbar. Deshalb kommt am Ende auch nicht das Gleiche heraus.

enaktiv ist der Induktionsschritt nicht erfüllbar

Stille Post

So wird ein Kinderspiel genannt, bei dem alle in einer Reihe sitzen und der erste (IA) seinem Nachbarn einen Satz zuflüstert. Dieser gibt das, was er verstanden hat, wiederum an den nächsten weiter. Und so weiter. Wieder stellt die Kopie (Weitergabe der Botschaft) den Induktionsschritt dar, die Induktionsvoraussetzung ist, dass die Nachricht beim aktuellen Flüsterer richtig angekommen ist.

Dominomodell aus Streichholzschachteln

Jede Gruppe erhält zehn Schachteln oder bringt entsprechend viele in den Unterricht mit. Die Schachteln sollen irgendwie (durcheinander) aufgebaut werden und dann alle umgestoßen werden.

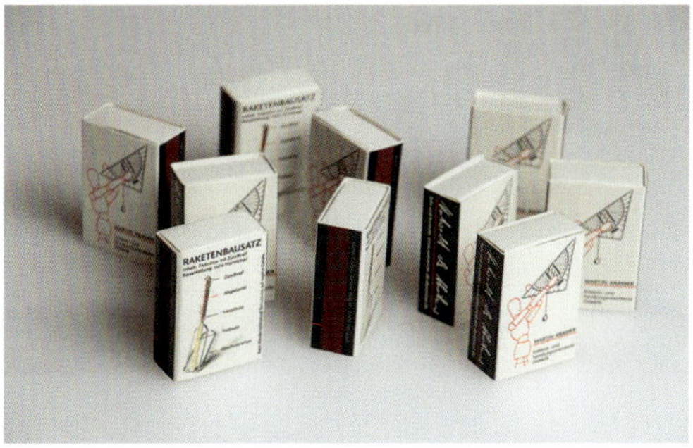

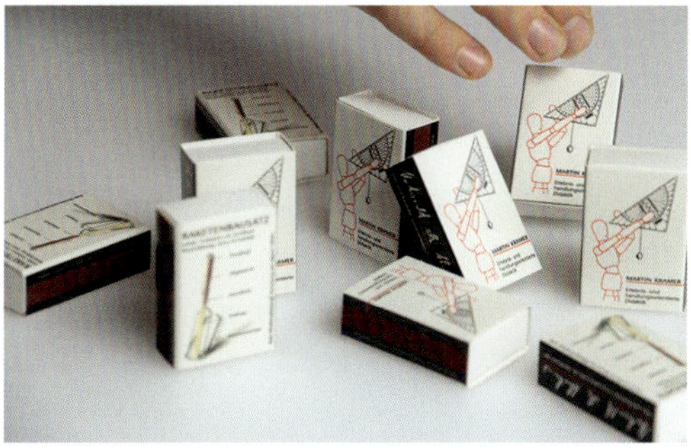

Die Schachteln stellen hierbei (mathematische) Aussagen dar. Wird eine umgeworfen, so gilt diese Aussage als bewiesen.

Grundidee Kettenreaktion

Jetzt sollen die Schachteln so aufgebaut werden, dass man nur eine Schachtel umstoßen muss, damit alle umfallen. Es gibt natürlich viele Möglichkeiten, die Grundidee ist jedoch immer eine Kettenreaktion. Fordert man zusätzlich, dass alle *nacheinander* umgeworfen werden müssen, erhält man einen Aufbau in dieser Art:

Induktionsanfang bedeutet hier das Umwerfen der ersten Schachtel.

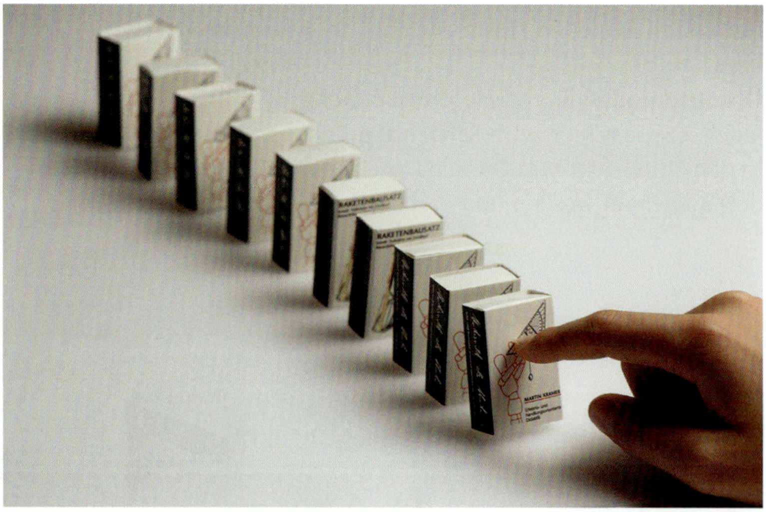

Die Induktionsvoraussetzung besagt, dass alle vorangestellten Schachteln bereits umgestoßen worden sind. Im übertragenen Sinne bedeutet das, dass alle vorherigen Aussagen bereits bewiesen sind und dazu verwendet werden können, die nächste Aussage zu beweisen bzw. die Folgeschachtel umzustoßen.

Für den Induktionsschritt muss sichergestellt werden, dass die Abstände zwischen den Schachteln nicht zu groß und nicht zu klein sind, anders formuliert: Stets muss der Nachfolger mit umgerissen werden.

26.3 Beispiele zur vollständigen Induktion

Zwei-Farben-Satz

Einer der berühmtesten mathematischen Sätze, der so genannte Vier-Farben-Satz, lautet:

Vier Farben reichen stets aus, um eine beliebige Landkarte in der Euklidischen Ebene so einzufärben, dass keine zwei angrenzenden Länder die gleiche Farbe bekommen.

Obwohl sich die Aussage recht einfach formulieren lässt, geht der Beweis über viele, viele DIN-A4-Seiten höherer Mathematik. Aus diesem Grund werden die einzufärbenden Landkarten vereinfacht:

Jede Landkarte, die aus der Anordnung von Geraden in einer begrenzten Ebene entstanden ist, lässt sich mit zwei Farben so einfärben, dass je zwei Nachbarländer unterschiedlich eingefärbt sind.

Ein Blatt Papier wird gefaltet und wieder aufgeklappt. Der Vorgang wird beliebig häufig wiederholt. Wenn die Falzkanten zu unklar sind, können auch stattdessen Striche mit dem Lineal gezogen werden. Nach vier Faltungen sieht das Blatt vielleicht so aus:

Rätsel bzw. Aufgabe

Das Blatt stellt eine Landkarte dar, die entstandenen Vielecke die Länder. In dem Beispiel auf dem Foto gibt es demnach neun Länder. Nun die Frage: Kann diese Landkarte mit nur zwei Farben so eingefärbt werden, dass nie zwei aneinander grenzende Länder dieselbe Farbe tragen?

In diesem speziellen Fall hat es geklappt. Die Schüler falten eigene Landkarten und versuchen ebenfalls eine entsprechende Einfärbung. Und tatsächlich gelingt jedem die Farbgebung. Könnte es dennoch eine Landkarte geben, bei der zwei Farben nicht ausreichen? Könnte es ein Gegenbeispiel geben?

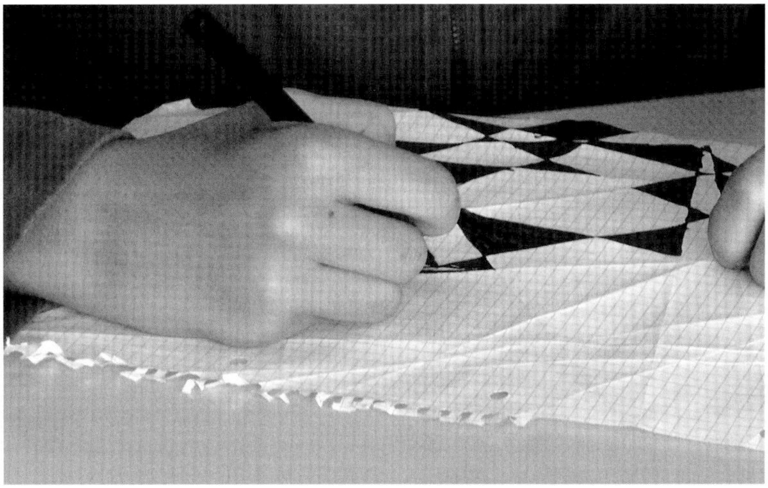

Didaktische Zwischenbemerkung

Verständnis braucht Zeit. Damit Interesse an einer Sache entstehen kann, muss diese erst zur eigenen Sache werden. Das kleine Wort „eigen" macht einen riesigen Unterschied. Wenn der unterrichtliche Gegenstand zur „eigenen Sache" wird, dann geht es einerseits um „die Sache", hier um die vollständige Induktion, andererseits um die *Beziehung* zur Sache. Erst jetzt hat die „Sache" etwas mit einem selbst zu tun.

Wissen wächst langsam

Beziehung zur Sache

Während eine Sache schnell geklärt und abgehandelt sein kann, wachsen Beziehungen hingegen nur langsam. Nachhaltigkeit wird nicht durch Schnelligkeit, sondern durch Tiefgang erreicht.

So ist es wichtig, dass der Schüler seine eigene Landkarte einfärbt. Durch das eigene Handeln kann eine Beziehung zum Stoff entstehen. Erst wer um ein Gegenbeispiel oder um eine Beweisidee ernsthaft gerungen hat, kann den folgenden Beweis wertschätzen. Je länger geforscht und das Problem untersucht wurde, je mehr es zur eigenen Sache geworden ist, desto spannender ist die Auflösung. Daher sollte nicht zu früh ein Beweis gezeigt werden. Haben Sie Mut zur Langsamkeit!

Beweis wertschätzen

Beweis des Zwei-Farben-Satzes

Es geht immer.[84] Der Beweis erfolgt mittels vollständiger Induktion:

$n = 1$		(IA) Das Papier wird einmal gefaltet und wieder aufgeklappt. Da nur zwei Länder entstanden sind und zwei Farben zur Verfügung stehen, klappt auch die geforderte Einfärbung.
Annahme: für k richtig		(IV) Annahme: für k Geraden wurden die Länder richtig eingefärbt.
$k \to k + 1$		(IS) Es ist nur zu zeigen: Wenn die Einfärbung für eine beliebig vorgegebene Anzahl von Faltungen funktioniert, so gilt sie auch für eine weitere. Wir stellen uns eine Einfärbung vor. Wird jetzt das Papier erneut gefaltet, so gibt es nur Probleme am neu entstandenen Falz. Der Trick besteht nun darin, auf einer Seite den Kontrast umzukehren.
Damit ist die Aussage bewiesen. Gezeigt wurde nämlich Folgendes: Gilt die Aussage für einen Falz, dann auch für einen weiteren, also für zwei Falze. Gilt sie für zwei, dann wegen des bewiesenen Induktionsschrittes auch für drei und so weiter.		

Eine Aufgabe mit Kreisen

Anstelle von Geraden können ebenso Kreise gezeichnet werden. Der Beweis funktioniert analog, die Kontrastumkehr findet dann entweder innerhalb oder außerhalb des neuen Kreises statt.

84 Achtung: Wird nicht nach jeder Faltung wieder aufgeklappt, gelingt die Einfärbung im Allgemeinen nicht.

Kreise und Geraden

Es können sogar Geraden und Kreise verwendet werden. Das wundert nicht, da es eine nahe Verwandtschaft zwischen Kreisen und Geraden gibt: Betrachtet man alle Kreise auf einer Kugeloberfläche, die durch einen Schnitt mit einer Ebene entstehen, und projiziert diese vom Nordpol auf die Ebene, ergibt sich genau dann eine Gerade, wenn der entsprechende Kreis durch den Nordpol läuft, ansonsten wird ein Kreis immer auf einen Kreis abgebildet (Kreistreue der stereografischen Projektion). Von einem gewissen Standpunkt aus – genauer auf der noch unprojizierten Kugelwelt – gibt es also nur Kreise. So gesehen, sind Geraden spezielle Kreise, die durch den Nordpol gehen.

Turm von Hanoi

Sechs Münzen (1 Cent, 2 Cent, 5 Cent, 10 Cent, 1 Euro und 2 Euro) lassen sich so aufeinander stapeln, dass nie eine größere Münze auf einer kleineren zu liegen kommt.

Als Spielfeld werden auf einem Blatt drei Felder aufgezeichnet. Ziel ist die Verlagerung des Turms auf einen anderen Platz. Dabei gelten folgende Regeln:

- Es darf immer nur eine Münze gezogen werden.
- Es darf immer nur eine kleinere Münze auf einer größeren liegen.
- Münzen dürfen nur im Feld I, II oder III liegen.

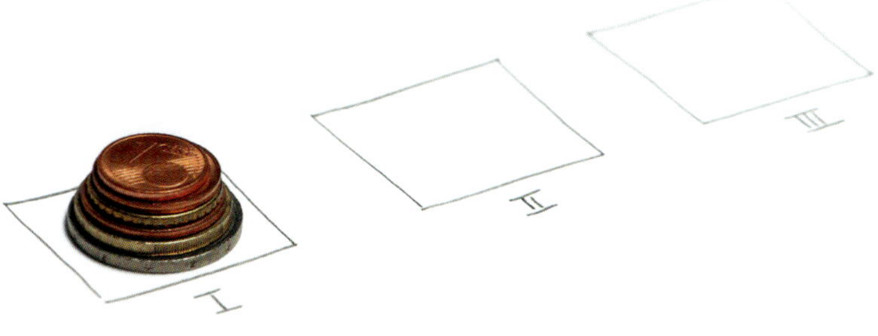

Die erste Frage ist: Geht das überhaupt? Aber irgendwann hat es jemand in der Klasse geschafft und das leitet dann die eigentliche Frage ein: Wie viele Ziehungen werden mindestens benötigt, um den Turm zu verlagern?

Lösung mittels vollständiger Induktion
Sechs Münzen sind für den Beginn recht schwierig. Für nur eine ist der Fall viel einfacher: Man benötigt nur eine Umlegung (IA).
Wir bezeichnen mit u_k die kleinste Anzahl der Umlegungen mit k Münzen. Im Beispiel mit den sechs Münzen wollen wir also u_6 berechnen.
Der Induktionsschritt besteht aus drei Zügen. Die Situation wird anhand der sechs Münzen dargestellt:

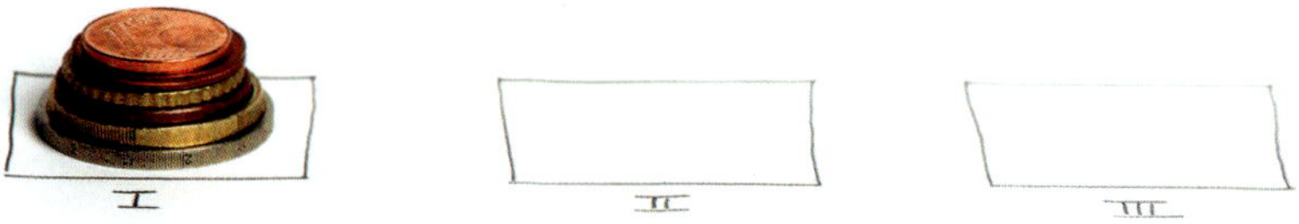

Im ersten Zug wird die Induktionsvoraussetzung angewendet. Das bedeutet, dass die kleinste Anzahl der Umlegungen für fünf Münzen (u_5) bereits bekannt ist:

Die neu hinzugekommene, sechste Münze benötigt eine Umlegung, nämlich von Feld I auf Feld III:

Zum Schluss wird der Stapel der restlichen fünf Münzen daraufgesetzt. Das sind wieder u_5 Umlegungen.

Insgesamt gilt für sechs Münzen: $u_6 = u_5 + 1 + u_5 = 1 + 2 \cdot u_5$.
Allgemein lautet die Rekursionsformel: $u_1 = 1;\ \ u_{k+1} = 1 + 2 \cdot u_k$.

Anzahl der Münzen k	1	2	3	4	5	6	7	...
Anzahl der Umlegungen u_k	1	3	7	15	31	63	127	...

Es gibt auch eine explizite Formel zur Berechnung der Umlegungen: $u_n = 2^n - 1$. Der Beweis verwendet wieder die vollständige Induktion, die Ausführung sei dem Leser überlassen. Ein Beweis einer expliziten Formel findet sich im Beispiel „Händeschütteln".

explizite Formel

Händeschütteln

Wie oft schütteln sich die Schüler einer Klasse die Hand, wenn jeder Schüler jedem anderen genau einmal die Hand schüttelt?

Umsetzung im Unterricht

Am besten lässt man die Übung unstrukturiert beginnen: Alle stehen auf und begrüßen sich per Handschlag. Auf einer Freizeit kann alternativ mit Gläsern angestoßen werden. Ist die Begrüßung bzw. das Anstoßen vorbei, stellt der Lehrer die Frage: Wie viele Handschläge hat es gegeben bzw. wie oft hat es „kling" gemacht, wenn jeder jedem genau einmal begegnet ist?

Die Schüler suchen selbst nach Lösungen. Sehr gut eignet sich die Ecken-Diskussionsmethode: Jeder überlegt für sich einen Rechenweg bzw. eine Lösung. Wer für sich eine Schätzung, Lösung, einen Vorschlag gefunden hat oder das Nachdenken aufgegeben hat, verschränkt zum Zeichen die Arme. Sind alle bereit, werden die Ecken des Raumes mit Vorschlägen belegt. Für jeden neuen Lösungsvorschlag wird eine neue „Ecke" aufgemacht. Jeder geht in die Ecke, die seinem Vorschlag entspricht.

„Standpunkte einnehmen"

Es darf nur der sprechen, der einen vereinbarten Gegenstand (Redestab, Tafelschwamm ...) in der Hand hält. Jedoch kann jeder zu jedem Zeitpunkt seinen Standpunkt wechseln, falls ihn eine bestimmte Aussage überzeugt hat. Ziel ist, dass schließlich alle eine gemeinsame Ecke finden.

Meist kommt die Klasse selbst auf eine Lösung. Falls nicht, können zwei Ideen nachgespielt werden. Je länger und ernster die Schüler selbst um eine Lösung gerungen haben, desto interessanter wirken die Auflösungen (vgl. die didaktische Zwischenbemerkung zum Zwei-Farben-Satz).

Lösungsvorschlag Nr. 1

Die Lösung kann nachgestellt werden. Hierzu wird das Klassenzimmer in zwei Bereiche geteilt: Straße und Partykeller. Vorerst befinden sich alle auf der Straße.

Erspielen der Lösung

Mit k wird im Folgenden die Anzahl der Personen im Partykeller bezeichnet, mit a_k die Anzahl aller Begrüßungen einschließlich des k-ten Neuankömmlings.
Der erste Partygast kann niemandem die Hand schütteln ($a_1 = 0$), es ist ja sonst niemand im Raum. Der zweite kann genau einmal dem ersten die Hand geben ($a_2 = 1$). Ist der dritte angekommen, gibt es zwei weitere Begrüßungen ($a_3 = 1 + 2$), insgesamt wurden also drei Mal die Hände gereicht. In der Abbildung ist das Ankommen von Person Nummer 5 gezeigt. Diese kann genau vier Gäste begrüßen ($a_5 = 1 + 2 + 3 + 4$). Allgemein kann die k-te Person genau $(k - 1)$ Personen die Hand schütteln.

Personen k	1	2	3	4	…	k	$k + 1$	…
Anzahl des Händeschüttelns a_k	0	1	$1 + 2$	$1 + 2 + 3$	…	$1 + 2 + \ldots + (k-1)$	$1 + 2 + \ldots + (k-1) + k$	…

+ 1 + 2 + 3 + 4 + k

Damit erhält man eine Rekursionsformel:

$$a_0 = 1,$$
$$a_{k+1} = a_k + k$$

Wenn die Klasse wie in unserem Beispiel aus 30 Schülern besteht, so müssen entsprechend die Zahlen von 1 bis 29 addiert werden. Das ist aufwendig. Wesentlich eleganter wäre eine Formel, bei der man nicht die Handschläge aller vorherigen Gäste aufsummieren müsste, um alle Begrüßungen zu berechnen. Die Summenformel für die ersten n Zahlen wird häufig mit „Gauß'scher Summenformel" bezeichnet. Einer Legende nach hat Carl Friedrich Gauß bereits als Neunjähriger damit seinen Lehrer in Erstaunen versetzt.

Gauß'sche Summenformel

Gezeigt werden soll: Für die Summe der Zahlen 1 bis $(k-1)$ gilt:

$$a_k = 1 + 2 + \ldots (k-1) = \frac{k}{2}(k-1).$$

Diese Aussage fällt sozusagen vom Himmel. Das ist typisch für die Anwendung der vollständigen Induktion. Die Stärke des Beweisprinzips liegt darin, bereits gemachte Aussagen zu beweisen. Leider ist es nicht konstruktiv, d. h., der Frage, wie man auf die Formel überhaupt kommt, wird keine Rechnung getragen.

Induktion nicht konstruktiv

Beweis der Gauß'schen Formel durch vollständige Induktion

Behauptung: $a_k = \frac{k}{2}(k-1)$

IA: $k = 2$: $a_2 = \frac{2}{2}(2-1) = 1 \cdot 1 = 1$ d.h. die Aussage ist richtig für $k = 2$

IS: $k \to k + 1$: zu zeigen: $\underbrace{a_{k+1}}_{\text{linke Seite}} = \underbrace{\frac{k+1}{2}[(k+1)-1]}_{\text{rechte Seite}}$

linke Seite:

$$a_{k+1} = a_k + k = \underbrace{\frac{k}{2}(k-1)}_{(IV)} + k = \frac{k^2-k}{2} + k = \frac{1}{2}k^2 - \frac{k}{2} + k = \frac{1}{2}k^2 + \frac{k}{2} = \frac{k^2+k}{2}$$

rechte Seite:

$$\frac{k+1}{2}[(k+1)-1] = \frac{k+1}{2} \cdot k = \frac{k^2+k}{2}$$

Also ist die linke Seite gleich der rechten Seite. Damit ist die Aussage bewiesen. Um die Anzahl des Händeschüttelns zu berechnen, kann jetzt a_{30} direkt bestimmt werden: $a_{30} = \frac{30}{2}(30-1) = 15 \cdot 29$.

Im Vergleich dazu die rekursive Berechnung:

$a_{30} = 1 + 2 + 3 + 4 + 5 + 6 + 7 + 8 + 9 + 10 + 11 + 12 + 13 + 14 + 15 + 16 + 17 + 18 + 19 + 20 + 21 + 22 + 23 + 24 + 25 + 26 + 27 + 28 + 29$

Lösungsvorschlag Nr. 2

Das Nachstellen im Lösungsvorschlag 1 legt die Anwendung der vollständigen Induktion nahe, da die Gäste nacheinander in den Partykeller gehen. Es gibt aber auch eine konstruktive, einfachere Lösung: Bei 30 Schülern schüttelt jeder 29-mal eine Hand. Allerdings wird jetzt jede Begegnung doppelt gezählt. Insgesamt ergeben sich $\frac{30 \cdot 29}{2} = 15 \cdot 29$ Handreichungen.

26.4 Das Mönchproblem oder die Suche nach einem Kommunikationssystem als Algorithmus

Stunde vor Weihnachten oder vor den Ferien

Dieses Rätsel habe ich auf einer Physiktagung abends am Lagerfeuer gehört. Die erlebnisorientierte Umsetzung eignet sich sehr gut für eine Weihnachtsstunde oder kurz vor den Ferien.

Das Rätsel

Ein Mönchskloster, fernab jeglicher Zivilisation, wird sehr selten von einer eigentümlichen Krankheit heimgesucht. Die Krankheit bricht schlagartig aus, wahrscheinlich durch einen Insektenschwarm, der über Nacht einigen Mönchen die Krankheit injiziert.

Der Krankheitsverlauf: Der Infizierte bekommt ein grünes Gesicht, sonst merkt er vorerst überhaupt nichts. Nach ein paar Wochen stirbt er ohne Vorwarnung. Solange der Mönch noch lebt, ist die Krankheit nicht ansteckend, mit dem Eintritt des Todes ändert sich das schlagartig.

keine Kommunikation

Über die Mönche ist bekannt, dass sie ein Schweigegelübde abgelegt haben. Sie kommunizieren nicht, weder verbal noch nonverbal. Da es keine Spiegel gibt, kann kein Infizierter die bedrohliche Krankheit an sich selbst erkennen, und es wird ihm auch keiner sagen. Es gibt allerdings das „stille Gebet" jeden Morgen bei Sonnenaufgang, bei dem alle Mönche im Kreis stehen und sich gegenseitig still betrachten, dann verneigen sie sich und gehen bis zum nächsten Morgen wieder ihrer Arbeit nach.

An einem Tag bricht die Krankheit bei fünf Mönchen aus. Jeder von ihnen würde sofort das Kloster verlassen, wenn er um seine Infektion wüsste, um weit draußen den Tod zu erwarten. Keiner möchte seine Brüder anstecken.

Werden alle Mönche sterben oder gibt es eine Rettung? Können die Kranken in irgendeiner Weise herausfinden, dass sie krank sind, und wenn ja: Zu welchem Zeitpunkt verlassen sie das Kloster?

Konkrete Umsetzung

Spannender und viel klarer wird die Situation, wenn man sie nachstellt. Der Lehrer geht herum und klebt jedem Schüler einen Punkt auf die Stirn.

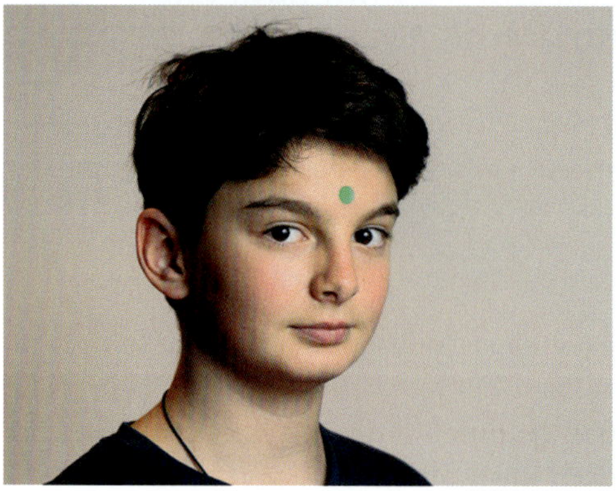

Einige Punkte davon sind grün, der Rest andersfarbig. Die Anzahl der grünen Punkte wird nicht verraten, es müssen allerdings mindestens zwei sein.

Abdunkeln des Raumes, ein paar Kerzen und gegebenenfalls ein Räucherstäbchen schaffen Atmosphäre. Die Fotos in diesem Abschnitt entstanden in einer alten Kapelle auf einem Mathecamp.

Atmosphäre schaffen

Jetzt darf über einen möglichen Algorithmus diskutiert werden. Je länger über das Rätsel nachgedacht wird, desto spannender und hitziger werden die Gespräche. Meist beginnt die Diskussion langsam, also nicht gleich aufgeben, sondern warten, was passiert. Wenn die Klasse sich schließlich auf eine Lösung geeinigt hat, wird diese durchgespielt. Das kann allerdings über eine halbe Stunde dauern. Um sicherzugehen, dass wirklich niemand seine Punktfarbe weiß, werden die Punkte vor dem letzten Durchspielen ausgetauscht.

Jeder in der Gruppe muss wissen, wie er sich verhalten soll. Es genügt einer, der nicht aufpasst, um alle Mönche in den Tod zu stürzen.

Die Lösung in mehreren Schritten

vollständige Induktion

Die Lösung entspricht dem Beweisprinzip der vollständigen Induktion. Das ist nur ein Hinweis für den Leser; mit den Schülern muss das nicht besprochen werden. Es hilft, wenn die einzelnen Lösungsschritte handelnd nachgestellt werden.

Erster Schritt
Wir nehmen zunächst an, dass genau ein Mönch krank ist und dass jeder Mönch weiß, dass mindestens einer von ihnen infiziert ist. Alle Mönche sehen am ersten Morgen beim stillen Gebet genau einen Kranken, nur der selbst betroffene Mönch A nicht. Da dieser weiß, das mindestens einer krank ist, jedoch kein grünes Gesicht sieht, lautet der zwingende Schluss: Er selbst ist infiziert. Somit verlässt er nach dem Morgengebet, also am ersten Tag, das Kloster, um seine Mitbrüder zu retten.

Zweiter Schritt
Wir wollen jetzt annehmen, dass zwei Mönche krank sind. (Die Forderung, dass jeder Mönch weiß, dass mindestens einer von ihnen infiziert ist, kann jetzt fallen gelassen werden, da jeder mindestens einen Kranken sieht.)
Bis auf zwei Mönche zählen alle beim Morgengebet genau zwei grüne Gesichter. Die Ausnahmen sind Mönch A und Mönch B. Beide sehen nur einen Kranken. Versetzen wir uns einen Moment in die Lage von Mönch B: Er sieht genau einen Kranken. Er macht die Annahme, dass er selbst gesund ist. Von seinem Standpunkt aus ist die Situation dieselbe wie die im ersten Schritt geschilderte. Er nimmt also an, dass Mönch A nur gesunde Gesichter sieht und demzufolge am nächsten Tag nicht mehr erscheint. Am zweiten Tag kommt Mönch A allerdings wieder zum Morgengebet. Also war die Annahme falsch und er selbst ist ebenfalls infiziert. Als Folge verlässt er am zweiten Tag das Kloster. Mönch A ergeht es genau gleich. Beide Infizierte verlassen das Kloster zusammen.

Dritter Schritt

Im Folgenden seien drei Mönche krank. Bis auf die infizierten Mönche sehen alle genau drei grüne Gesichter. Die Kranken selbst sehen nur zwei Infizierte. Versetzen wir uns in die Situation von Mönch C. Er sieht genau zwei Kranke (A und B). Er sieht dasselbe Bild, als ob nur zwei Mönche krank wären. Da er annimmt, dass er gesund ist, müssten die Mönche A und B genau wie oben beschrieben noch zwei Morgenandachten erscheinen, um danach das Kloster zu verlassen. Überraschenderweise kommen jedoch die erkrankten Mönche am dritten Tag erneut zum Morgenkreis. Also war die Annahme falsch, dass er gesund ist, und er geht am dritten Tag.

Den Mönchen A und B ist es nicht anders ergangen. Zuerst sehen sie ebenfalls zwei grüne Gesichter und erwarten genau wie Mönch C, dass die beiden anderen das Kloster am zweiten Tag verlassen. Fazit: Alle drei verlassen zusammen am dritten Tag das Kloster.

Induktiv geht es entsprechend weiter. Vier Mönche verlassen am vierten Tag gemeinsam das Kloster, fünf am fünften Tag ... Damit ist das Rätsel gelöst.

Ein möglicher Tipp

Meistens stellen die Schüler die Szene von sich aus zuerst mit einem, dann zwei Kranken nach. Ansonsten hilft der Tipp, dass sie zuerst die Situation mit einem Kranken und dann mit zweien durchdenken können.

Vollständige Induktion und Widerspruchsbeweis

Im Mönchsproblem ist mehr Mathematik enthalten, als es auf den ersten Blick vielleicht scheint. Die enthaltene vollständige Induktion wie auch die Technik des Widerspruchsbeweises (Mönch B nimmt an, dass er gesund ist ...) ist nicht einfach. Deswegen wundert es auch nicht, dass die Erklärung in der Regel eine Viertelstunde oder länger in Anspruch nimmt.

26.5 Ein Irrgarten für Blinde: lokale und globale Sichtweisen

Diese Übung zählt bei den Schülern zu den beliebtesten. Ich habe sie mehrfach in der Grundschule, Unter-, Mittel- und Oberstufe sowie mit Studenten und erwachsenen Lehrern durchgeführt. Die Abbildungen hier stammen aus einer fünften und einer elften Klasse.

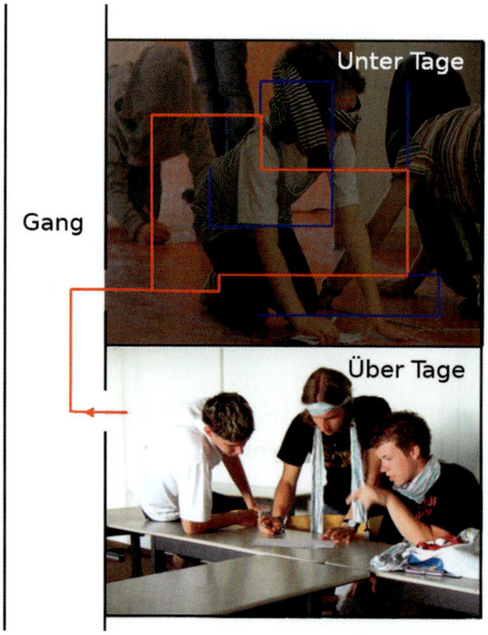

Vorbereitung
Die Übung dauert ca. eine Doppelstunde. Es ist von Vorteil, wenn man bei der Durchführung zu zweit ist. Benötigt werden am besten zwei nebeneinander liegende Räume: ein großer für das Stollensystem unter Tage und einer zum Kartenzeichnen über Tage. Der Raum „über Tage" kann notfalls auch der Gang sein.
Tische und Stühle werden im größeren Raum zur Wand geschoben, so dass eine möglichst große freie Fläche entsteht. Alle Taschen werden vor die Tür bzw. in den Raum „über Tage" gestellt, da dort – außerhalb des Klassenzimmers – mit Bleistift und Papier eine Karte erstellt werden soll. Jeder Schüler sucht sich etwas zum Augenverbinden.
Der Lehrer spannt mit Klebeband und dicker Schnur einen Irrgarten mit Kreuzungen und Irrwegen auf. Der Weg zum Irrgarten bzw.

ins Klassenzimmer wird ebenso mit einer Schnur markiert. Wegen der Verletzungsgefahr (!) müssen alle Schnüre weit genug von Gegenständen entfernt sein. Aus diesem Grund sollte die Schnur genau durch die Mitte des Eingangs verlaufen. Am besten spannen Sie zuerst einen Rundgang ab (in der Abbildung in Rot dargestellt) und fügen anschließend einige (blaue) Verzweigungen hinzu.

Aufgabe und Regeln

unterirdisches Bergwerk

Von einem unterirdischen Bergwerk soll eine Stollenkarte erstellt werden. Das Stollensystem ist höchst einsturzgefährdet, daher darf man sich hier nur geräuschlos bewegen und auch nicht flüstern. Es herrscht Lebensgefahr: Durch das kleinste Geräusch können die unterirdischen Gänge zusammenkrachen. In und durch das Stollensystem führt eine (dicke) Schnur. Diese so markierten Gänge dürfen nicht verlassen werden.

zwei Räume

Während der gesamten Übung darf außer dem Spielleiter (Lehrer) niemand sehend den Raum betreten. Es gibt also zwei Räume: den unterirdischen Stollen, der nur blind betreten werden darf, und den Raum über Tage, hier ist Licht und hier darf auch diskutiert werden.

Die Schnur führt durch die geöffnete Tür aus dem unterirdischen Stollensystem nach draußen auf den Gang oder in ein weiteres Zimmer. Wir befinden uns jetzt „über Tage“. Hier darf die Augenbinde abgenommen und auch gesprochen werden. Das ist auch der Ort, wo die Schüler in Gruppen das Stollensystem aufzeichnen sollen.

Didaktische Zwischenbemerkungen

Regeln über Bilder

Aufgabe und Regeln werden in Form einer Geschichte eingeführt. Das ist natürlich hübsch und altersgerecht, aber das ist nicht das Wesentliche. Mittels einer Geschichte werden Aufgabenstellung und Regeln selbstverständlicher beachtet. Hat man das Bild eines einsturzgefährdeten Stollens vor sich, dann ist die Regel „Schweigen" selbstverständlich. Auch ist klar, in welchem Raum die Augenbinde getragen werden muss und wo nicht. Mit einer Geschichte lassen sich Regeln viel einfacher und klarer vermitteln als durch eine Liste von Geboten und Verboten.

die Regel „Schweigen"

Stille und Unfallgefahr

Absolute Stille ist wegen Unfallgefahr sehr wichtig. In der Stille hört man gut, ob jemand entgegenkommt oder nicht. Es wurde bewusst der Begriff „Stille" gewählt und nicht „Ruhe". Stille ist mehr als die rein technische Abwesenheit von Lärm, sie beinhaltet Aufmerksamkeit. „Gib endlich Ruhe!" kann rein technisch umgesetzt werden und ist sicher in vielen Fällen ein sinnvoller Appell. „Gib endlich Stille!" funktioniert nicht so recht. Es geht auch darum, dass man sich auf die Übung einlässt. Anders formuliert: Ruhe erzeugt weder Ästhetik noch Wertschätzung, Stille tut es.

mehr als die technische Abwesenheit von Lärm

Vertrauen und Verantwortung

Blindenexperimente sind Vertrauensübungen. Es reicht, wenn man in Schrittgeschwindigkeit gegen eine Wand läuft, um sich die Nase zu brechen! Ich selbst habe bei einem Blindenexperiment einmal ein Stück Zahn verloren. Jemand stupste mich ganz leicht in den Bauch. Reflexartig krümmte ich mich zusammen, um meinen Bauch zu schützen. Der Zufall wollte es, dass vor mir ein Metallregal stand. Es hätte schlimmer ausgehen können ... Wenn die Schüler die Verantwortung und Vorsicht nicht einsehen, ist diese Übung gefährlich. Brechen Sie in diesem Fall sofort ab! Dem Blinden darf nichts geschehen. Auch in pädagogischer Hinsicht: Er würde die Erfahrung machen, dass er nicht vertrauen darf. Wer also unachtsam oder absichtlich eine Dummheit begeht, bekommt massiv Ärger.

Vertrauensübungen

Umsetzung

Überblick

Hier ein Vorschlag für den zeitlichen Ablauf, falls nur 90 Minuten zur Verfügung stehen. Je länger die Übung dauert, desto intensiver ist sie.

Vorbereitung: • Tische und Stühle werden auf den Gang gestellt (kann bereits in der Pause geschehen). Schreibzeug und Augenbinde kommt in den Raum „über Tage". • Der Lehrer spannt den Irrgarten ab.	(Die Schüler können bereits in der Pausenzeit den Raum vorbereiten.) 15 Minuten
Einführung in das Stollensystem: • Regeln, **zwei Aufgabenstellungen** (siehe unten), Gruppeneinteilung • Erste Begehung	15 Minuten
Lösung der Gruppenaufgabe: Es wird eine **Stollenkarte** angefertigt.	45 Minuten
Auflösung: Der Raum „unter Tage" wird zum ersten Mal sehend betreten.	10 Minuten
Aufräumen	5 Minuten.

Die Zeit ist recht knapp bemessen. Vielleicht können Sie bereits einige organisatorische Dinge im Vorfeld klären (z. B. Gruppenbildung).

Vorbereitung

Sie benötigen ca. 10 Minuten, um den Irrgarten abzuspannen. In dieser Zeit sollen sich die Schüler an die Blindheit mit einer typischen Übung gewöhnen: Einer ist blind und der andere führt. Nach fünf Minuten wird gewechselt. Falls es nicht aufgeht, kann auch eine Dreiergruppe gebildet werden, dann gibt es einen Führer und zwei Blinde. Damit die Aufsichtspflicht gewährleistet ist, benötigen Sie in dieser Zeit einen Kollegen.

Man achte beim Abspannen des Irrgartens darauf, dass wegen Unfallgefahr mindestens ein halber Meter Abstand zu Tischen und Stühlen besteht. An einer Stelle am Ende eines Ganges können Sie einen Gegenstand befestigen, den die Schüler erraten sollen (z. B. Ihre Tasche oder den Tafelschwamm).

Unfallgefahr

Ist der Irrgarten fertig, werden kleine Gruppen (drei bis vier Teilnehmer) gebildet.

Zwei Aufgabenstellungen

Erste Aufgabe: In der ersten Übung spielt die Gruppenzugehörigkeit noch keine Rolle. Einer nach dem anderen tastet sich blind durch das Stollensystem. Die erste Aufgabe besteht darin, den bestimmten Gegenstand (hier Tasche bzw. Schwamm) zu finden, ihn zu erraten und dann wieder den Weg zurück zu finden.

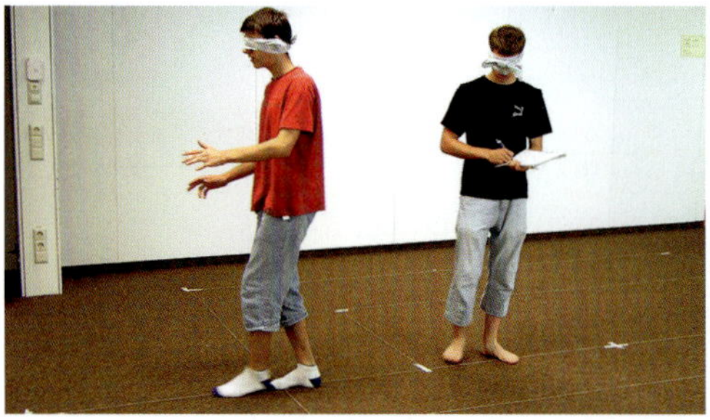

gegenseitige Aufträge

Zweite Aufgabe: Jetzt sollen die Gruppen eine Stollenkarte so exakt wie möglich erstellen. Hierzu holen sie Papier und Bleistift aus ihrer Tasche. Jeder darf so oft in den Raum „unter Tage", wie er möchte. Die Gruppe darf sich „über Tage" austauschen und sich gegenseitig Arbeitsaufträge geben („Geh du bei der ersten Verzweigung nach links!"). Der Lehrer gibt die Abgabezeit vor. Steht insgesamt eine Doppelstunde zur Verfügung, sind 45 Minuten eine gute Zeitspanne für die Erforschung des Stollensystems. Aber egal welche Zeit Sie vorgeben, wer ernsthaft forscht, ist nie fertig.

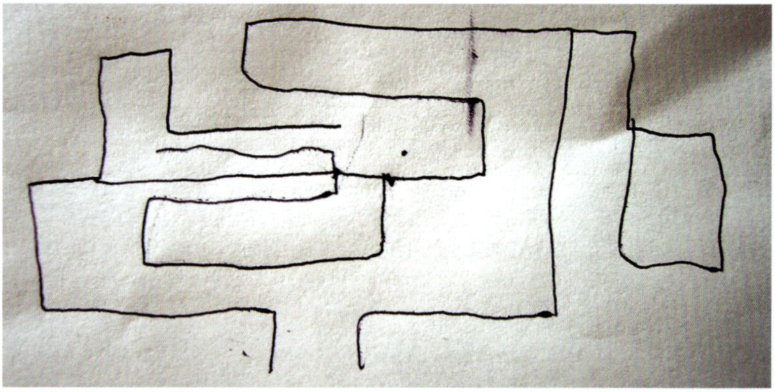

Hilfestellung

Hat sich ein Schüler komplett verirrt, hebt er zum Zeichen die Hand. Daraufhin flüstert ihm der Lehrer den direkten Weg nach draußen ins Ohr (mit den Anweisungen „links" und „rechts"). Ist der Schüler völlig irritiert, nimmt ihn der Lehrer an der Hand und führt in direkt (ohne auf die Schnüre zu achten) in den Raum „über Tage".

Auflösung und Ende

völlige Stille

Nach Ablauf der Zeit wird der Raum sehend betreten. Es ist ein besonderer Moment, den es nur einmal gibt, und es wäre schade, wenn er zerredet würde. Das Stollensystem wird in völliger Stille betreten.

Nach einer Minute darf wieder gesprochen werden. Vielleicht hilft das Bild vom Betreten einer Kirche.

Didaktisch-pädagogische Inhalte der Übung

Eine Übung in Achtsamkeit

Die Übung verbindet sehr viele Disziplinen miteinander. Zum einen lässt sie den Spieler in eine andere Wahrnehmungswelt eintauchen: Er ist blind. Dieses Handicap erfordert gegenseitiges Vertrauen und so ist der Irrgarten auch eine Übung in Achtsamkeit.

andere Wahrnehmungswelt

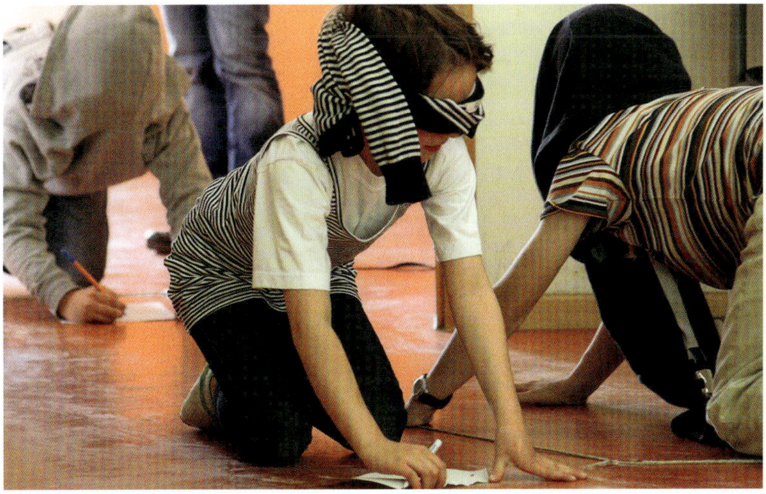

Ein großer Reiz in dieser Übung liegt in der (blinden) Begegnung. Man darf und muss den anderen berühren, um an ihm vorbeizukommen. Dabei müssen beide sehr vorsichtig sein, damit es zu keinem Unfall kommt.

Lokale und globale Betrachtungsweise

Mathematisch betrachtet, ist der Aspekt der lokalen und globalen Betrachtungen am interessantesten. „Über Tage" wird das Gangsystem global betrachtet, „unter Tage" hingegen lokal ertastet. Es ist wie das Lesen einer Straßenkarte: Real sieht man nur einen winzigen Ausschnitt der Stadt, gleichzeitig hat man einen Gesamtüberblick über alle Straßen und Wege. Dieses Denken ist abstrakt: Auf einem Stück Papier folgt der Zeigefinger einem virtuellen Weg. Eine Mathematik ohne Zahlen.

Mathematik ohne Zahlen

Homöomorphe Karten (Topologie)

Von einem gewissen Standpunkt aus sind beide links abgebildete Skizzen gleich, etwa bei einer topologischen Betrachtung.

Kooperation und teamorientiertes Arbeiten

Die Aufgabe wird in Kleingruppen gelöst. Die Schüler diskutieren über Wege und vermutete Abzweigungen. Forschungsaufträge werden abgesprochen. Die Übung schult die verschiedenen Kompetenzen. Je länger die Übung dauert, desto mehr schlüpfen die Schüler in die Forscherrolle, desto heißer wird diskutiert und desto intensiver wird die Übung.

26.6 24 Stunden Mathematik

Eine Stunde Mathematik zusätzlich ist für die meisten Schüler nahezu unvorstellbar, vor allem, wenn es keinen bestimmten Grund dazu gibt. Die Ankündigung, dass am Nachmittag zwei Mathematikstunden ausfallen, bewirkt Freudenschreie. Die Herausforderung muss zum Abenteuer werden, damit man dafür bereit ist:
24 Stunden Mathematik im Takt zu treiben (50 Minuten Unterricht, 10 Minuten Pause, 50 Minuten Unterricht, 10 Minuten Pause ...) klingt absurd. Die Ankündigung, dass man durch die Teilnahme keinen direkten Gewinn für die eigene Mathenote hat, schmälert die

Uhrzeit	Thema
18:00 Uhr	Aus der Höhle zur Mathematik oder: Wozu Mathematik? Die „Platonstunde“
19:00 Uhr	Unendlichkeit und $\mathbb{Q}$ oder ein Hotel mit unendlich vielen Zimmern
20:00 Uhr	$\mathbb{R}$ – Gibt's denn noch mehr als bis unendlich zu zählen?
21:00 Uhr	Minimalflächen – Seifenlauge und die Mathematik
22:00 Uhr	Konstruktionen aus Seifenlauge
23:00 Uhr	Ein Beweisprinzip oder: Über einen abgespeckten Vier-Farben-Satz
00:00 Uhr	Mönchproblem oder das Spiel um einen Algorithmus
01:00 Uhr	Gruppen oder: Was brauchen wir eigentlich zum Rechnen?
02:00 Uhr	Körper (Zahlenkörper) oder die Hochzeit zweier Gruppen
03:00 Uhr	Die Verbindung von Geometrie und Zahlen: Vektoren und Koordinatensysteme
04:00 Uhr	Warum Hasen Zahlen kennen oder Zahlenreihen in der Natur
05:00 Uhr	Eine Schach-Domino-Aufgabe oder ein Beweis bedarf einer Idee
06:00 Uhr	Wie schief kann man Jims Bauklötze stapeln?
07:00 Uhr	Noch mehr über Primzahlen
08:00 Uhr	Verschlüsselungen und geheime Botschaften
09:00 Uhr	Sichere Verschlüsselungen, unknackbare Codes?
10:00 Uhr	$\mathbb{C}$ (komplexe Zahlen) oder: Wer hat gesagt, dass es keine Wurzeln aus negativen Zahlen gibt?
11:00 Uhr	Platonische Körper (in Seifenlauge)
12:00 Uhr	Ecken, Kanten und Flächen oder die Euler-Formel
13:00 Uhr	Streichhölzer oder: Wo beginnt Mathematik? Beim Lesen einer Landkarte? Bei Grundrissen?
14:00 Uhr	m&m's oder das Abschätzen großer Mengen
15:00 Uhr	Mathe im Alltag oder was nützlich sein kann
16:00 Uhr	Wozu Mathematik? – Mathematik als Teil des Menschseins. Was wäre ohne Mathe?
17:00 Uhr	Unbewiesenes und die Top Ten der mathematischen Sätze

Bereitschaft nicht, im Gegenteil. Insgesamt habe ich das von der Presse als „Marathon" bezeichnete Großprojekt sechsmal in jeweils unterschiedlicher Form durchgeführt. Dieser Abschnitt möchte die Möglichkeit aufzeigen, aber keine Planungsskizze sein. Eine solche Verrücktheit – und ich meine die Ver-rücktheit im wörtlichen Sinne zum sonstigen Bildungsangebot – darf jeder für sich selbst entwickeln. Ansonsten wird etwas genommen. Wenn es Sie reizt: Machen Sie etwas Eigenes daraus. Ich habe von einer Mathefachschaft in Kassel gehört, die gemeinsam einen 24-Stunden-Zyklus durchgeführt hat. Man muss es nicht unbedingt alleine machen ...

machen Sie etwas Eigenes

Die 24 Stunden fanden immer vor den Weihnachtsferien statt. Kurz vor den Sommerferien könnte sich die gemeinsame Erfahrung nicht mehr im gewöhnlichen Unterricht niederschlagen. Man begegnet sich anders, wenn man gemeinsam ver-rückt ist. Auf der vorigen Seite sehen Sie ein mögliches Programm. Viele Inhalte findet der Leser in den drei Bänden „Mathematik als Abenteuer" – jedoch geht es in erster Linie nicht um den Inhalt, sondern um das Erlebnis.

Erlebnis

Zum ersten Mal fand die Veranstaltung 2002 am Wildermuth-Gymnasium in Tübingen statt. Vielleicht dringen diese Grüße bis zu meiner damaligen Matheklasse 11b und Rektor Alfred Lumpp durch. Folgenden Bericht schrieb ich nach einer Veranstaltungen für die Seite des Quenstedt-Gymnasiums in Mössingen[85]:

Mathematik ist vielleicht die einzige Wissenschaft, die zumindest einen winzigen Teil der Unendlichkeit – wenn schon nicht verstanden hat, so zumindest doch damit umgehen kann. Betrachtet man Mathematik als eine Lehre von Ideen, so kommt man vielleicht auf das Höhlengleichnis von Platon und manch einer beginnt zu fühlen, dass neben der Kunst auch die reine Form ohne Inhalt, die Mathematik also, schön sein kann.
Mögen es viele für verrückt halten, sich 24 Stunden am Stück der Mathematik hinzugeben, so begreift es nur derjenige als Erlebnis und spürt eine Veränderung in seiner Einstellung, der es erlebt und vielleicht auch durchlitten hat. Mitunter ist man versucht, diese Veränderung eine Erkenntnis zu nennen.
Es verändert sich der Betrachtungswinkel: Statt einer Seifenblase erkennt man Minimalflächen. Die Natur selbst sucht sich die minimale Oberfläche und bespannt so Tetraeder, Würfel, ja selbst das

85 Einen weiteren Eindruck gibt die filmische Dokumentation „Beitrag über 23 Stunden 56 Minuten": http://www.unterricht-als-abenteuer.de/martinkramer_presse.html.

Olympiastadion in München. Beides also, die Mathematik in ihrer Reinform und Ästhetik wie auch ihre Anwendung, ist begriffen und gefühlt worden.

So bin ich fasziniert und stark beeindruckt, was Schüler der Klasse 11b nach 23 Stunden der Presse erzählt haben: eine kritische Betrachtung unserer Schulmathematik, eine höchst differenzierte Beurteilung, auch die Frage danach, ob Mathe in der Schule einen Sinn ergibt und gelehrt werden sollte. Viele intelligente Stimmen äußerten sich, die in der Reflexion über unser Schulsystem gehört werden sollten.

26.7 Ein Psychotest: Bin ich mathematisch?

Mit dieser Aktion wird versucht, ein Nachdenken über Mathematik in Gang zu setzen. Das folgende Flugblatt wurde ca. 500 Mal gedruckt und während der großen Pause in der ganzen Schule verteilt.[86] Es handelt sich um eine Anwendung der in Jugendzeitschriften bekannten Psychotests auf die Mathematik. Die Fragen sind weitgehend austauschbar.

86 Unter www.unterricht-als-abenteuer kann eine Kopiervorlage heruntergeladen werden.

Vorderseite

Bin ich mathematisch?

1. Du siehst ein Randstück eines zerbrochenen Tellers. Was passiert in deinem Kopf?

A) Ja und? Noch was? War der Teller wertvoll?

B) Der Tellerrand ist kreisförmig. Schon klar. Und da wird's auch Leute geben, die dann den Durchmesser bestimmen wollen oder können.

C) Ich weiß zwar nicht, wie ich den Durchmesser bestimmen könnte, aber die Chance ist groß, dass ich mich einige Zeit später mit dem Bleistift Skizzen kritzelnd wiederfinde.

D) Das sind genau diese Fragen. Als ob es sonst keine Probleme geben würde! Bin ich etwa Archäologe?

2. Dein Mathelehrer erzählt in der Stunde etwas darüber, dass dieses Fach Sinn ergibt. Ich denke:

A) Ohne Mathematik würde heute kein Auto fahren, kein Licht brennen, kein Kühlschrank funktionieren.

B) Bei mir zu Hause habe ich weder Wurzeln noch Logarithmen gebraucht. Die Wahrheit ist: Mathematik braucht man nicht, zumindest nicht in der Schule. Ein kleiner Teil der Menschheit kann sich von mir aus damit beschäftigen, das reicht völlig.

C) Vielleicht für den Lehrer. Sonst hätte er ja keinen Job.

D) Mathematik ist ein Kulturgut. Wie kann man in einem Land leben, das in fast allen Dingen Mathematik enthält, und dabei nicht einmal die einfachsten Grundlagen verstehen?

3. Sollte Mathematik an der Schule unterrichtet werden?

A) Was ist der Mensch? Ein Wesen, das kommunizieren kann, das in Strukturen denken kann und das Werte besitzt. Diese drei Dinge machen den Menschen zum Menschen und strukturelles Denken ist Mathematik.

B) Man sollte eine AG einführen: Die, die es brauchen und wollen, die sollen es machen. Aber nicht zwangsläufig.

C) Ich habe noch nie kapiert, warum dieses Fach ein Kernfach ist und Musik und Kunst Nebenfächer.

D) Computerspiele ergeben ebenfalls einen Sinn. Sie fördern beispielsweise die Reaktionsgeschwindigkeit. Trotzdem werden sie an der Schule nicht unterrichtet.

Rückseite

Auswertung:

	A	B	C	D
Frage 1	0 Punkte	1 Punkt	4 Punkte	2 Punkte
Frage 2	3 Punkte	2 Punkte	0 Punkte	1 Punkt
Frage 3	3 Punkte	2 Punkte	1 Punkt	1 Punkt

Punkte	Testergebnis
0	Ich bin bereits an der Auswertung gescheitert.
1–4 Punkte	Mathematik ist eine bestimmte Betrachtungsweise, und auch wenn du es vielleicht nicht wahrhaben möchtest: Auch in deinem Hirn existieren mathematische Denkmuster.
5–7 Punkte	Dem Testergebnis nach bist du weder „mathematisch" noch „unmathematisch". Besser ist folgende Formulierung: Du weißt im Moment noch nicht, was alles in deinem Denken mathematisch ist.
8–10 Punkte	Du fragst dich wahrscheinlich, inwieweit die Fragen zum Thema „Bin ich mathematisch?" passen, und hinterfragst das Bewertungskriterium: Gratulation zu so einem hohen Abstraktionsgrad!

Ist es schlimm, ein mathematisch denkender Mensch zu sein? Eine Initiative zur Aufwertung der Mathematik im angebrochenen Jahrtausend.

Dieser anonyme Umfragebogen kann eingesammelt werden oder auch nicht. Es geht darum, einen Denkprozess anzuregen. Die Umfrage kann vor einer Diskussion über Mathematik als Impuls dienen (vgl. den folgenden Abschnitt). Aber es bringt auch Freude, als Lehrer damit eine Pausenaufsicht zu gestalten oder damit auf den Schulhof zu gehen. Machen Sie genügend Kopien!

eine Pausenaufsicht gestalten

26.8 Mathematik. Wozu überhaupt?

Sinn des Unterrichts

Darf man den Sinn des Mathematikunterrichts in der Schule überhaupt in Frage stellen? Pädagogisch lautet die Antwort: Ja, sehr gerne! Dieser Abschnitt möchte einen Diskurs anstoßen. Denn es ist befremdlich, wie Mathematik häufig gesehen wird.

Wozu Mathematik? In Schülersprache wird die Frage meist bereits entwertet und weniger freundlich formuliert: „Wozu braucht man den ganzen Schrott?"

Jeder Lehrer kennt diese Art von Fragen. Und wie schwer ist es, darauf zu antworten. Sehr schwer. Vielleicht wegen dieser Art von Aufgaben:

„Ist es möglich, eine 2,15 m lange und 1,05 m breite rechteckige Holzplatte durch eine Glastür zu transportieren, die 1,92 m hoch und 75 cm breit ist?“

gemogelte „Anwendungen“

Dieser Aufgabentypus findet sich häufig im Abschnitt „Anwendungen“ unter der Rubrik „Im Alltag“ im Schulbuch. Das mit dem Alltag und den Anwendungen ist natürlich zusammengebastelt und fast gelogen. Sicher ist, dass irgendjemand irgendwann einmal in seinem Alltag den Satz des Pythagoras angewendet hat; das Gegenteil zu behaupten wäre absurd. Was mich betrifft: Nach 13 Schuljahren, 7 Jahren Studium in den Fächern Mathematik und Physik, nach 10 Jahren Tätigkeit im Schuldienst und Vorlesungen an der Uni Freiburg über Fachdidaktik gestehe ich: Ich habe diesen Satz in meinem Alltag noch nie angewendet. Bisher habe ich es immer ausprobiert, ob beispielsweise eine Holzplatte durch eine Tür geht oder nicht.
Was ist nun alltagstauglich? Was sind die Anwendungen im Alltag? Eine Mutter fragte mich an einem Elternstammtisch: *„Für was braucht meine Tochter das Rechnen mit Logarithmen einmal im Leben?“*
Die ehrliche Antwort ist: Vermutlich für nichts. Sie wird mit großer Wahrscheinlichkeit nie wieder in ihrem Leben einen Logarithmus berechnen. Sie wird sogar nach kurzer Zeit die Rechenregeln vergessen. Und sie wird sich vermutlich einprägen, dass Logarithmen etwas Schlimmes sind.
Aber das ist eben nur ein Teil der Wahrheit. Es ist wahr, dass uns in unserem Alltag die Mathematik der ersten vier Grundschuljahre ausreicht, vielleicht noch etwas Bruchrechnen der Klassen 5 und 6 – aber das war's dann auch. Die „Alltagsuntauglichkeit“ lässt sich leicht formulieren: Wer von uns braucht denn schon Trigonometrie, Körper- und Kreisberechnungen, Integral- und Differentialrechnung, Vektorrechnung oder die vollständige Induktion im Alltag?

ohne Mathematik kein Auto

Auf der anderen Seite würde ohne Mathematik kein Auto fahren und kein Flugzeug fliegen. Medizin und Technik wären im Mittelalter stecken geblieben. In unserer heutigen Welt begegnet uns die Mathematik tausendmal am Tag, beginnend mit dem Wecker und dem Anknipsen des Lichtschalters.

reine Form – ohne Inhalt

Mathematik ist mit das Größte, was der Mensch je entdeckt oder hervorgebracht hat. Eine reine Form zu schaffen – ohne Inhalt. Ist eine Formel gefunden, die Strömungen beschreibt, so ist es egal, was da strömt: Wasser in Kanälen, Blut in Adern, Luft im Windkanal ... Alles wird universell mit einer Formel beschrieben. Aber auch das ist noch kein Argument, warum ein Schüler Mathematik erlernen sollte. Über ein Jahrzehnt, als Kernfach.

Wozu Mathematik? Vielleicht geht man dieser Frage auch gerne aus dem Weg, weil man selbst nicht so recht eine Antwort weiß, zumindest keine kurze und schlüssige, die leicht verstanden werden kann. Außerdem wird man mit der Frage als Mathematiklehrer selbst in Frage gestellt.

man wird selbst in Frage gestellt

Es ist seltsam, erschreckend, ja beinahe absurd, dass man Mathematik (oder sonst ein Fach) unterrichten kann, ohne mit den Schülern den Sinn von Mathematik zu klären. Wenn ein Schüler Mathematik lernt, ohne einen Sinn hinter dem Fach zu erkennen, lernt er dann nur aus Gehorsam, weil er es muss, weil er einen Abschluss haben möchte? Und was lernt der Schüler in diesem Falle auf einer zweiten, höheren Ebene? Es erschreckt mich, darüber nachzudenken. Auf diese Fragen gibt es keine Antworten, die den Schüler ernst nehmen und als vollwertig betrachten. Er muss unreif sein, er weiß noch nicht, was für ihn gut ist. Wenn er den Sinn nicht einsieht, muss er dann zu seinem Glück gezwungen werden? Die Frage betrifft immerhin auch Schüler, die bereits volljährig sind und zur Bundestagswahl gehen. Sicher ist der Schüler noch in der Ausbildung, aber andererseits soll er ja gerade seinen eigenen Lernprozess eigenverantwortlich und bewusst mitgestalten.

Dieser Abschnitt ist das Ergebnis vieler Diskussionen. Diskussionen mit Schülern. Eine Einstellung lässt sich nicht lehren wie beispielsweise der Satz des Pythagoras. Dennoch lohnt es sich, sich Zeit hierfür zu nehmen. Um wie viel besser und motivierter und erfolgversprechender lernt ein Mensch, wenn er weiß wozu.

Einstellungen lassen sich nicht lehren

Umsetzung im Unterricht

Der Lehrer erhält zu Beginn des Unterrichts eine Redezeit von fünf Minuten und erklärt, warum es für ihn Sinn ergibt, dass Mathematik in der Schule unterrichtet wird. Ein Plädoyer könnte sich etwa so anhören:

> Wie sollte eine Schule aussehen, die junge Menschen unterrichtet? Was braucht der Mensch, um ganz Mensch zu sein? Im Folgenden wird ein Dreifuß vorgeschlagen: Sprache, Logik und Ästhetik.
>
> *Kommunikation*
>
> Unabdingbar ist jede Art von Kommunikation. Ohne Sprache können Menschen nicht miteinander in Kontakt treten. Dazu gehören gesprochene und geschriebene Sprache, ebenso Körpersprache, Rhe-

Sprache, Logik und Ästhetik

ohne Kommunikation kein Kontakt

torik, Kommunikationsschwierigkeiten, Sprache der Werbung, Fremdsprachen, vielleicht auch Zeichensprachen. Weiter der Umgang mit Telefon, Briefen, Mails und sonstigen modernen Kommunikationsplattformen. Und so weiter.

Strukturelles Denken

logische Verknüpfungen

Miteinander reden genügt aber nicht. Damit etwas Sinn ergibt, benötigt der Mensch ein strukturierendes Denken. Damit öffnet sich das Reich der Naturwissenschaften, logischer Verknüpfungen, abstrakten Denkens. Das unterscheidet den Menschen von einem Vierbeiner: Zeigt man einem Hund einen Ort mit dem Zeigefinger an, so schaut er auf den Finger und nicht auf das „abstrakte" Ziel, auf das gedeutet wird.

Ästhetik

die Gabe, etwas schön zu finden

Aber es braucht noch mehr als Sprache und strukturelles Denken, um ganz Mensch zu werden. Es wäre denkbar, eine Maschine zu bauen, die sowohl kommunizieren als auch strukturell denken kann. Was aber fehlt, ist die Gabe des Menschen, etwas schön zu finden. Zum Beispiel den Anblick eines kleines Kindes oder einer Blume. Die Ehrfurcht vor Wachstum. Was fehlt, ist auch das Reich der Ästhetik und der Kunst. Um etwas schön zu finden, muss man das Schöne auch sehen können.
Die Religiosität des Menschen ist etwas Weiteres, lässt sich aber am ehesten noch an dieser Stelle einordnen.
Somit sind an eine Schule, die dem Menschen gerecht werden soll, drei Forderungen gestellt: Lehre der Kommunikation, des strukturellen Denkens und der Ästhetik.

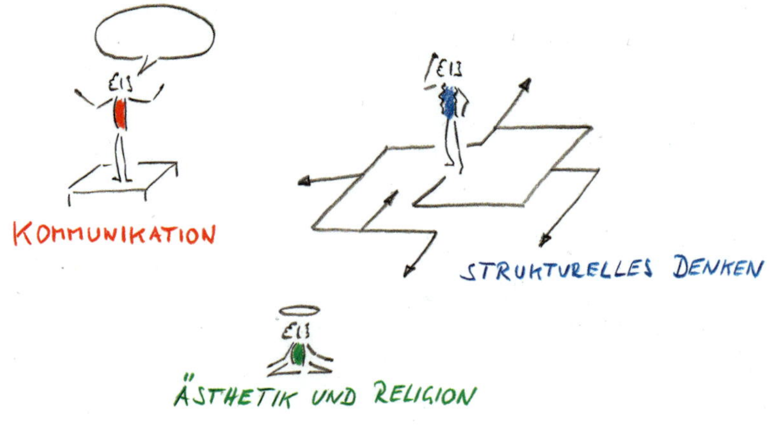

Weitere Impulse zur Diskussion

Form ohne Inhalt

Mathematik ist Form ohne Inhalt. Alle Gegenstände der Mathematik sind Ideen. So gibt es in der Realität keine Gerade und keinen Kreis, nur Annäherungen an die Idee von Gerade und Kreis. Es gibt keine reinere Form des strukturellen Denkens.

es gibt keinen Kreis

Kein Auto, kein Kühlschrank ohne Mathematik

Wenn man den Tag durchgeht – vielleicht nur vom Klingeln des Weckers bis zur ersten Unterrichtsstunde –, begegnet man zig Dingen, die ohne Mathematik nicht möglich wären. Es beginnt beim Wecker, geht weiter mit dem Lichtschalter, bis hin zur Müsliverpackung, deren Gestaltung und Füllhöhe, zum Radiogedudel und schließlich Bus oder Fahrrad. Und so weiter.

Natürlich ist das ein recht pragmatischer Ansatz. Aber es bleibt etwas wunderlich: Mathematik, eine Lehre in der Abstraktion, ist dennoch die Basis für all die technischen Dinge, die uns umgeben. Sie würden dieses Buch nicht lesen ohne Mathematik. Schon allein deswegen, weil es mit einem Textverarbeitungsprogramm geschrieben wurde.

Basis für Technik

Eine Weltsprache – mehr noch: eine Sprache fürs Universum

Wollte man zu Wesen aus einer fremden Welt sprechen, so ist recht unwahrscheinlich, dass man mit Englisch oder irgendeiner anderen Sprache auf dieser Welt Verständigung erreicht. In dem Film „Contact“ (USA 1997, Regie Robert Zemickes, Judie Forster in der Hauptrolle) findet der erste Kontakt über Primzahlen statt.

Logik statt aus dem hohlen Bauch heraus

Nicht aus irgendeinem vagen Gefühl heraus sollen Zeitungsaussagen als unwahr und irgendwie seltsam bewertet werden. Vielmehr liegt der Sinn in strukturellem Denken, dass man weiß, dass beispielsweise hohe Politiker mitunter unlogische Schlüsse ziehen, und zwar von einem rein logischen Standpunkt aus betrachtet. Um ein Beispiel zu geben: Aus A folgt B. Dann folgt aus „nicht B“ „nicht A“:

unlogische Schlüsse

$$(A \Rightarrow B) \Leftrightarrow (\text{nicht } B \Rightarrow \text{nicht } A)$$

Häufig wird in Diskussionen logisch falsch geschlossen[87]: Aus A folgt B. Also: Aus „nicht A“ folgt „nicht B“. Das ist unlogisch.

87 In Abschnitt 26.1 finden Sie eine passende Schülerübung.

Raum für Mathematik

nachdenken dürfen

In der Reihe „Was ist was“ gibt es einen Band über Mathematik. Auch „Der Zahlenteufel: Ein Kopfkissenbuch für alle, die Angst vor der Mathematik haben“ von Hans M. Enzensberger und Rotraut S. Berner vermittelt einen Eindruck darüber, was Mathematik ist. Das alles sind Ansätze, über Mathematik nachzudenken. Wichtig ist, dass es Raum gibt, über die Frage nachzudenken oder nachdenken zu dürfen: Wozu Mathematik?

Nachwort für Abenteurer

Ein Bekenntnis und ein Appell

Die Inhalte von „Mathematik als Abenteuer“ zu sortieren ist mir sehr schwergefallen. Vieles könnte ebenso gut an anderer Stelle stehen und ich habe mir Sorgen gemacht, ob ich den Leser nicht etwa durch die Anordnung in eine bestimmte Reihenfolge dränge oder ein bestimmtes Alter für einzelne Übungen implizit stärker als nötig festlege. Unterricht ist ein komplexes System, es stellt ein vieldimensionales Netz dar, und doch kann ich als Mensch die Dinge nur „linear“ aufnehmen. Eins nach dem anderen. Hübsch der Reihe nach. Das Buch zwingt mich, eine netzartige Struktur linear aufzufädeln. Aber in der Realität liegen die Dinge anders. Sie sind einfach so, wie sie sind.

Ein Abenteuer findet nicht in einem Buch statt, selbst wenn der Titel „Mathematik als Abenteuer“ lautet. Leben geschieht im Hier und Jetzt. Um ein Abenteuer zu erleben, muss man die Dinge selbst in die Hand nehmen. Es geht um das Erforschen fremder Welten, um die Begegnung mit anderen, um neue Beobachtungen. Ich wollte kein Rezept aufschreiben, wie Unterricht „richtig“ funktioniert. Funktionieren ist etwas für Maschinen und diese können kein Abenteuer erleben. Der Abenteurer hingegen verlässt das vertraute Territorium und begibt sich auf neue Wege.

Kurz: Schlagen Sie das Buch zu. Konstruieren Sie mit Ihren Schülern etwas Eigenes. Spielen Sie!

Literatur

BAUER, Joachim: Warum ich fühle, was du fühlst. Heyne Verlag, München, 17. Auflage 2006

BERGHAUS, Margot: Luhmann leicht gemacht. Böhlau Verlag, Köln Weimar Wien, 3. Auflage 2011

BEUTELSPACHER, Albrecht: „In Mathe war ich immer schlecht ...". Vieweg+Teubner, Wiesbaden, 5. Auflage 2009

BEUTELSPACHER, Albrecht: Moderne Verfahren der Kryptographie. Vieweg Verlag, Braunschweig/ Wiesbaden, 4. Auflage 2001

BROOK, Peter: Der leere Raum. Alexander Verlag Berlin, 8. Auflage 2004

DÖRNER, Dietrich: Die Logik des Misslingens. Rowohlt Taschenbuch Verlag, Reinbek bei Hamburg, 13. Auflage 2000

ENZENSBERGER, Hans / BERNER, Rotraut: Der Zahlenteufel. dtv 1999

FOERSTER, Heinz von: Wissen und Gewissen. Suhrkamp Verlag Frankfurt am Main, 9. Auflage 2015

GALLIN, Peter / RUF, Urs: Dialogisches Lernen in Sprache und Mathematik: Siehe unter: RUF, Urs.

GALLIN, Peter: Prädikatives und funktionales Denken in der Wahrscheinlichkeitsrechnung. In: ZDM 2003 Vol. 35 (3), S. 110–119

GRELL, Jochen: Techniken des Lehrerverhaltens; Beltz Verlag, Weinheim und Basel, 15. Auflage (Nachdruck) 2001

KLIPPERT, Heinz: Kommunikationstraining; Beltz Verlag, Weinheim und Basel, 11. Auflage 2006

KRAMER, Martin: Schule ist Theater; Schneider Verlag Hohengehren, Esslingen am Neckar 2008

KRAMER, Martin / VAN SOEST, Marlin: Frederiks mathematische Abenteuer. Das Geheimnis der Analysis. Friedrich Verlag, Seelze 2017

LUHMANN, Niklas: Soziale Systeme. Grundriß einer allgemeinen Theorie. Suhrkamp Verlag Frankfurt am Main, 2012 (1987)

PETERSSEN, Wilhelm H.: Kleines Methoden-Lexikon, Oldenbourg Schulbuchverlag, München, 3. Auflage 2009

PRIOR, Manfred: MiniMax-Interventionen. Carl-Auer Verlag, Heidelberg, 12. Auflage 2015

RUF, Urs / GALLIN, Peter: Dialogisches Lernen in Sprache und Mathematik. Band 1: Austausch unter Ungleichen. Grundzüge einer interaktiven und fächerübergreifenden Didaktik. Band 2: Spuren legen – Spuren lesen. Unterricht mit Kernideen und Reisetagebüchern. Friedrich Verlag GmbH, Seelze, 5. Auflage 2014

RUF, Urs / KELLER, Stefan / WINTER, Felix (Hrsg.): Besser lernen im Dialog. Dialogisches Lernen in der Unterrichtspraxis. Friedrich Verlag GmbH, Seelze 2008

SCHULZ VON THUN, Friedemann: Miteinander reden. Band 1: Störungen und Klärungen. Allgemeine Psychologie der Kommunikation. Band 2: Stile, Werte und Persönlichkeitsentwicklung. Differentielle Psychologie der Kommunikation. Band 3: Das „Innere Team" und situationsgerechte Kommunikation. Rowohlt Taschenbuch Verlag, Reinbek bei Hamburg, 48./33./21. Auflage 2010–2013

SIMON, Fritz B.: Einführung in Systemtheorie und Konstruktivismus. Carl-Auer Verlag, Heidelberg, 7. Auflage 2015

SINGH, Simon: Geheime Botschaften. Die Kunst der Verschlüsselung von der Antike bis in die Zeiten des Internet. dtv Verlag, München, 12. Auflage 2014

SINGH, Simon: Fermats letzter Satz. Die abenteuerliche Geschichte eines mathematischen Rätsels. dtv Verlag, München, 18. Auflage

Spektrum der Wissenschaft Dossier: Mathematische Unterhaltungen, 02/2002; Mathematische Unterhaltungen II, 02/2003; Mathematische Unterhaltungen III, 02/2004. Spektrumverlag Heidelberg

SPITZER, Manfred: Lernen. Gehirnforschung und die Schule des Lebens. Spektrum Akademischer Verlag, Heidelberg, 8. Auflage 2009

WELLHÖFER, Peter R.: Gruppendynamik und soziales Lernen. UVK/Lucius, München, 4. Auflage 2012

Sachverzeichnis